国家社科基金青年项目，编号 16CXW020
国家自然科学基金面上项目，编号 51278342

言说与构建

Words & Construction

大众传媒中的中国当代建筑批评传播图景

李凌燕 著

同济大学出版社
TONGJI UNIVERSITY PRESS

目录

序一

本书是在作者博士论文的基础上修订而成的。作为李凌燕的博士导师，我感到由衷的高兴。虽然三年前就顺利通过了答辩，但今天仍感到这部著作鲜明的当下性和现实性。

凌燕于2009年的秋天正式成为我的博士生。是她自己选择了从传媒视角观察与分析当代中国建筑批评这一具有很大挑战性的跨学科研究课题。对我而言，一方面，非常欣喜和支持。我始终认为，由于建筑强烈的公共属性，传播不仅对于建筑批评，甚至对于建筑本身意义的确立和拓展，往往大于建筑师自身。而这一传播的过程，社会各界的作用又往往大于建筑界本身。因此我更希望更多的艺术家、科学家、社会学家以及社会大众能参与建筑评论，进行跨领域的碰撞。当今中国城市与建筑在经历了近40年疯狂生长之后，着实为中国当代建筑批评留下了十分深厚的学理资源。只有在足够多样的角度与宏观的高度进行讨论，才能看得更清晰。这也是我希望凌燕能将其研究方向从专业传媒扩展到大众传媒范围的重要原因。在这一点上，我的期盼和凌燕的追求是非常默契的。

然而，另一方面，我也有些许的担忧。以传播学与建筑学的跨学科视角研究建筑批评，对于一位单一建筑学背景的年轻学者而言其困难不难想象。如何补足传播学的基础，是凌燕面临的考验。我后来高兴地发现，凌燕对传播学基础理论的钻研以及她由来已久的对传媒的喜爱与敏感，使得她的研究推进十分顺利！2015年的冬天，凌燕在建筑学与传播学两方面知名学者的见证下顺利通过博士论文答辩，并获得高度评价！当天晚上，我邀请新华社高级记者王军在同济建筑与城市规划学院以“城记”为题为专业学者与学子们作学术报告，这两件事发生于同一天，着实让人印象深刻。我似乎深刻感受到凌燕论文中曾写过的那句话：“我的时代在背后，忽然敲响大鼓！”中国当代城市与建筑真正迎来了检视的最好时间！

改革开放 40 年来的中国城镇化进程速度之快、规模之大，在人类历史上史无前例。大规模快速城镇化必然带来社会、经济的巨大变革，并对环境、资源产生巨大冲击。因此，在中国特定背景下研究建筑批评以及传播路径就具有特殊意义。凌燕的研究将当代中国城市与建筑批评的研究放置于“传媒”的视野中加以考察，并运用传媒学的相关理论及方法进行跨学科研究与整体历史框架脉络的搭建，使得建筑批评与大众传媒的研究被放置于社会、文化、传媒、建筑的综合宏观视野下进行，提供了我们观察建筑批评与大众传媒的崭新视角。本书沿着时间线索和空间向度对当代中国建筑批评与大众传媒的关系及其传播特征进行了由点及面的系统研究，对传播过程中当代建筑批评场域的生成、运动与平衡的图景、建筑批评场域的合力作用、建筑批评的生产机制及其在大众传媒中的传播策略等问题进行了深入探讨，对当代中国城市与建筑问题进行了学术回应，这在国内相关研究中尚属首次，也具有积极的借鉴意义。

2017 年 12 月 16 日，中国建筑学会建筑评论学术委员会在同济大学成立，标志我国建筑评论领域的第一个学术组织诞生。这彰显了建筑批评作为我们同济建筑历史与理论特色方向与地位的同时，也为像凌燕这样的有志于研究与从事建筑批评及其跨学科领域的年轻学者提供了更好的平台。我很欣喜地看到凌燕在毕业后作为一名高校教师继续她的学术研究道路，同时更为深入地投入城市建筑与传播的跨学科领域中，建立了有效且深入的学术共同体，并取得了一些初步的成效。当然，对于中国建筑界的探索而言，这只是万里长征的第一步。我真心地期待凌燕在这个领域中能够持续深入下去，并不断取得新的成果！

2018 年 8 月写于同济绿园
伍江
同济大学常务副校长
同济大学建筑与城市规划学院教授、博导
法国建筑科学院院士
亚洲建筑师协会副主席

序二

凌燕的博士学位论文《言说与构建：大众传媒中的中国当代建筑批评传播图景》，终于要以学术专著的形式出版，这是一件非常有意义和值得庆幸的事。一方面说明她当时的研究工作与论文写作是卓有成效的；另一方面，以自己的学位论文为基础，经过进一步的完善和修订以学术专著的形式出版，其成果已到新的高度，其传播的意义也已大大超越内部传播为主的学位论文的范畴和价值，将成为她未来发展的一个坚实的基础；再者，专著出版显示凌燕毕业后所从事的教育与科研事业紧紧围绕自己的核心优势拓展，选择的是一条正统和理性的学术发展路径，也是值得倡导的一条学术生态发展之路。

凌燕博士从硕士研究生阶段就体现出对建筑媒体极大的兴趣，其学位论文《从当代中国建筑期刊看当代中国建筑发展》（2007年，导师郑时龄院士），是国内较早借鉴文献计量学、目录学、情报学、传播学的研究方法和手段系统研究专业期刊与建筑发展相互关系的论文，为日后的研究和工作打下了坚实的基础。在博士研究生阶段（导师伍江教授），凌燕继续了她的研究兴趣，一方面持续参与《时代建筑》杂志的编辑和期刊研究工作，另一方面在不断思考和积累下一步的研究重点和方向。2012年，以凌燕的研究框架为主的课题“大众传媒中的中国当代建筑批评传播图景”获得国家自然科学基金项目的资助，她成为我的研究课题组的重要一员，这为她确立博士论文选题和进一步的研究方向奠定了基础。以她为主的国家自然科学基金项目经过四年的研究顺利结题，她的博士论文也以课题项目成果为主通过答辩，获得评委专家们的好评。

我认识凌燕多年，作为她硕士和博士论文答辩评委，又是该基金项目主持人，特别是作为她在书中重点关注的一名专业期刊工作者，我们在工作和研究过程中的交集是多层面的，同时本书内容对我是非常有启发和收益的。

首先，本书是从建筑学到传播学跨界的研究，并且对于中国当代建筑批评图景进行了全方位的梳理。凌燕结合传播学的研究方法和多学科的研究视野，探讨建筑学科及建筑批评与传播能力的结构关系与要素，梳理总结建筑批评的大众传播路径与机制，对于国内的相关研究，具有重要的基础意义。可以说，凌燕博士是目前中国学界从建筑学跨向传播学非常深入的一位学者。

第二，本书的研究范围从专业传媒跨入大众传媒的领域，构建了建筑批评在大众传媒中的传播图景。凌燕认为建筑批评的呼唤与需求不再仅是将批评内容集中于建筑风格、设计本身，或局限于建筑学科所圈定的有限核心内容之上，而是更多地将对建筑的批评反馈到文化、社会、传媒等更广的语境中。这些都在很大程度上改变着建筑批评的生产、传播及影响产生模式。作者用传播学的视角研究建筑批评，也使建筑批评摆脱了专业领域的局限，并以建筑批评在大众领域的传播为参照，更直接地面对中国建筑与城市发展的自身问题，更好地观察建筑评论的发生及意义。

第三，本书的研究对象是建筑批评，更确切地讲是建筑批评理论的研究。相对于中国迅猛的城市建设与建筑实践，建筑批评的实践无论是广度还是深度都是不相称的，另一方面建筑批评理论的研究也是比较滞后的。作者从传播学的角度进行建筑批评的研究，对传播与建筑评论发生过程的相似性、媒介在建筑批评中所起的重要作用等基本观点形成共识，也初步体现了从传播学的角度能够更整体、全面地看待建筑批评发生全过程的优势所在，已经成为中国建筑批评研究领域的一个分支，对促进当代中国建筑批评的发展起到积极的作用。

作为长期工作于一线的专业媒体人，通过凌燕的研究，一方面从大众传媒中看到建筑批评新的领域和可能，这为像凌燕这样的后来人开辟了更为广阔的领域，也需要他们不断的坚持与深入；另一方面，也更加发觉新语境下专业批评的价值与紧迫性，要求我们坚守专业媒体的本分，做自己应该做的。

2018 年 7 月 31 日写于同济园
支文军
同济大学建筑与城市规划学院教授、博导
《时代建筑》主编
中国建筑学会建筑传媒学术委员会副主任委员

序三

我和李凌燕的相识，现在想来，是偶然中的一种必然。所谓偶然，是指素不相识，只是在偶然的机会遇见，继而在她的博士答辩会上算是正式认识了。而必然呢，正如她在本书中所言，“传媒与建筑批评之间有着天然的联系”，这两者以各种方式形成千丝万缕的联系，我和李凌燕，不过是这千万种联系中的一种罢了。我们两人处在新闻传播学与建筑学两个不同的学科领域中，但在彼此并不认识的情形下做着一种相似的努力，那就是，试图从自己的学科出发，基于两个专业领域的社会实践，寻找两个学科之间的连接。就这一点而言，也算得惺惺相惜了。颇让人欣喜的是，我们在相识的短短三年中，已经在各种学术论坛或者是城市社会实践的场合相遇，比如上海城市空间艺术季、中国传播学论坛等。这表明了，建筑学与传播学的相遇，或是我们这个时代的必然。

最近几年在课堂上、学术报告中，我常常开玩笑地讲，复旦大学新闻学院和同济大学建筑与城市规划学院，在偌大的上海靠得那么近，学术往来却是不多，这真是不可思议。当然很久以来，这仿佛也是很自然的事情，因为在一般人眼中这两个学科实在相隔得太远：一个是在实体空间采用钢筋水泥实施建造，另一个则是凭借话语在虚拟空间进行交流，仿佛阴阳相隔，并无交接点。时至今日，两个学科的连接越来越多，其中涉及两个重要元素，一是新媒体，二是城市。这两个元素越来越多地叠加在一起，构成了当前中国社会的重要景观。大家忽然间发现，新媒体使得实体空间和虚拟空间出现越来越多的融合趋势，涌现了形形色色的复合空间，而城市就是这些复合空间的复杂拼贴。

李凌燕的著作从不同侧面展现了实体空间与虚拟空间的互相渗透与影

响。用她书中的一句话概括，就是“大问题、小圈子”的矛盾及其转化。所谓大问题，是指建筑事关公共利益，是社会发展的大问题。而且，建筑矗立在城市空间的各个地点，无论是作为景观，还是日常生活必得依赖的场所，日日夜夜为普通大众认知、感受、体验，没有人可以离开建筑而生活。现代城市的社会生活，在很大程度上是由建筑的品质、风格以及理念、体系规约的。但这样的大问题，却是由小圈子来作评判的。建筑专业工作者的优势在于他们的专业鉴赏和判断能力，但因为建筑的公共性，社会各界的建筑业余分子也不免期望参与建筑的评判，大众媒介则承担了这个大众评判的职责。李凌燕的敏锐，正在于她抓住了这个连接点，即，建筑批评绝不仅是少数专家的工作，它同时也是大众参与公共事务的一种权利，而且事实上，大众建筑评论正在对建筑业、建筑学产生前所未有的影响。本书基于中国场景中建筑批评从专业转向大众的历史性变化，探讨了媒介话语创造的多元主体的建筑批评话语对中国社会产生的巨大影响，也以此反观建筑界对于专业场域之外的舆论既渴望又担忧的复杂心态。尤为可贵的是，书中特别注意到了网络等新媒体的传播力量，描述并阐释了新媒体微传播塑造的建筑批评圈的基本特征即逻辑。如果我们将建筑批评视为当代社会公共言说的非常重要之内容，那么李凌燕这个研究的描述与阐释，能够为建筑学及新闻传播学提供很好的借鉴，也体现了这两个专业进一步融合的前景。

当然，李凌燕作为建筑学专业出身的年轻研究者，只是在与传播学跨学科的研究道路上迈开了第一步。沿着她这本专著的思路，还有很多有意思的研究议题可以延展。比如，我们可以思考，传播学与建筑学的交接是否只在于媒介话语构筑建筑批评？当人们说建筑也是媒介的时候，是否意味着媒介的概念必须扩大，不只限于大众媒介，并且大众媒介与建筑有某种内涵的相似性？尤其是，在移动网络、虚拟现实、人工智能技术不断发展的今天，媒介已经突破线上、线下的区隔，穿梭于实体与虚拟的多重现实，新传播技术越来越多地呈现出自身实践的特征，正在突破话语实践的范畴。我们看到，建筑与传播的连接，已经超越现实与反映、专业与大众等两元分立的关系模式。如果我们将建筑和传播都与公共空间的建构联系起来的话，可以发现，这两种公共空间在新技术支撑的城市生活场景中，出现了更多的交织、杂糅、融合状态。在我看来，这正是两个学科在未来进一步合作的可能性所在。

李凌燕顺理成章地留在了同济大学艺术与传媒学院任教，开启了她学术生涯的一个崭新阶段。跨越建筑学与传播学，似乎成了她学术研究的一个基点。近几年来，她频繁参与建筑学、城市规划、公共艺术、传播学相关的城市公共实践活动，正显示了她这种跨学科研究的优势。我作为近年来从事城市传播研究的传播学者，从建筑学、空间理论、城市规划等领域受益良多，也期望通过与建筑学者的交流与合作，创造大众共享的公共空间与城市生活的公共价值。相信在中国城市化转型与上海建构全球城市的远大前景中，这是我和李凌燕，作为这个时代的知识分子的共同使命。

2018 年 8 月于复旦园

孙玮
复旦大学新闻学院副院长、教授、博导
复旦信息与传播研究中心副主任

导论

如果要开始一场宏大叙事，目光不妨对准传媒。
——《传媒三十年》卷首

加拿大著名大众传播学者马歇尔·麦克卢汉（Marshall McLuhan）以“媒介即讯息”的著名论述，将传媒深刻理解为“使我们的经验世界变革的动因，使我们的互动关系变化的动因，也是我们如何使用感知的动因”，“任何媒介（即人的任何延伸）对个人和社会的任何影响，都是由于新的尺度产生的，我们的任何一种延伸都要在我们的事物中引进一个新的尺度”[1]。这就给予我们以信息传媒技术演进的崭新角度，重新去看待传媒记录的历史，思考由媒介塑造和控制的人际联系与行动的尺度及方式。同时媒介技术演进，也为我们探索中国当代建筑批评[2]特质及其场域变化，提供了极具整合性的重要线索，使我们深层次探究传媒如何“对整个心理的和社会的复合体都产生了影响”[3]，成为社会文化与人类交往的规则制定者与维持者。

当下，新媒体的力量空前，渗透到几乎每个细微的角落，快速颠覆了传统建筑批评的方式，激发了新的批评尺度与群体参与其中，不断推动建筑批评在广度与深度中前行。事实上，新媒体的出现只是以鲜明的特征向我们再次揭示了传媒与建筑批评之间的天然联系。如果回溯中国当代传媒与建筑批

1 [加]马歇尔·麦克卢汉．理解媒介：论人的延伸[M]．何道宽，译．南京：译林出版社，2011:5．

2 “批评”一词最初源于希腊语，标识文学的评判、筛选、区别和鉴定，成为英语中的Criticism的原型，并解释为“艺术鉴赏者对作品在深层次上的质量和意义所作的判断，尤其是价值的判断成为批评”。郑时龄《建筑批评学》一书对于建筑批评的解释，是一个广义的概念，内容包含了建筑评论、建筑批判等活动。他认为，一般说来建筑评论重在对一件具体的建筑作品进行描述、分析、鉴赏和评价，而建筑批评则更加注重对一件建筑作品或是一系列建筑作品以及建筑的某种整体的价值和意义做出的评价和判断，这种判断通常以公认的价值批评标准为基础，并对如何得出结果作出评价和判断。而在本书的论述对象——大众传媒中，建筑批评往往除了包含狭义的对建筑物和建筑现象建筑事件的评论与批判，也就是常说的建筑评论，也包括对于建筑理论以及一些评价方法论的解读与评论，是一种选取范围更广的建筑批评的概念。

3 [美]詹姆斯·W·凯瑞．作为文化的传播[M]．丁未，译．南京：华夏出版社，2005:7．

评的发展，二者发生、成长于同一时期，彼此的交流与相互影响共同塑造了今天建筑批评的大众认知形象。建筑批评的大众言说无法独自完成、直接抵达，其最重要也最普遍的方式就是借助传媒。翻越专业的壁垒，将当代中国建筑批评放置于普遍意义上的“传媒”中去考察，实则是还原了建筑批评的本质：建筑批评不应该只是，也从来就不是专业人士的特权。

在传媒概念中以专业为分野，更容易让我们清楚地看到：除了建筑实践与理论的持续发酵外，建筑批评的发展之路与不同时期社会文化的变迁、媒介技术引发的特殊气质与传播方式等因素休戚相关。以技术为外延的媒介，在自身的变革与演进之中，不断修改、刻画着人们的交往方式与组织关系，并以此将社会、文化、建筑实践等诸多外力融合变通，成为强劲的塑形力量，进而激活了当代中国建筑批评的主体、内容，更改其边界、话语方式，催生出诸多新的特征，也开辟出诸多的新空间。建筑批评正是在这样的媒介演进引领下，获得了与时代相呼应的崭新气质与丰富图景。

在此含义中重新观察与审视传媒与建筑批评的关系及其相互作用，就意味着对批评传播图景和特征的描述要在一种社会、文化、传媒、建筑的综合宏观视野下进行，不能就事论事。更重要的是从众多轨迹、特征所共享的问题、前提、预设着手，通过其内在逻辑与动力的发掘，了解其间的必然。

要宏观地勾勒出当代建筑批评在传媒中的整体传播图景，并透析其背后的潜在逻辑，显然需要做极为繁杂的历史档案与文献整理工作。这些可能的工作应当包括对建筑批评传播轨迹的历史线索的描述、对重要批评事件及其发生形态的分析、对核心话题及其代表性文本的收集、对代表性的参与者及其观点与思路形成过程的剖析等。不过，真正的难度并不在史料收集与整理本身，而在如何通过构建具有说服力与深度的理论框架，形成有效的历史叙事逻辑与研究视角。

以传媒的视角研究建筑批评的演进，归根到底还是对建筑批评历史的书写。在这样的一个宏观定位下，本书确立了自身的研究态度与视角。

整体视野的历史构建

忻平教授曾在《从上海发现历史》中首次提出了“全息史观”，以此来对抗以往历史研究中常常难以避免的两种倾向：一是往往抽象地、孤立地研究宏观，忽视了对社会生活细微的、实证的研究，导致历史书写的空洞；二是走向另一个极端，即沉浸于微观材料的罗列，而不能上升到宏观，只见树木、不见森林。

全息史观强调历史整体性，要求尽可能摄取或观照所有重要的历史信息，否则难以还原历史的本来面目。而且研究历史的重点不在描述各种表象，而是揭示其内部遵循的规律。总体来说，就是既重视个体，也重视整体；既重视空间关系，也重视时间关系，是以时间为轴进行的整体视野描述。这有助于历史整体感的建立，对把握时代潮流中大的“必然”的走向有无可替代的作用。

这与本书致力描述与发掘传媒在建筑批评特征塑造方面的作用及两者间相互关系的目的，是非常吻合的。当代中国传媒的发展与流变、建筑批评新特征的出现，与它们两者的相容与作用，都不是在短时间的微观解读中能客观确立的。这也是为何本书在面临基础数据资料收集的巨大困难的同时，还要将时间跨度锁定在 1978 年至今范围内的重要原因。而同时，以建筑批评的特征与典型事件为节点的微观、实证研究，成为充实“时间”宏观视野的微观内容，保持了本书论述中历史整体感的建立。

而整体视野的另一重要方面，就是注重历史研究中的关联性。徐兆仁教授在《功力、视野、理论——当代历史研究学术创新之本》[1]一文中，强调了研究当代历史时要注重“整体视野”。整体视野要求注意历史发展的全面性，学会全面估量历史发展的合力，这也是历史的实际运动的结果；要求注意从大视角进行全局的、整体的宏观考察，放开视野，综观全局；要求注意把握历史发展过程中前进性和曲折性的辩证关系。

当我们用整体视野做目标研究中国建筑批评的传播图景时，就意味着对批评传播现象和特征的描述要在一种社会、文化、人群、传媒、建筑综合的宏观视野下进行，不能就事论事。当然是要从“描写”着手：除了事件、人物、个案的描写，更重要的是从众多轨迹、特征所共享的问题、前提、预设着手，

1 徐兆仁．功力、视野、理论——当代历史研究学术创新之本[J]．史学理论研究，2012，3:110–118+161．

清理其内在理路，发掘其间的必然，因此是一种深度的描写。而这也是笔者在本文研究中所遵循的描述脉络。

以传媒为基准的书写脉络

在建筑批评的诸多作用力要素中，传媒是最敏锐的社会变迁的体现，也具有极其主动的文化整合力。将对建筑批评的认识，置于普遍意义的“传媒”含义之中，与文化、建筑、社会相整合的整体视野下去考察，等于连接了广泛宽阔的社会、文化视野，而不再是专业视野中的“一叶障目”。同时，传媒完整地参与当代建筑批评的发展历程中，更是我们唯一能洞察真相的重要途径。

正如美国传播学者詹姆斯 · 凯瑞（James W. Carey）所说：“传播的起源及最高境界，并不是指智力信息的传递，而是构建并维系一个有秩序、有意义、能够用来支配和容纳人类行为的文化世界。”[1]

如果将传媒看作一种关系的构筑与文化生态的维持，以传媒为基准与主线对当代建筑批评进行考察应该是顺理成章的。而在进行考察之前，有必要先厘清一些重要的与之相关的概念。

“传媒”“媒介”“媒体”“大众传媒”

“传媒”“媒介”“媒体”三个词是从英文的“media”和“medium”转化而来。Media 是 medium 的复数形式。Media 意指“大众传播工具、大众传播媒介”。Medium 意指“媒介、方法、手段；中间物、中庸；介质、环境；灵媒、通灵的人、巫师”。从英文的角度，这三个词可以相互代替，然而在各种著作中还是有着含义上的差别。

据《辞海》[2] 解释，“媒介”是“使双方发生关系的人或事物”。而按照英美当代学术理论界著名的大众文化理论家费斯克（John Fiske）等人的定义：“媒介是一种能使传播活动得以发生的中介机构（intermediate

1 ［美］詹姆斯 · W · 凯瑞．作为文化的传播 [M]．丁未，译．北京：华夏出版社，2005：7．

2 辞海 [M]．上海：上海辞书出版社，1980：1105．

agency）。”[1]麦克卢汉则认为，媒介即万物，万物皆媒介。这就是我们所称的广义上的“媒介”。而传播学研究的并不是这种广义上的“媒介”，而是作为信息传播渠道的“居间工具”的传播媒介，即可以负载、传播信息符号的中介性物质实体。

“传媒”在《当代汉语字典》中被解释为：①传播媒介。特指报刊、广播、电视、网络等各种新闻工具。②传染病的媒介和途径。[2]赵炎秋认为传媒拥有双重含义，“一是指传播媒介，如广播、电视、网络等，另一重含义是指传播机构，指的是掌握某种或者某些传播媒介的机构与团体”。

“媒体”是电视、报刊、广播、广告及计算机网络等大众传播工具的总称。

从上述定义看，“传媒”是“媒介”与“媒体”的结合，是最为广泛的。

在此基础上，张忠民等学者在结合了国内传播学研究的现状后指出，在

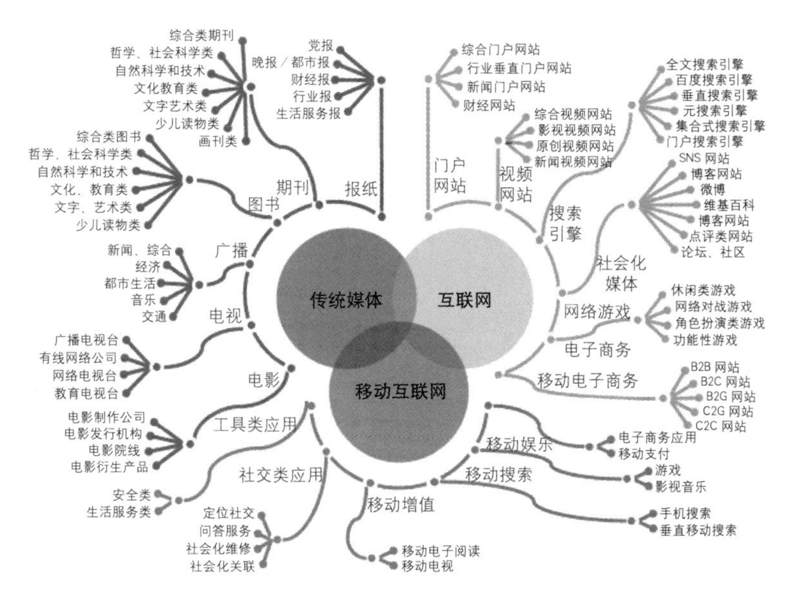

资料来源：崔保国《大传媒时代的变与势——2013 年中国传媒发展报告》

图 0.1　传媒产业结构的基本框架

1　[美]约翰·费斯克等．关键概念：传播与文化研究辞典[M]．2 版．李彬，译．北京：新华出版社，2004:161．

2　龚学胜．当代汉语字典[M]．北京：商务印书馆国际有限公司，2009．

惯例上，“媒介”较多地代表介质或是载体；“媒体”较多地代表机构；而“传媒”则代表一个行业。[1]这也是本书对于这三个概念的理解。

“传媒”的具体指代，是随着媒介形式的变化而被不断填充着的一个概念。在《2013年中国传媒发展报告》[2]中，崔保国认为：“今天的传媒产业主要由三大板块构成：传统媒体、网络媒体与移动媒体。这三大板块就像传媒的三原色，它们相互交叉融合、演变出无数的新媒体形态，并最终形成新的媒体行业。”

“大众传媒”即Mass Media，是20世纪20年代广播电台出现之后才有的概念，指在传播图景上用以复制和传播信息符号的机械和有编辑人员的报刊、电台之类的传播组织居间的传播渠道。当然费斯克等对“大众传播”的揭示也可以帮助我们理解“大众传媒”的含义，他们认为：“大众传播，就是在现代化的印刷、银幕、音像和广播等媒介中，通过企业化投资、工业化生产、国家化管制、高科技和私人消费品等形式向无名的受众提供休闲娱乐和信息的实践与产品。”

为了研究与论述的方便，并使对于建筑批评场域的考察更明晰，本书以建筑为基准，将传媒暂且分为“专业传媒”和“大众传媒”。其中“专业传媒”包括专业期刊（如《建筑师》《时代建筑》等）、建筑行业报纸（如《中国建筑报》《建筑时报》等）、建筑类书籍、建筑类门户网站等。“大众传媒”是随着媒介形式的变化而被不断填充着的一个概念。以前，我们将大众传媒分为纸质媒体（如书籍、报纸、期刊等）和电子媒介（如电影、广播和电视等），如今以网络和数字技术为核心的网络媒体及新媒体也被囊括其中。

传媒与建筑批评

（1）传媒是建筑批评的载体

1887年1月28日，著名的法国埃菲尔铁塔工程正式开工后的第19天，巴黎的《时代报》刊载了一篇由300多名巴黎社会知名人士联名起草的抗议

1 张忠民等．新闻传播学领域对“媒介”“媒体”“传媒”三次使用现状分析——以文献计量方法对四种专业核心期刊的研究 [J]．新闻记者，2010:12.

2 崔保国．2013年中国传媒发展报告 [M]．北京：社会科学文献出版社，2013:4.

书："这个庞然大物将会掩盖巴黎圣母院、卢浮宫、凯旋门等著名的建筑物。这根由钢铁铆接起来的丑陋的柱子将会给这座有着数百年气息的古城投下令人厌恶的影子……"抗议书下面的签名有古诺德、莫泊桑、左拉、小仲马等，几乎囊括了当时法国艺术领域的所有头面人物，其中短篇之王莫泊桑更是扬言："巴黎如果建成铁塔，我要永远离开这个城市。"之后，巴黎版的《纽约先驱论坛报》（*New York Herald*）声称铁塔正在改变气候；《晨报》（*Le Matin*）则用头条报道铁塔"正在下沉"。众多媒体纷纷将评论矛头指向了埃菲尔铁塔这一后来的巴黎标志，制造并记录了关于埃菲尔铁塔在建造之初面临的诸多非议。

上述事例中，作为纸媒时代最重要的大众媒介形式的报纸，发挥了传媒最基本的功能，即信息传播功能，将建筑批评登载其上进行广泛传播，是建筑批评得以公开言说的平台与载体。事实上，无论是纸媒、电子媒介还是互联网、移动互联网等媒介形式，其首要的作用即是建筑批评赖以发生、传播的最基础的载体，为我们维系与储存了丰富的文字、图片、声音与视频系统，这是我们获得建筑批评最主要的途径。

大众传媒作为建筑批评的信息载体，并不是衡定与机械的传播体，而是在不断发展变化的媒介形式中，生发出诸多新的传播特质，从而对建筑批评进行塑造，使其获得不同的特质。

纸媒时代，期刊、报纸作为主要的大众媒介形式，以文字语言符号为主传递信息，能容纳的信息较多，内容也可以很具深度，因此在揭示事物本质、发表评论方面具有先天的优势，成为建筑批评的重要发表阵地。而同时，作为事实的一种记录和表达符号，文字具有极强的演绎性功能，要求批评者拥有严密的逻辑推理和抽象概括能力，以实现叙述的广阔性和思辨的深入性。这也使纸媒中的建筑批评的发布权集中在了具有学术地位或是社会影响的一批人以及媒体记者的手中，以此形成特定的批评主体圈层，以维持传媒的权威性。这种情况在专业期刊领域尤为明显。

而相比纸媒，新媒体时代的媒介则彻底改变了以往媒介形式中的"守门人"角色，将建筑批评的主体扩大到了普通受众的层面，建筑批评的话语也出现了"口语化""平民化"的趋势。其即时性、交互性与去中心化的媒介特征，也使批评的内容呈现出多元化、个性化、广泛性、碎片化等特质。建筑批评的传播也随着中间环节的增多而带有很大的不确定性。

（2）传媒是建筑批评的选择器

2008年8月8日晚20时，随着北京奥运会的开幕，世界将目光聚焦在“鸟巢”。在将近三个半小时的过程中，“鸟巢”的建筑形象被32278名中外记者与16家世界级重要电视台以高频率、多角度的画面进行转播。全世界约有40亿观众[1]目睹了“鸟巢”的华丽芳容。在美国人通常不看电视的周末，“鸟巢”依旧吸引了3000多万观众坐在电视前，创下了“超级碗”橄榄球赛以来的最高收视纪录，甚至超过了当年的奥斯卡颁奖典礼和《美国偶像》总决赛。国际各大报刊、网站均在头版刊登了“鸟巢”的盛典形象。

国家体育馆“鸟巢”在大众传媒的推介之下，成功地化身为中国新时期国家形象的代言。大众传媒以仪式化的传播，为“鸟巢”定义的评论形象是深刻且坚固的，其对现实的报道与刻画也无处不在地影响到我们的批评趋向与判断。在烘托中国国家强大的宏大内容中，也将“鸟巢”渲染成了当今世界最值得定义的当代建筑之一。2009年12月，在英国《卫报》评选出的新世纪10年来全球十大建筑中，“鸟巢”榜上有名。

在以媒介权力资源分配的不平等和以此为基础的社会权力结构与秩序的再生产为基础的划分逻辑中，借助媒介运作的空间化、仪式化过程，无时不在、无处不在地逐渐渗入人们的日常生活体验和实践中，将我们对批评客体的感知呈现出定式化。事实上，伴随着符号权力的运作与实践，媒介以自身的志趣与眼界不断建构并强化了它作为“社会中心”的形象，并将传媒报道等同于成为一种社会常识，为建筑批评围合出了“中心”与“边缘”。于是我们熟知的明星建筑师掰着手指都能数得过来：雷姆·库哈斯、扎哈·哈迪德、安藤忠雄……一谈起标志性建筑，总是离不开著名媒体设定的排行榜。与传媒关系紧密的批评主体或事件，我们总是比较熟知；被大众传媒忽略和边缘化的，我们往往难以觉察。

新媒体时代，虽然较低的媒介准入制度，为每个人提供了批评的机会，

1 美联社报道中所描述的观众规模。

各式草根对建筑的评论事件屡屡发生，也不过是在放大的空间中对传媒“仪式化”逻辑的隐形翻演。其上很大程度依然依靠以社会影响力或话语影响力为基础的划分原则。媒介凭借其无远弗届的传播潜能与界定“现实”的强大能量，对真实与虚构、历史与现在、缺席与在场的社会界限不断进行瓦解。当物质的媒介与符号的媒介同时结构到人们的日常生活之中时，传媒就成了人们对自我、集体和社会定位的重要参照系，使得建筑批评的存在越来越依靠传媒而不是现实。

（3）传媒本身就是一种重要的批评主体

传媒不光是作为外围参与到建筑批评的构建中，它本身就是极具立场感的建筑批评主体。事实上，无论是在传统媒体时代，抑或是身处新媒体时代的今天，传媒从来就没有在批评主体的角色上缺席。正是凭借其传播载体多样、灵活、便捷等优势，传媒迅速扩张着话语空间并积极参与其中：批评立场的制定、建筑事件的制造、建筑奖项的评选、建筑批评者的推介等，媒体在一定程度上已成为引领大众建筑感受与批评观点的主导力量。

正如“现代批评之父”、法国批评家圣伯夫（Charles A. Sainte—Beuve）的形容：“它更为警觉，更为关心现时的声音和生动活泼的问题，就某种程度来说，它装备更为轻便，它向同时代的人发出信号……它应该指定它的英雄，它的诗人，它应该依附于它喜爱的人，用它的爱关心他们，给他们劝告，勇敢地向他们呼喊光荣和天才的字眼（这使见证人大为愤慨），羞辱他们身边的平庸之辈，像军队的传令官一样高声为他们开路，像侍卫一样走在他们战车的前方。”[1]

传媒的批评主体属性，又在一定程度上暗含着“媒体优先原则”的运作逻辑。由此，竞争机制、赢利最大化原则等，不以人的意志为转移地渗透媒体作为批评主体的行为选择。当大众传媒不再仅仅是一种传播工具，而是以超乎想象的力量作为独立的批评主体介入社会生产的诸多领域时，它也把以市场为驱动力的上述运作机制引入人类精神文化领域，而且嵌入其结构组织的认同性内部。在商业价值和娱乐原则的驱动下，媒体的建筑批评被统筹在

1 ［法］阿贝尔·蒂博代．六说文学批评[M]．北京：生活·读书·新知三联书店，2002:53．

规模巨大的传播场域中的阅听率、收视率等统计数字中，作为实现自己“意义呈现”的首要立场。这在一定程度上使得建筑批评活动自身所涵载的“超越性”“可能性”的精神性思考沦为“消费性”“现世性”，进入日常文化消费场域。

从上述的论述中我们可以看到，传媒和建筑批评之间的关系呈现出复杂多样的含义，既是最普通意义上的搭载建筑批评的重要媒介，又可作为一种具有特定立场的批评主体直接参与建筑批评中。在媒体力量越来越强大的当下，传媒更是作为一种文化与社会交往的组织者，以仪式化的模式，嵌入建筑批评的内部，进行了颠覆性的塑造。传媒与建筑批评的这种密切深刻的关系，以及它在契入到建筑批评时体现出的传媒特性与传播模式特征，正是笔者着力论述与发掘建筑批评在大众传媒中的传播图景的逻辑基础与出发点。

在以传媒为主线的梳理中，本书并不希望对建筑批评与传媒的关系进行面面俱到的描述，而是更侧重于批评场域的转型、变化维度，以及由媒介变化引发的建筑批评的新现象、面临的新课题等。主体、媒介、受众这一传播的基准关注模式被用来形成一定时期内建筑特征与事件研究的线索。而传媒特征、传播模式、传播内容、话语方式等则成为考察建筑批评被传媒塑造的具体特征叙述的次一级脉络，社会、建筑与文化的时间特征，作为外围关联参照，与传媒主线进行整合。

场域视角的引入

正如法国社会学家皮埃尔·布迪厄（Pierre Bounrdieu）所说：“现在特别需要对科学进行历史学和社会学的分析，这不是要将科学认识与其历史条件简单地挂钩，使其限定于具体的时空环境之中，从而使这种认识相对化，而是相反地要让从事科学工作的人们更好地理解社会运作机制对科学实践的导向作用，从而使自己不仅成为‘自然’的‘主人和拥有者’，而且还要成为从中产生自然知识的社会世界的‘主人和拥有者’。”布迪厄以“场域”理论挑战了静态的历史描述方式，而强调始终通过“不断出场”、处于“正在生成”状态来秉持“永恒在场”的历史本质状态。

建筑批评在大众传媒中的传播与演进是本书的重点内容，这在无形中已经将建筑批评作为一个独立、完整，具有某种特质的概念，放置于大众传媒的特殊视野中加以论述，而这也正是场域的本质。场域理论这种在现实基础上对面向未来的生命律动与价值取向进行深入探索的历史建构论与动态视角，为本书勾勒与研究大众传媒中建筑批评的传播图景提供了动态、深刻的理论基础。引入场域理论来理解和观察建筑批评的演进，有助于我们更鲜明地将建筑批评这一抽象、分散的实体进行抽离，进而对其特质的形成、变化以及其后的作用机制进行讨论。事实上正是由于布迪厄场域理论之关系性、结构性与反思的认识论方法的归顺与牵引，使本书能找到在细致、繁复的诸多建筑批评传播细节背后的动力与机制。而建筑批评场域的描述，也在一定程度上保持了建筑批评在社会各种场域之中的独立性，更有利于对接专业与传媒两种不同空间描述中的差异。

场域：关系的竞争空间

场域（field）是布迪厄提出的重要概念，亦是其社会学理论的一个关键空间隐喻（spatial metaphor）和基本分析单位。

“根据场域概念进行思考就是从关系的角度进行思考。”在布迪厄看来，场域并非一个存在的实体，并非一个地理空间，而是在群体或个人之间想象上存在的领域，反映的是由行动者在特定领域的竞争中形成的各相对位置之间的客观关系结构。布迪厄认为：“从分析的角度来看，一个场域可以被定义为在各种位置之间存在的客观关系的一个网络（network）或一个构型（configuration）。正是在这些位置的存在和它们强加于占据特定位置的行动者或机构之上的决定性因素之中，这些位置得到了客观的界定，其根据是这些位置在不同类型的权力（或资本）——占有这些权力就意味着把持了在这一场域中利害攸关的专门利润（specific profit）的得益权——的分配结构中实际和潜在的处境（situs），以及它们与其他位置之间的客观关系（支配关系、屈从关系、结构上的对应关系，等等）”[1]

1 ［法］皮埃尔·布迪厄．实践与反思：反思社会学导引[M]．李猛、李康，译．北京：中央编译出版社，1998:133．

在布迪厄的场域理论中，资本与惯习是与场域紧密相连的另外两个重要概念。

资本：场域竞争的动力

布迪厄将场域中存在的资本形式分为经济资本（economic capital）、文化资本(culture capital)、社会资本(social capital)和符号资本(symbolic capital) 4种。

（1）经济资本

经济资本表现为制定化的财产权。

（2）文化资本

文化资本表现为制定化的教育资格。作为个人而言，文化资本不是每个人都能获得的，而是取决于人所生长的周围环境与自身的漫长积累。随着人的社会资源拥有量及社会地位等的不同，文化资本的占有量也不同。分配的不平等和不均匀使得文化资本具备了应有的价值。占有量越少，文化资本就越稀缺。另一方面，文化资本不能靠单纯的给予和馈赠进行积累，它需要个人进行漫长的实践经验累积，这就是文化资本随着时间累积而不断增加的特征。

（3）社会资本

社会资本“是指一个人或群体凭借拥有一个比较稳定又在一定程度上制度化的相互交往、彼此熟悉的关系网络，从而积累的资源的总和，它反映了更为复杂的社会场域的结构和权力关系。一个行动者拥有社会资本的多少取决于行动者所能有效调动的社会关系的规模和这些关系中所含有的资本的质量和数量。因此，社会资本只有与其他类型的资本如经济资本、文化资本、符号资本等在场域中一起作用时才有效。”[1]

（4）符号资本

符号资本是布迪厄提出的最为复杂的观点之一。在他看来符号资本是无形的，非物质化的，表现为文字、语言、衣着、身体行为等受他人承认、顺从、

1　孙大平．社会媒介场域话语符号权力的探索与反思——以新浪微博为例[D]．中国科学技术大学，2011:9．

服从的积累。符号资本源于其他资本的成功使用，产生了符号效应，是一种同时具有“被否定”和“被承认”的双重性质的个人资本形式，通过“不被承认”而“被承认”。“符号权力”是强调符号是一种构建现实的权力，它往往能够建立新的社会世界的秩序。符号资本指代的既是一种沟通关系、知识工具，同时也是支配的手段。在每个不同的场域中，资本类型的价值各有不同。行动者使用资本的策略也决定于行动者在场域中所处的位置，场域的竞争即拥有不同质量和数量的资本的行动者的竞争，它是场域维持生机的动力。

布迪厄以“博弈（game）”来具体说明场域的构成和动作过程。场域中的行动者即博弈者正是通过其手中所掌握的不同种类和数量的资本，包括经济、社会、文化、符号的资本，对场域发挥着不同的作用并由此拥有不同的相对权力，进而决定了某个场域的结构。改变各种资本形式的分布和相对分量就相当于改变了场域的结构。同时，布迪厄特别强调，场域中斗争的焦点在于谁能够强加一种对自身所拥有资本最为有利的等级化原则。

在笔者看来，建筑批评场域中，文化资本的争夺占据了主要的地位。而在大众传媒的不同演进时期，对文化资本进行催化的外部资本类型又是不同的，即经济资本、社会资本、符号资本在不同的时期都以不同的倾向对建筑批评场域进行发力，最终叠加于文化资本之上，形成新的文化资本力量，控制着建筑批评场域。这种争夺与平衡在后续章节的具体图景描绘中会体现得较为明显。

惯习：场域竞争的逻辑

布迪厄认为：“我们提惯习，就是认为所谓个人，乃至私人，主观性，也是社会的、集体的。惯习就是一种社会化了的主观性。”“就像马克思所说的那样，不管他愿不愿意，个人总是陷入‘他头脑的局限’之中，也就是说陷入他从他所受的教化里获得的范畴体系的局限中，除非他意识到这一点。”[1]

惯习是一种后天获得的生成性图式系统。尽管有稳定持久性，却也在不断生成与变更，属于历史的产物。“在惯习和场域的关系中，历史遭遇了它

1 ［法］皮埃尔·布迪厄. 实践与反思：反思社会学导引[M]. 李猛、李康，译. 北京：中央编译出版社，1998:171.

自己：这正像海德格尔和梅洛庞蒂所说的，在行动者和社会世界之间，形成了一种真正本体论意义上的契合。”[1] 而社会场域的关系结构，又是诸多行动者竞争而建构的历史产物，所以惯习又是能动的。这一不断生成与建构的过程体现了惯习的动态性与开放性。

布迪厄将惯习和场域之间的关联作用分为两种：“一方面，这是种制约（conditioning）关系：场域形塑着惯习，惯习成了某个场域（或一系列彼此交织的场域，它们彼此交融或歧异的程度，正是惯习的内在分离甚至是土崩瓦解的根源）固有的必然属性体现在身体上的产物。另一方面，这又是种知识的关系，或者说是认知建构的关系。惯习有助于把场域建构成一个充满意义的世界，一个被赋予了感觉和价值，值得你去投入、去尽力的世界。”[2]“惯习社会性地体现在身体中，在它所居留的那个场域里，它感到轻松自在，就像在自己家一样，直接能体会到场域里充满了意义和利益。”[3]

场域的动力学原则

场域、资本和惯习三个概念中，任何一个概念都不能脱离其他两个概念，它们是紧密联系在一起的。布迪厄“完整的实践模式把行为理论化为惯习、资本以及场域之间关系的结果”[4]，并在《区隔》（1984）一书中，提出了分析模式的简要公式：[（习性）（资本）] + 场域 = 实践。

也就是说，场域的运动可以看作实践者如何在特定的场域中（一种关系型的、权力或资本空间分布的位置结构），通过对各种资本（经济、文化、社会以及政治资本等）的争夺和运用，形成包含着情绪、语言、倾向等在内的一系列行为机制，即惯习或习性。

（1）场域的运动方式

在布迪厄的理论中，社会中的每个场域都是在不断斗争、运动中实现存

1　[法]皮埃尔·布迪厄．实践与反思：反思社会学导引[M]．李猛、李康，译．北京：中央编译出版社，1998：172．

2　同上。

3　[法]皮埃尔·布迪厄．实践与反思：反思社会学导引[M]．李猛、李康，译．北京：中央编译出版社，1998：173．

4　转引自戴维·斯沃茨，2006：161。

在与更替的。布迪厄认为："说场（域）的历史就是为推行合法化认识和评价的垄断地位而进行斗争的历史还是不够的；是斗争本身构成了场（域）的历史；斗争才使得场（域）有了时间性。""它是与连续性、一致性、再生产有牵连的统治者和对非连续性、断裂、差别、革命有兴趣的被统治者和新来者之间的斗争。"[1]"在时代的每一时刻，在斗争着的任何一个场（域）（从总体来看的社会场、圈立场、文化生产场、文学场，等等）中，起作用的因素和制度既是当代的，又是暂时不协调的。当前的场（域）不过是斗争的场（域）的另一个名称罢了（正如过去的作家只有在他还是一个瞩目的对象时才是在场的）。"[2]

这种动态的新旧交替与斗争的场域实质为我们在时间纵向上考察大众传媒中的建筑批评传播图景以及由此牵连出的建筑批评场域的变化是非常重要的。场域理论让我们着重考察建筑批评场域的打开与显现的由显到隐的过程，同样也讲究恢复一种消失了的发生机制。同时，场域理论也提醒我们注意当新的力量与团体进入建筑批评场域并挑起对峙之时，正是建筑批评同时代性形成的时期。这为本书如何划分与洞察建筑批评在大众传媒中的传播与演进提供了线索，也是我们能够更客观地看待建筑批评新特征出现的必然。

（2）场域研究的要素与阶段

布迪厄认为，如果从场域角度进行分析，必然涉及三个必不可少并内在关联的环节。首先，必须分析与权力场域相对的场域位置。如果将建筑批评看作一个独立的场域，它同时会受到其他场域的干扰与侵入，如传媒场、经济场、文化场等，同时也与建筑在整个社会经济文化中的位置紧密相关。大众传媒中的建筑批评传播图景，事实上是在透过传媒场域考察由其的渗透与作用过程而引发的建筑批评场域的状态。对于研究而言，这是对建筑批评场域性质的宏观定位。

其次，必须勾画出行动者或机构所占据的位置之间的客观关系结构。因为在某个特定的场域中，占据这些位置的行动者或机构为了控制这一场域特

1 ［法］皮埃尔 · 布迪厄. 艺术的法则：文学场的生成和结构[M]. 刘晖，译. 北京：中央编译出版社，1998:193.

2 同上。

有的合法形式的权威，相互竞争，从而形成了种种关系。这是场域角度分析的重点，也是洞察场域运动的关键所在。当代大众传媒与建筑批评同时生发、成长，为勾画建筑批评场域内部的关系与结构变化提供了历史基础。同时大众传媒作为最主要的建筑批评载体和作用力，直接影响与体现着建筑批评场域内部的客观关系结构。因此，在对大众传媒中的建筑批评传播图景描述的过程中，建筑批评场域内部的各种主体关系结构，成为本书考察的重点。

除了上述两点以外，还有第三个不可缺少的环节，即必须分析行动者的惯习。这种惯习与批评主体、受众、传播渠道紧密相连，更与建筑批评场域内部各种力量所处的位置、立场关联。惯习在建筑批评场域中突出地外化为批评话语。

以场域的视角来考察建筑批评，更有利于我们观察与呈现建筑批评场域内部的各批评群体之间的位置、对立、争夺及由此引发的建筑批评的演进、新特质的出现背后的逻辑。我们希望通过观察以大众传媒为载体建立的批评场域在不同时期随着所依托媒介的变化，重新理解和诠释大众传媒中当代建筑批评的传播图景及生产逻辑。实际上相当于将对批评场域的作用力施加了大众传媒的滤镜作用，使其相对窄化与集中，这也是我们接触建筑批评的常态。

三种不同层面的研究态度，实际可视为不同面向的滤镜，将当代中国建筑批评在大众传媒中的传播图景进行了过滤与限定，使其在宏观与微观结合的整体性历史框架下进行描述：宏观层面，大众传媒提供了一种以时间为轴的纵向线索与激发建筑批评演变的主动力，而场域理论的契入使得在时间的纵向分割中找到横向的关联成为可能。同时，场域理论与传播理论的诸多要素进行链结，使我们获得透析建筑批评传播机制的崭新微观线索：大众媒介是如何打破旧有建筑批评场域的平衡，引入新的建筑批评群体以改变建筑批评场域的分布与占位；如何形成相应的批评惯习进而催生出新的批评语言形态；场域内部的各群体又是进行如何的争斗，以达到对话语与受众等文化、社会资本的占有，而获取自身的合法性等。

这种研究方法上的多重限定，为研究拨开繁冗表像，探究深层机制提供了便捷，保证研究具有一定的指向性与深度的同时，也不可避免地造成偏向。而这种偏向的不可避免，也成为解读建筑批评大众认知图景形成原理的契机。

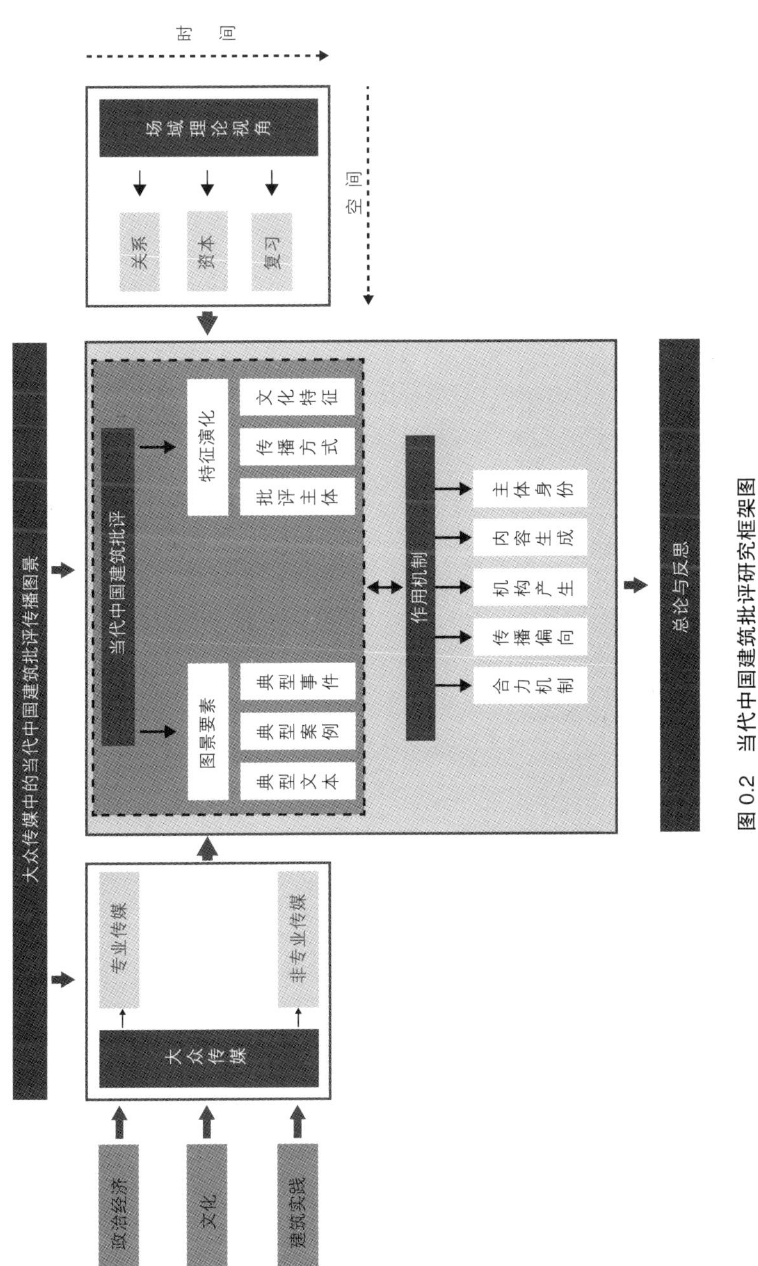

图 0.2　当代中国建筑批评研究框架图

上篇

言说与构建：当代建筑批评的传播图景

第 1 章　建筑批评专业场域的重建（1978—1989）

我的时代在背后，
突然敲响大鼓。
——北岛《岗位》（1979）

恩格斯说得好："历史从哪里开始，思想进程也应当从哪里开始。"[1]一个新的历史时期与其思想果实之间往往彼此裹挟，互为因果。从整体来看，20 世纪 80 年代，中国建筑与建筑批评面临着重建，专业场域是最集中的重建力量所在，也是当代中国建筑批评的核心阵地。而这种建筑批评专业场域的重建，是与社会其他更大场域的重建相互交织、共同生长而来的。当遭遇 20 世纪 80 年代这一当代中国社会大转型时期，对中国建筑批评兴起、发展及传播轨迹的描绘，就更加不能剥离社会、文化的语境，单独局限于自身去讨论，而需要对更大范围内关联的梳理，以获得立体的景深。

新时代的鼓声

1978 年 5 月 11 日，《光明日报》以"特约评论员"名义发表了《实践是检验真理的唯一标准》的重要文章。文章提出检验真理的标准，"不能到主观领域去寻找，思想、理论本身不能成为检验自身是否符合实际的标准""只有千千万万人的社会实践、才能完成检验真理的任务"。第二天，《人民日报》《解放军报》和 7 家省市报纸全文转载。到 5 月底，全国共有 30 家报纸转载这篇文章。随后，国内各主要报刊都组织开展了真理标准的大讨论。[2]

一场"真理大讨论"吹开了中国的思想春潮，也预示着中国改革开放新时代的来临。中国结构单一、效率低下、高度硬化的"总体性社会"结构解冻，开始了向多元化社会转型的历史性进程。其间思想的空前活跃带动着各领域

1　马克思恩格斯全集（第 13 卷）[M]．北京：人民出版社，1962:532、535.
2　方汉奇主编．中国新闻事业通史（第 3 卷）[M]．北京：中国人民大学出版社，1999:427-432.

的全新变革与文化的强势回归，共同谱写着20世纪80年代这一当代中国历史上短暂、脆弱却颇具特质、令人心动的时期。

文化生产的繁荣

十年“文革”造成了严重的文化饥荒，文化样式被局限到了样板戏之类的政治宣传品等非常窄的范围。随着1977年“毒草”作品的解禁、创作管制的放松以及生产投入的增加，这种困境才逐渐得以缓解。

“国家出版局于1978年3月召集了北京、天津、上海等十多个省市的出版局及出版人商讨大力出版新书，以及对‘文革’前出版的图书进行审读、修订、重印等事宜。并紧急动用了国家储备纸重印了《子夜》《家》《春》《秋》《悲惨世界》《神曲》《哈姆雷特》等名著，共发行1500万册。”[1] 国家层面的推动引发了1978年五一劳动节期间各地新华书店通宵排队买书的盛况。

由此，文化生产进入全面启动的阶段。同年，国务院批转国家出版局《关于加强和改进出版工作的报告》，指示“尽快改变目前书刊品种少、出版周期长、印刷技术落后的状况”，“整顿和加强图书发行工作”。期刊、出版社的审批也下放给中央各部委和省级党委负责。审批办法的改变全面快速地推生了期刊、图书、出版单位的增长。[2]

报纸、图书、期刊等纸质传媒占主导地位并发展迅速：从1980年1月1日到1985年3月1日，新创刊的报纸达1008种，平均每两天就有一种新的报纸问世。[3]1980年全国出版图书、杂志、报纸的总印张数为374.166亿印张（折合88.34万吨），比1979年增长1.49%。截至1980年底，全国出版社数量为192家（当年新建达42家），编辑出版人员近1万人。到1985年全国出版社已增至500家。全国共出版杂志2191种，比前一年增长达49%；出版中央和省、自治区、直辖市级报纸188种，平均期印数6236万份，比上年种数增长172.5%。[4] 图书出版总数则以每年5000种的速度递增。正如学者

1 李春．当代中国传媒史（1978–2010）上卷[M]．桂林：漓江出版社，2014:51．

2 郝振省．中国新闻出版业改革开放30年[M]．北京：人民出版社，2008:239．

3 方汉奇主编．中国新闻事业通史（第3卷）[M]．北京：中国人民大学出版社，1999:499．

4 陈翰伯．前进中的中国图书出版工作．中国出版年鉴[M]．北京：商务出版社，1980，1981．

陈昕在《中国出版产业论稿》中说到的："巨大的长期的被压抑的购书阅读需求被释放出来，以及供给瓶颈的有效缓解，是 1978—1985 年中国图书出版产业超常规发展的主要原因。"[1]

传媒实质的转变

1980 年 7 月，中共中央宣传工作会议上提出，宣传工作的三条基本要求是"讲事实、讲真话、讲道理"[2]。由此，新闻界开始关注"关于新闻语言多样化问题"，普遍开展解除社会思想禁锢，摒除"帮八股""假大空"等文风的热潮，执行"真、短、快、活、强"的五字方针。1985 年又进一步提出，党的新闻工作最主要的任务是："用大量的、生动的事实和言论，把党和政府的主张，把人民的各方面的意见和活动，及时地、准确地传播到全国和全世界。""只要合乎中央的路线和政策，新闻工作者就有自由按照自己对客观事物的正确理解，进行新闻报道和发表意见的广阔天地。"[3]这些路线与方针上的变动，标志着我国大众传媒开始脱离"政治教科书"的组织媒介性质，转而应和社会发展的要求。与受众平视的报道方式的重启意味着"现实"与"人"尺度的建立，大众传媒的本质逐步恢复。

传媒导向的重大调整与蓬勃发展的传媒业，为整个国家的知识体系搭建、言论自由、文化交流、学术探讨、思想传播注入了强心针。尤其是批评报道的渐渐重现，为个人发表言论创造了宝贵的传播环境，也为建筑传媒的建立与发展、建筑批评的开展提供了良好的通道。

蓬勃发展的建筑业

1979 年中共中央以"调整、改革、整顿、提高"的新八字方针开始了国民经济调整，其间国家基本建设投资比例的增加使建筑迎来了行业的春天。作为国家经济支柱产业的建筑业在巨大的社会需求下快速回暖，保持了高速的持续增长：从 1977 年到 1982 年，全国建筑业完成任务情况大幅度上升，

1 陈昕．中国出版产业论稿 [M]．上海：复旦大学出版社，2006:28.
2 方汉奇主编．中国新闻事业通史 [M]．福州：福建人民出版社，2000:1984.
3 中共中央宣传部编．宣传动态（选编）1985[M]．北京：经济日报出版社，1986:34、38、47.

这六年累计完成住宅工程 3.8 亿平方米，相当于过去 24 年完成总量 4.5 亿平方米的 84.3%。

1983 年初，建设部制定了《开创建筑业新局面工作纲要》，提出了“六五”“七五”的行业奋斗目标和实施措施。1984 年初，又制定了《发展建筑业纲要》，内容从城市扩展到乡村，时间从 1990 年延长到 2000 年。两个《纲要》的共同点都旨在繁荣和发展建筑业，把它建成非常有活力的、强大的物质生产部门，主张调整产业结构，调整经济政策，推进技术进步，全面而系统地进行体制改革。[1] 由此，禁锢已久的建筑体制变得开放，政治的宽松和经济的迅速发展使得建筑设计进入了以经济因素为主导的创作时期，建筑文化也逐步走向开放，建筑业开始以崭新的面貌呈现在城市各业之中。

1984 年，全国完成房屋建筑面积比 1982 年增长 29.3%。勘察设计、科学研究、学校教育等事业也迅速恢复和发展起来。到 1984 年，“全国勘察设计单位增加到 1400 多个，职工 32.3 万人。省、市一级科研单位恢复到 27 个，中国建筑科学研究院发展到 270 人，进一步发挥了行业科研、情报中心的作用。建设部归口的建筑类高等院校达 16 所，全国还有 145 所高等院校设有建筑类专业，1984 年招生 16928 人，尚有大批职工大学和中等专业学校在发展中”[2]。

整个行业的发展，为建筑批评的开展积累了一定的实践基础与专业素材，提供了有利的外部条件。

思辨与批评的狂潮

20 世纪 80 年代，“文革”狂潮席卷过后留下的思想空区，推动着人们将自己对国家、民族、未来的思考“付诸虚构的、非虚构的文字或影像，通过各种传播渠道扩散开去，形成一波波思辨与批判的狂潮”[3]。其突出的标志则是 1985 年兴起并在随后的两年中达到高潮的文化热，如今已被海内外普遍看作是继“五四”以来中国规模最大的一次文化反思运动。

其中，西方哲学社会科学书籍的翻译与大量出版、西方学术思想的引进，

1 中国建筑年鉴编委会. 中国建筑年鉴（1984–1985）[M]. 北京：中国建筑工业出版社，1986:96.
2 中国建筑年鉴编委会. 中国建筑年鉴（1984–1985）[M]. 北京：中国建筑工业出版社，1986：95.
3 李春. 当代中国传媒史 [M]. 桂林：漓江出版社，2014.

为知识分子冲破教条和文化禁锢提供了新的思想资源和动力。正如陈晓明在《中国当代文学主潮》中讲到的，这一时期国人对西方学派的接受“已经不仅仅是一个被动的知识接受过程，也不是像有些人所说的那样，照搬西方的模式。它与中国‘文革’后的社会变化、思想界的对立斗争与更新，都密切相关，并且构成了这一历史过程最直接的知识的和思想的动力”[1]。人文知识界热烈讨论的“中西方文化的比较”“文化与现代化的关系”，以及“传统和现代的冲突”等核心问题，[2] 在同一时间，不同的专业、学科领域形成具有冲击性的文化革新力量，这也几乎成为 20 世纪 80 年代建筑批评与文化的主要命题。

而在这场声势浩大的思想解放运动中，知识分子阶层被重新推至社会中心地位，成为社会大众尊重和仰慕的精英群体。“他们以‘天下皆醉我独醒’的姿态，声嘶力竭的召唤，带领着想象的队伍，一路飞奔，有意无意地冲撞着国家意识形态的防线。”[3]“独立的思考、强烈的社会责任感、超越学科背景的表述，这三者，乃八十年代几乎所有著名学者的共同特点。”[4] 这种既具有专业关怀，又具有社会关怀和政治关怀的双重群体特质，使得知识分子的诉求除了在学术领域得以声张，又能越过场域边界，延伸于社会，成为公共话题。

在一种回望的历史视野中，20 世纪 80 年代往往被概括为一个文化的时代，文化对时代与社会、国家的命题性关照，渗透并深刻影响到客观世界的每个领域，进而升华成时代的注解。如果说社会、建筑、传媒的发展是建筑批评兴起于发展的外在助力，与时代特征紧密相连的文化内核的树立、批判与思辨思潮的兴起及文化群体的重新崛起则点燃了建筑批评的内涵，并决定了它的传播领域与深度。

专业批评阵地的建立

在百废待兴的 20 世纪 80 年代初，建筑批评遭遇的首要问题不是“批评什么”，而是“在哪里批评”的问题。当代建筑批评被持久、集中地关注，源于

1 陈晓明．中国当代文学主潮 [M]．北京：北京大学出版社，2009:316．

2 贺桂梅．20 世纪 80 年代“文化热”的知识谱系与意识形态 [J]．励耘学刊（文学卷），2008:2．

3 李春．当代中国传媒史 [M]．桂林：漓江出版社，2014．

4 查建英．八十年代：访谈录 [M]．北京：三联书店，2006:133．

建筑专业媒介的复苏与建立。建筑期刊、图书、报纸在这一时期纷纷进入专业视野，并在很大程度上直接成为批评传播的参与者，这使得学者之间的思想交锋能够迅速得以发表、传播与反馈。[1] 而雨后春笋般涌现出的这批专业媒体，也构成了中国建筑传媒的基本框架，至今仍然是建筑批评坚实的专业阵地。由此，在传媒与建筑业的双重变革中，建筑批评快速地在专业领域展开。

期刊：建筑批评的主阵地

学术期刊是20世纪80年代建筑批评的主阵地。这一时期《建筑学报》复刊，《建筑师》《世界建筑》《新建筑》《时代建筑》等约16种专业建筑期刊集中创办，并大量登载建筑评论类文章，在解放建筑思想、繁荣建筑创作、讨论建筑核心话题等方面起到了重要作用，同时极大地增加了建筑批评的传播速度与影响范围，聚焦了以专业院校、学者、研究人员为主的建筑批评核心主体区域。

表 1.1　中国当代建筑类期刊、报纸创刊时间一览表

期刊	创刊时间	期刊	创刊时间	期刊	创刊时间
建筑学报	1954 年 5 月创刊 1973 年复刊	新建筑	1983 年	DOMUS（国际中文版）	2006 年
建筑师	1979 年 8 月创刊 2004 年获刊号	浙江建筑	1984 年 10 月	城市建筑	2004 年 10 月
安徽建筑	1974 年	时代建筑	1984 年	建筑素描（西班牙 EL Croquis 中文版）	2005 年 2006 年停刊
山西建筑	1975 年	世界建筑导报	1985 年	城市环境设计	2004 年 5 月
世界建筑	1980 年	建筑创作	1989 年	建筑实录（美国 Architectural Record）中文版	2005 年
南方建筑	1981 年 4 月	建筑技术及设计 a+d	1994 年 5 月	建筑与都市（日本 A+U 中文版）	2005 年
中州建筑	1981 年	中外建筑	1995 年	域（意大利 AREA 中文版）	2008 年
江苏建筑	1981 年 10 月	重庆建筑	2002 年 8 月	新建筑（日本新建筑中文版）	2010 年
广州建筑	1981 年	设计新潮	2002 年	A 住（意大利 ABITARE 中文版）	2008 年
陕西建筑	1982 年	建筑细部《DETAIL》	2003 年 12 月	建筑教育（美国 Journal of Architectural Education 中文版）	2007 年
华中建筑	1983 年	建筑与文化	2004 年	建筑世界（德国 Bauwelt 中文版）	2007 年 2008 年停刊

1　中国建筑年鉴编委会．中国建筑年鉴 1984−1985[M]．北京：中国建筑工业出版社，1986．

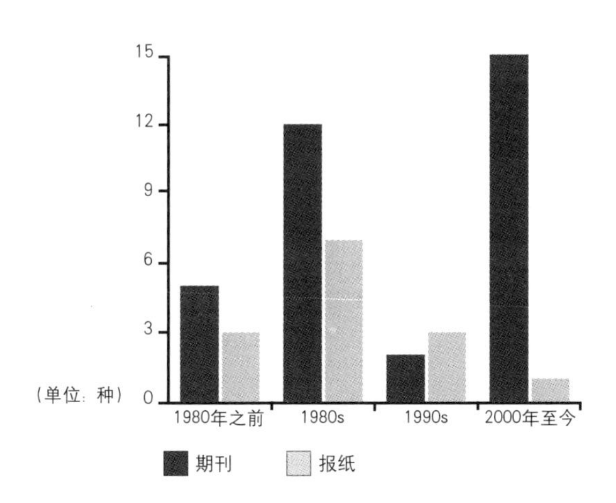

图 1.1　中国当代建筑类期刊、报纸创刊时间分布

《建筑学报》的主导力量

《建筑学报》创刊于 1954 年，在相当长的时间内是全国唯一的建筑学术期刊。虽然由于历史原因曾多次停刊与复刊，它从始至终都参与建筑批评的建构当中，完整见证了新中国的建筑历程，是我国建筑创作的晴雨表，也是研究建筑批评发展的典型样本。

作为中国建筑学会主办的学术性刊物，《建筑学报》掌握着国家建筑方针政策的权威渠道，笼聚着当时业内最重要的作者群，并与学会紧密相连，具有强大的学术研讨与活动的组织能力。这种“自上而下”的国家级定位，决定了其在 20 世纪 80 年代对繁荣建筑创作、正确引导建筑走向以及推动建筑批评的作用是其他同类期刊不可比拟的。

努力开展建筑批评，对建筑作品的评价，对建筑思想的分析、判断，一直是《建筑学报》的重要内容之一。“虽然至今人们认为我国的建筑评论无论从队伍、水准、深度各方面都还有较大差距，但从学报的历史看，还是做了相当的努力。”[1] 这种努力首先体现在集中、大比例的建筑评论文章的登载，一度曾引起评论热潮。如 1956 年《建筑学报》第 1 期刊登了同济大学翟立

1　马国馨．筚路蓝缕兼收并蓄——记《建筑学报》五十年 // 建筑学报五十年精选 [M]．北京：中国计划出版社，2004，6:4–11．

林的《论建筑艺术与美及民族形式》一文，并在同年第 3 期和 1957 年第 1、2 期又发表了陈志华、英若聪二位先生对前者的讨论和一些不同看法，引起业界热烈的争论。1957 年还有谭垣《评上海鲁迅纪念基和陈列馆的设计》（第 2 期），周卜颐《从北京几座新建筑的分析谈我国的建筑创作》（第 3 期）《对前门饭店的商榷》（第 4 期），以及陈桓、汪定增和张缚的辩论等。这些文章观点明确、文字犀利，有肯定、有商榷，影响广泛。

1979 年《建筑学报》第 1 期专门刊发了建筑学会建筑设计委员会 1978 年 10 月在南宁会议上关于建筑现代化和建筑风格问题的意见，涉及人员广泛、极具代表性，包括张博、林克明、徐尚志、余庆康、哈雄文、吴景祥、刘鸿典、黄忠恕、洪青等第一、二代建筑师中的代表人物，还发表了陈世民的长文《试谈建筑创作中的几个问题》，并响应邓小平同志视察住宅工程要求“多一些内行的人来挑毛病”发表了一组关于“前三门高层住宅”的评论文章。同年第 6 期开辟了“建筑创作问题讨论”专栏，1980 年增开“建筑论坛”与“建筑评论”版块并一直延续。这些举动促进了当时及之后一段时期建筑批评的开展。

除了及时、定时刊登评论外，《建筑学报》也积极发挥自身媒体的作用，关注、发起并参与了当时一批重要建筑的讨论，组织了一系列有影响的设计作品讨论座谈会。如在 20 世纪 80 年代产生巨大影响的香山饭店，引起各大专业期刊的普遍关注，而 1983 年全国期刊共发表 20 篇与之相关的文章，其中 12 篇来自《建筑学报》，尤其第 3 期发表的香山饭店设计座谈会纪实，其在选址、平面布置、与环境关系等方面提出的许多看法，时至今日仍有启发性。此外《建筑学报》还组织了上海龙柏饭店创作座谈会（1982 年第 9 期），北京长城饭店（1986 年第 1 期）、曲阜阙里宾台（1986 年第 7 期）、杭州黄龙饭店（1988 年第 10 期）等工程的座谈会。

20 世纪 80 年代的《建筑学报》保持极大的官方优势，直接参与和报道了诸多重要的学术与思想论坛，并以此作为建筑批评的重要平台和手段。1981 年第 12 期登载了建筑学会提出的六条建议，呼吁海峡两岸建筑界共同努力加强交流；1988 年促成了香港召开的第一次海峡两岸学术交流会。1984 年 4 月在建筑学会指导下成立民间“现代中国建筑创作研究小组”，于《建筑学报》第 4 期发表了《现代中国建筑创作大纲》，并于第 7 期发表了该小组在武汉召开的首次中国建筑创作研讨会，组内的一大批建筑师成为此后一段时期内中国建筑创作和理论探索的活跃力量。1985 年底，建筑学会在广州召开“繁荣建筑创作学术座谈会”，这是改革开放以来的一次重要会议。会议集合了林克明、唐璞、张尃、赵冬日、龚德顺、刘开济等国内第一、二代重要建筑界人士，以及其他已经成为创作中坚力量的第三代建筑师。1986 年《建筑学报》用一共 5 期（第 2、3、4、6、7 期）的篇幅对会议作了报道。

各有千秋的专业期刊

这一时期除《建筑学报》外的其他建筑期刊在定位上也各有特点，并都针对中国建筑复苏时期所面临的基本问题。

《建筑师》是“继 1954 年首创《建筑学报》至 1979 年这 25 年间，我国建筑学界创办的第二个杂志。第一期出版于 1979 年 8 月，由中国建筑工业出版社以‘丛刊’名义编辑出版，各地新华书店发，为不定期出版物。直至 2003 年才以期刊名义编辑出版，并可在邮局订购。”[1] 作为中国建筑工业出版社自办的刊物，《建筑师》在某种程度上有着与《建筑学报》同等的地位优势，两种刊物相辅相成，形成了建筑专业传媒中的官方梯队。

老一辈建筑学家如陈植、杨廷宝、童寯、张开济、汪坦、戴念慈、吴良镛、罗小未、齐康、彭一刚、马国馨等都经常为《建筑师》撰稿，尤其童寯，他晚年的研究成果几乎都是在《建筑师》上发表的，每期都有一篇，直至 1983 年逝世。《建筑师》以刊登学术理论文章为主，并以长篇以及连载为特色，在很大程度上成为《建筑学报》的补充，至今仍然占据国内建筑期刊中的理论高地。

《世界建筑》则定位为“研究国情、了解世界、探讨规律”，1980 年第 1 期的封面图即用了约翰 · 伍重设计的悉尼歌剧院，直接提示人们它将以引进西方先进建筑思潮、理念与技术、作品作为期刊的主要内容。其分布广泛、国际背景强大的作者群，使得读者能够直接与国际最新思潮与建筑相交，这在亟需得到思想养分的 20 世纪 80 年代显得弥足珍贵。虽然整个 80 年代《世界建筑》上登载的建筑批评类文章只有 24 篇，但其中不乏名家力作，如贝

1 邹德侬，王明贤，张向炜．建筑中国六十年 [M]．天津：天津大学出版社，2009．

聿铭《论建筑的过去与现在》[1]。

面向更广阔的领域，使《世界建筑》拥有与其他专业传媒完全不同的视角。这在当时无疑是非常引人注目的。曾对创办《世界建筑》作出贡献的清华大学陈志华教授在 1989 年《中国当代建筑论纲》里评价道："最早打开对外窗子的是《世界建筑》双月刊。它的创办既需要胆识，也需要吃苦耐劳。它专门介绍国外的建筑创作和理论，为新时期中国大陆上建筑思想的开放活跃作出了贡献。"

此外，《时代建筑》《南方建筑》《华中建筑》《新建筑》《世界建筑导报》等期刊，都植根于自身所在地区，具有明显的地域性。其中创刊于 1984 年的《时代建筑》以繁荣建筑创作、增进国内外学术交流为办刊宗旨，以"时代性、前瞻性、批判性"为办刊特征，立足于上海、中国，关注国内自身的建筑成长与话题，强调国际思维中的地域特征。在中国建筑仍在瞻仰西方建筑成就的丰碑、尚未凸显自身特质与重要性的 80 年代，《时代建筑》就敏锐捕捉到了中国建筑的发展机遇，无疑是非常有远见的，这为其如今发展成为国内最具当代建筑话语权的期刊，起到了直接的推动作用。

这些专业期刊几乎都由各大高校主办，因此聚焦了以专业院校、学者、研究人员为主的建筑批评核心主体区域，这也正是建筑知识分子的核心地带。他们的活跃，实质上也是 20 世纪 80 年代知识分子重归精英地位的行业写照，并在一定程度上决定了这一时期建筑批评的专业外延，也基本集中在与这群知识分子交往密切的相关领域中，如文学、艺术等。

这些期刊都以不同形式登载各种建筑评论，并经常独立或联合举办各种活动。如《建筑师》从 1987—2001 年在重庆、淄博、南昌、吉林、杭州、天津、深圳、哈尔滨与当地有关单位联合举办过近 10 次学术研讨会，主题分别是：城市建筑文化、中国当代建筑、建筑与文学、建筑评论、比较与差距等。研讨会成果大都在《建筑师》和相关报刊上发表，有的还出版了专题小册子。《世界建筑》《建筑师》1982 年在北京天文馆联合举办了吴良镛、汪坦、罗小未、刘光华四位建筑界著名专家的学术报告会，现场座无虚席。《华中建筑》

1　贝聿铭. 论建筑的过去与未来 [J]. 世界建筑，1985，05:71-73+87.

则一力推动了“新建筑文化运动”[1]的兴起，并联合《南方建筑》《新建筑》等多个专业期刊多次举办相关主题活动。

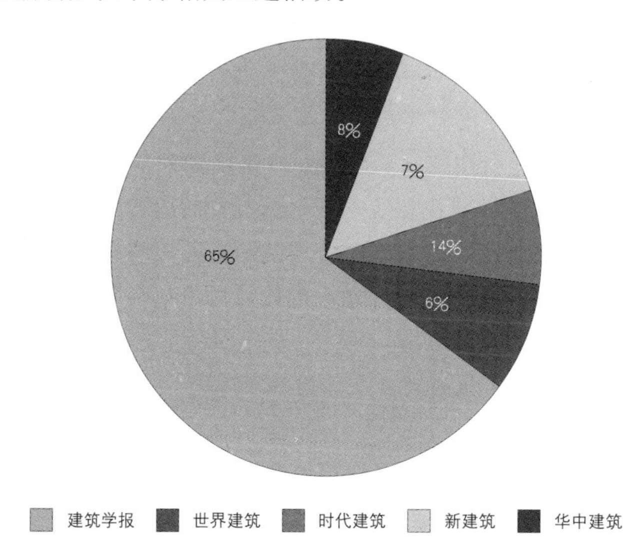

图 1.2　20 世纪 80 年代部分专业期刊建筑批评类文章登载比例

图书出版："一超多强"

1978—1990 年这 12 年是建筑图书的繁荣时期，其中 1971 年 11 月中国建筑工业出版社的建立是行业标志性事件，开启了建筑图书出版事业的新篇章。“建筑书刊拓展了一些新的领域，门类趋于齐全；重点突出了国内建筑专家的著述，着力提高建筑师的知名度，提高建筑师的社会地位，开展多种学术活动，从而培养和扩大著译者队伍；努力开展国际交流活动，有选择地译介国际名著，并向海外推介国内有关著作等。”[2]这一时期发展形成了“一超多强”[3]的业内格局[4]，直至 20 世纪 90 年代建筑文化图书崛起后才将其打破。

1　王铎等．建筑文化的春天——“中国建筑新文化运动”回眸 [J]．华中建筑，2006，24（11）：1-7．

2　《建筑创作》杂志社．建筑中国六十年——图书卷 [M]．天津：天津大学出版社，2009，9：35．

3　“一超”指中国建筑工业出版社，约占全国建筑图书市场的半壁江山；“多强”指中国计划出版社、辽宁科技出版社、天津大学出版社、东南大学出版社等单位。

4　“这个阶段大约是从 1978 年到 1990 年这 12 年，建筑书刊出版仍是中国建筑工业出版社一统天下，其他出版社几乎没有涉及建筑书刊的出版，这主要是因为各家出版社的出书范围仍然不得突破，只能出版国家主管部门批准的专业范围之内的书刊。”参见杨永生，刘江峰，崔卯昕．建筑图书发展综述 [M]．建筑中国六十年—图书卷．天津：天津大学出版社，2009，9：35．

这一时期建筑图书品种与日俱增，以中国建筑工业出版社为例，1981 年以来每年都保持 300 多个品种，几乎达到了“日出一书”（按工作日计），1981—1984 年总印数每年都达到一千万册。种类主要集中于直接为“四化”服务的应用技术图书和工具书、建筑科技图书、建筑科普图书以及一批国内学者编著的具有较高水平的基本理论与学术研究著作。[1]

建筑批评及相关题材图书在 20 世纪 80 年代较为少见。1988 年 8 月中国建筑工业出版社出版的《现代建筑——一部批判的历史》是当时为数不多的建筑批评类国外引进著作。这与当时特定的历史阶段有关。在整个行业与创作环境、思潮刚开始回暖的阶段，建筑批评与讨论都会先以文章的形式来表达，专门的图书出版还为时过早。

报纸：重要传播途径

20 世纪 80 年代中后期，连接建筑协会、学界、各大建筑机构与企业的三大行业报纸[2]《广东建设报》（1986 年 4 月创刊）《中国建设报》（1987 年 1 月创刊）《建筑时报》（1954 年 5 月 1 日创刊，1989 年 6 月 6 日定名为《建筑时报》）陆续进入读者视野。

相比专业书籍和期刊而言，行业报纸的批评主体与受众范围增加了如专业报刊记者、行政官员、房地产从业人员及其他普通行业相关人员，关联度更加广泛。由于 1980—2000 年间的报纸数据资料寻找难度较大，难以了解此时期行业报纸中建筑批评的情况。不过作为 20 世纪 80 年代占绝对优势的大众传媒类型，行业报纸中的建筑批评势必会形成重要的传播途径。

批评代替理论：专业重建中的积极参与

在百废待兴、经历长期思想和实践双重束缚的 20 世纪 80 年代，建筑批

1 《中国建筑年鉴》编委会. 中国建筑年鉴 1984–1985[M]. 北京：中国建筑工业出版社，1985，12：445–448.

2 行业报纸是指当下一些由行业协会或主管某一行业的政府部门及其他机构主办的、为这个行业服务的媒体，主要用来沟通行业信息、报道整个行业链条上每一个环节的信息。建筑行业报纸代表性的有 1954 年创刊的《建筑时报》、1987 年元月创刊的《中国建设报》、1993 年创刊的《中国房地产报》等。以 CNKI 中的“建筑”信息搭载量而言，此三种报纸的建筑批评内容搭载量至今稳居前位。排名第一的《中华建筑报》为 1996 年创办。

评在热情憧憬和小心试探的双重势态中恢复、前行。建筑媒体的快速发展，建筑行业、学会的大力推动，建筑师自身的觉醒与对热络的文化思辨、批判思潮的积极参与一起，形成综合外力，使得建筑批评更多关注于意识形态、积极参与专业重建中，并由此获得了与时代相关的独立话题。这些典型话题先后产生、相互叠加、分化延伸，形成了建筑批评的主要内容，同时也留下了中国当代建筑理论的发生轨迹。

这一时期建筑批评的主要话题集中于“建筑思想的解放”“繁荣建筑创作”“传统与现代”“建筑与文化”等。“建筑师的身份”“学科属性的重新认识”“建筑体制的改革”等内部的讨论也频繁出现，可以说在一定程度上凸显出“批评代替理论”的特征。这些都说明这一时期的建筑批评主要集中于专业内部，着重于媒体体系的搭建与自身批评主体的培育。这也是中国建筑师第一次如此积极主动地对本专业、本学科进行全面反思。[1]

从图 1.3 来看，《建筑学报》作为当时建筑学会直属的官方期刊，在“自上而下”的推动建筑批评与建筑学科、行业的重建中，其重要性是独一无二的。

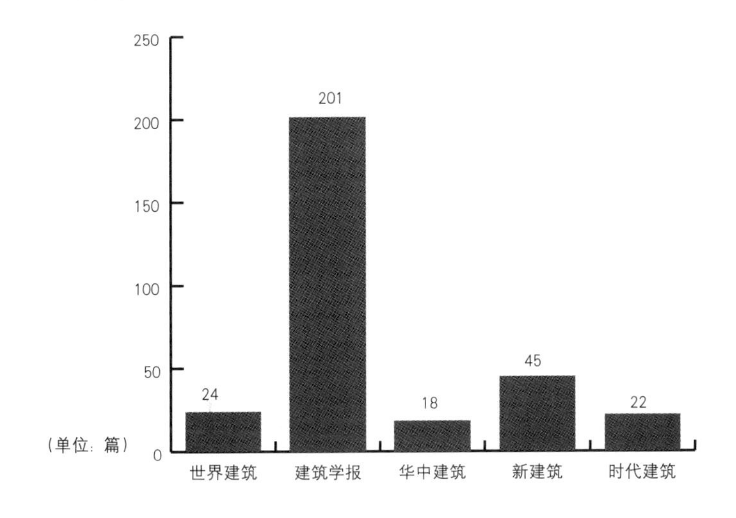

图 1.3　20 世纪 80 年代部分建筑专业期刊建筑批评类文章登载数量统计

1　虽然 20 世纪 80 年代其他专业期刊的数据收录有限制，未能全部统计，但从其他的文献记载中也可以确定《建筑学报》确实全面、详尽地体现了当时的建筑批评话题。

解放思想

1979 年《建筑学报》第 1 期《关于建筑现代化和建筑风格的一些意见》一文，报道了 1978 年 10 月 22 日在广西南宁召开的恢复活动大会，并就建筑现代化和建筑风格问题进行了讨论。这也是第一次对现存建筑体制和思想观念提出批评性的建议，对建筑言论和建筑实践提出资助性的诉求。建筑师们一方面表达了对现代化、工业化和先进科学技术的热烈拥抱和憧憬；另一方面普遍呼吁鼓励和切实贯彻“双百”方针，要求解放思想、广开言路，活跃长期禁锢的建筑活动，鼓励争鸣，广泛开展建筑评论，以提高设计水平。

1979 年 8 月 22 日，国家建筑工程局在大连召开全国勘察设计工作会议，进行一系列“拨乱反正”工作，提出要繁荣建筑创作。1978 年 10 月 20 日，邓小平在视察北京前三门大街南侧兴建的近 40 万平方米的高层住宅时提出：“邀请一些会挑毛病的人来提提意见，研究一下怎样把住宅楼修建得更好些。”《建筑学报》1979 年第 6 期和《建筑师》创刊号由此组织了对北京前三门的讨论，并借此呼吁抛开思想顾虑，发扬学术民主，提倡和培养不同的建筑流派，改变过去施工领导设计和官本位等将政治问题和学术问题混为一谈的情况。

1979 年中国建筑学会的杭州会议上，“上海建筑艺术座谈会”和“创造中国的社会主义的建筑新风格”疑问得到平反，这是解放思想的第一枪。之后徐强生以《解除思想束缚繁荣建筑创作——上海建筑设计思想座谈会听后记》一文[1]表示，当时建筑界对设计思想的讨论，尤其是艺术风格的探索，还是心有余悸、不敢触及、望而生畏，在行动上存在着犹豫和怯懦，要迅速形成心情舒畅、各抒已见的局面，号召大家“解放思想、明辨是非”。

1980 年《建筑学报》第 1 期刊载了副理事长阎子祥的发言报告《发扬学术民主繁荣建筑创作》，借为刘秀峰《创造中国的社会主义的建筑新风格》一文辩诬，对当时受到污蔑和迫害的相关人物和停刊的《建筑学报》进行了平反，尤其是对近十年逆境为中国学术活动造成的破坏进行了沉痛反思，并

1　徐强生．解除思想束缚繁荣建筑创作——上海建筑设计思想座谈会听后记 [J]．建筑学报，1980（2）：32–33．

阐述了新形势下学会的主要学术课题。1980 年 5 月 5 日，在全国建筑工程局长会议上，肖桐在题为“新时期建筑部门的光荣使命”的报告中批判了过去 30 年的极左路线错误，提倡解放思想，“今后我们要广泛开展学术讨论，认真组织竞赛活动，进行设计方案的评选……允许评论，百家争鸣……”

同年《建筑学报》连发了汪季奇《回忆上海艺术座谈会》（第 4 期）与陈植的《为刘秀峰同志〈创造中国的社会主义的建筑新风格〉疑问辩诬》（第 5 期）两篇文章，将“上海建筑艺术座谈会”和刘秀峰的《创造中国的社会主义的建筑新风格》疑问的历史发生背景、经过、意义进行了详细叙述，大胆触及了当时建筑界的敏感话题。《建筑师》杂志时隔近 20 年后重新刊发《创造中国的社会主义的建筑新风格》一文。这些都象征着中国建筑界拨乱反正的起点，学术对政治的附庸关系解除的开端。

同时《建筑学报》开辟“建筑创作问题讨论”专栏，明确提出参与讨论的文章“可涉及 30 年来建筑界的主要历史事件以及有关建筑理论、建筑风格和建筑评论等等”。这些评论文章的登载与专业媒体的关注，犹如黑夜中的灯塔，为中国当代建筑破除思想包袱、大阔步向前指明了方向。

繁荣建筑创作

20 世纪 80 年代，在思想解放运动的鼓舞下，“繁荣建筑创作”逐渐成为一个引人关注的话题，几乎每年甚至每期都有相关文章登载。

该话题最初片断地、隐形地、包含地出现在解放思想的相关讨论中，也曾与其一并被提及。1984 年 3 月召开的“中国现代建筑创作研究小组”[1] 筹备会议讨论并修改了小组纲领性宣言文本《中国现代建筑创作研究小组公约》和《中国现代建筑创作大纲》，标志着繁荣建筑创作问题被明确提出。随后《时代建筑》1985 年第 1 期也登载了张钦楠的《从打破“千篇一律”谈繁荣建筑

1 1984 年 4 月 16 日至 20 日，在云南召开了小组成立会，小组正式命名为“现代中国建筑创作研究小组”，英文名“The Contemporary Chinese Architecture Research Group”，简称 CCARG。会议并讨论确定了《现代中国建筑创作研究小组公约》，宣布小组于 1984 年 4 月 20 日正式成立。包括武汉会议在内，到 2001 年决定更名为“当代中国建筑创作论坛”，英文名“The contemporary Chinese Architectural Forum”，简称 CCAF。

创作》一文。而被媒体广泛关注并普遍认为是重要节点的是 1985 年 11 月 29 日至 1 月 3 日，中国建筑学会在广州召开的“繁荣建筑创作学术座谈会”。《建筑学报》1985 年第 4 期对此重点报道：“这是自 1959 年上海建筑艺术座谈会之后，第一次研究建筑创作问题的全国性专题会议。”

同年《建筑学报》陆续刊文，如龚德顺《繁荣建筑创作座谈会发言摘登》（第 4 期）、《现代中国建筑创作大纲》[1]（第 7 期）、彭一刚《高屋建瓴创造理论研究新风气——建国以来建筑理论研究的回顾与展望》（第 9 期）等，普遍讨论了从纲领出发的建筑创作的反思和追问。1986 年《建筑学报》第 2 期戴念慈《论建筑的风格、形式、内容及其他——在繁荣建筑创作学术座谈会上的讲话》、第 3 期顾孟潮《学习信息游泳术是当务之急——关于繁荣建筑设计和创作的思考》等文，将建筑创作的讨论延伸到建筑的风格、形式与内容方面。

当时《建筑学报》大篇幅围绕“繁荣建筑创作学术座谈会”发文近 40 篇，国内其他建筑期刊也均围绕“百家争鸣、繁荣建筑创作”“建筑的风格、形式、内容”“借鉴与创新”等话语组稿，建筑创作要贯彻“双百”方针，反思“民族形式”“形式主义”，大型项目要举办设计竞赛，建筑创作要在实践中发展……繁荣建筑创作在 20 世纪 80 年代中期成为被讨论频次极高的核心话语。

正如叶如棠在《多元共存兼容并蓄古今中外皆为我用——关于繁荣建筑创作的在思考》[2]一文中说的：“最近几年，大家对这个问题讨论很多。有的同志把它解释为‘多元共存’，有的认为就是‘中国建筑现代化’等等。我想把问题开展一些。‘繁荣’这个词，作为动词，表示创作的过程和局面，不是死气沉沉而是生气勃勃的；作为形容词，表示创作的目标和结果，不是古板单调而是千姿百态的……‘繁荣建筑创作’的含义就是：组织起一支人数众多的建筑创作队伍，广泛开展国内的创作竞赛、合作与交流，求得建筑理论水平和创作水平的全面提高，形成富有中国特色时代气息的总体面貌，并从中产生一批闻名于世的作品。”

---

1 《现代中国建筑创作大纲》第三稿，即大纲全文，正式刊载于《建筑学报》1985 年第 7 期，《新建筑》《南方建筑》随后转载。

2 叶如棠．多元共存兼容并蓄古今中外皆为我用——关于繁荣建筑创作的在思考 [J]．建筑学报，1990．

由此话题生发出诸多分支讨论，如“要繁荣建筑创作”“如何繁荣建筑创作”“如何创作”等，并逐步深入到“传统与现代”“民族形式”等这一时期的重点讨论话题中，互相激发、彼此影响。对于20世纪80年代的批评话语变迁而言，繁荣建筑创作是一个重要的开端。

传统与现代

“传统—现代”的历史论争一度萦绕在20世纪80年代，甚至扩展为更广大的历史时期和范畴里讨论最频繁的话语。

20世纪80年代有5个对建筑创作发展有着重要影响力的会议：中国建筑学会第五次代表大会（1980年10月）、中国建筑师学会成立30周年大会（1983年11月）、现代中国建筑创作学术研讨会（1985年5月）、繁荣建筑创作座谈会（1985年11月），以及以中国当代建筑文化沙龙（1986年8月）为基础展开的讨论。由此看来，整个80年代的中国建筑学始终挣扎于“传统—现代”的双重观念中，将自己置身于不断的求索和自我批判情境中。

当时媒体报道中最常见的话语，大多围绕“社会主义内容、民族形式”进行反思和展望。如1981年《建筑学报》第1、2期以“中国建筑学会第五次代表大会”为主题，收到相关报告和文章293篇，其中重要文章有戴念慈《现代建筑还是时髦建筑》、王华彬《试论现代建筑与民族形式》、陈鲛《评建筑的民族形式——兼论社会主义建筑》等。

关于“传统—现代”的讨论，在经历了反思“社会主义内容、民族形式”、形式主义、复古主义等基于政治意识形态的思想观念谬误之后，逐渐演化成建筑创作上强调历史、文脉、场所，对传统的诉求也从批判“大屋顶”和“宫殿式”的“民族形式”，进一步拓展到挖掘中国传统园林、民居的地域性、乡土性元素上。80年代针对香山饭店的热烈讨论也与此紧密相关。建筑理论和创作的观念也由此开始转向，进而接驳到当时全面引入西方建筑理论的设计思潮之中。

建筑文化热的兴起

在一种回望的历史视野中，20世纪80年代往往被概括为一个“文化”

的时代，其突出的标志是20世纪80年代中期的“文化热”。甘阳[1]在上海人民出版社2006年出版的《80年代文化意识》一书的开篇写道：“中国大陆1985年兴起并在随后的两年中达到高潮的‘文化热’，如今已被海内外普遍看作是继‘五四’以来中国规模最大的一次文化反思运动。当时的人文知识界围绕着中西方文化的比较、文化与现代化的关系以及传统和现代的冲突等核心问题，展开了热烈讨论。在同一时间，不同的专业、学科领域也形成了突破此前格局，并具有冲击性的文化革新力量。”[2]

而这些关乎文化的核心议题，无一例外地借着这股革新的东风，吹进建筑领域，并几乎都演化为80年代建筑批评与文化的主要命题。早在1980年7月，高介华在武汉自然辩证法研究会发表的《从历史的透视看新的历史时期的到来》，就前瞻性地指出：“一座新的中华民族的文化奇峰，必将突兀于东方。”预言建筑文化时代的来临。而建筑界之前“为古建筑正名”“传统与现代之争”“繁荣建筑创作”等话题的开启，则是这场建筑文化热的前奏和序曲。

就这场建筑文化运动而言，1985年11月在广州召开的中国建筑学会繁荣创作学术座谈会非常重要。会上明确提及建筑的文化功能。民间学术团体中国现代建筑创作小组与中国当代建筑文化沙龙在其中起到积极作用。

1986年8月22日，由顾孟潮、王明贤发起的中国当代建筑文化沙龙在京召开成立大会，沙龙宣言这样写道：“我们想从文化的广阔角度探索建筑理论的前沿课题及基本理论和应用理论；我们主张兼容并蓄，以哲学为灵魂，我们不是一个流派，我们志同道合不是观点的一致，甚至可能颇有对立，但我们都愿意在自我塑造的同时又欣然接受相互塑造，我们愿借倾心恳谈的时机和自由宽松的氛围，呼唤众多建筑流派的崛起，揭示多元的当代建筑的文化真谛……”[3]

1 甘阳，1985年毕业于北京大学外国哲学研究所，获西方哲学硕士。同年在北京创办象征中国学术新生代崛起的“文化：中国与世界”编委会，主编出版的“现代西方学术文库”等成为20世纪80年代的文化标志之一。

2 贺桂梅．80年代“文化热”的知识谱系与意识形态．

3 顾孟潮．王明贤执笔．当代建筑文化沙龙的心愿[J]．中国美术报，1986:41．

为此，1986 年第 11 期《建筑学报》为全国城乡建设优秀建筑设计评选发表了特约评论员文章《重新认识建筑的文化价值》。沙龙成员萧默也多次根据研讨会的发言在《美术》《新建筑》《中国美术报》等报刊上著文指出建筑与文化的关联与文化的重要性。建筑文化热由此正式掀起序曲。

此后又有多家专业期刊主导举办了各种建筑与文化研讨会。1987 年 5 月 23 日至 28 日，《建筑师》编辑部与重庆建筑工程学院研究生会在重建工联合举办了全国首届建筑类研究生“城市 · 建筑 · 文化”学术研讨会，来自全国三十多所高校和科研设计单位的研究生参与出席了会议。会议期间，郭湖生、白佐民、刘管平、余庆康、蒋智元、喻维国等专家学者分别就建筑文化与建筑创作的课题作了学术报告，应邀与会的日本《新建筑》杂志社代表团一行 4 人也参加了会议的部分活动。会议共收到论文 76 篇，会上宣读了 20 多篇。

1988 年 10 月 30 日至 31 日，由罗小未主持的第一届“东西方文化与建筑比较”小型研讨会在同济大学召开，共有 20 余名专家学者参加了为期两天的讨论。论文选登在 1989 年第 3 期的《时代建筑》上，包括刘先觉《中西建筑文化交流的时代使命》、萧默《建筑文化比较与心态》、刘天华《略论中西传统建筑文化的差异》、陈伯冲《三大困惑——文化与建筑两人谈》等。

《华中建筑》成为这场建筑文化热的重要推手。1988 年起，《华中建筑》开辟了“中国建筑文化拓荒”和“文化建筑学”等栏目，高举建筑与文化旗帜，并以此作为其重要学术特色。1989 年 11 月 6—8 日，由湖南大学建筑系、岳麓书院文化研究所、《华中建筑》和《南方建筑》杂志社以及长沙土木建筑学会联合发起的首次“建筑与文化”学术讨论会在岳麓书院召开，60 人出席。吴良墉院士与会并作了“‘建筑，寸文化’即席谈”的主题报告，从广义建筑观来谈建筑的文化问题、建筑文化的继承与发展、地方建筑学派的发展等。《华中建筑》《南方建筑》为其制作专辑。

两年后，在中原文化的发祥地河南省三门峡市，再次召开了“建筑与文化”学术讨论会。与第一次相比，这次讨论会有 132 人与会，规模更大，活动范围也甚为广泛，除论文报告外，还有专题学术讲座，建筑图片展，对三门峡市的城市规划、旅游规划和古建保护的评议，以及有关建筑文化的录像交流，试图从学科高度建构所谓的“建筑文化学”。此后，两年一度的全国性建筑与文化学术讨论会开始“制度化”。

文化界的“文化热”在80年代末期渐渐没落，而由《华中建筑》推进的对建筑与文化的讨论与研究却影响持久，至2004年为止，相继在泉州、长沙、昆明、成都、庐山和杭州召开了第3—8次讨论会，与会代表累计达951人，提交论文668篇，每次会议都有论文集出版。其中第4次和第7次规模尤其盛大，新华通讯社及《人民日报》《中国日报》等重要报纸及北京电视台等大众媒体都进行了报道。影响力也扩展至国际层面，先后有美、英、法、德、日、韩、泰、越、丹麦、瑞士等国和我国香港地区的建筑学者，以及相关学科的众多学者参加。作为一项民间建筑学术活动，达到这样的规模是很难得的。

邀请相关学科名家共论建筑，是历次讨论会的特点。这些学科包括哲学、城市规划、城市科学、园林、历史、文物、考古、文化、文学、艺术、新闻、出版、旅游，以及图书馆学、信息工程和房地产企业家等。多学科讨论建筑与文化，要比单只从建筑学切入，视角要广泛、全面得多。这种由专业媒体主导的大型建筑文化讨论的规模效应，形成了从不同学科视角出发的对文化的研究及交流的机制，不仅对建筑学内部的研究者有所触动，而且为建筑文化向其他领域普及起到了一定的推动作用。最终在2006年由《华中建筑》主编高介华不失时机地组织出版了“中国建筑文化研究文库”，使建筑与文化研究上升到一个新的理论高度。

这场发源于“建筑文化热”，由建筑传媒登载相关批评内容并不遗余力地参与，以建筑文化为中心的多学科、多领域专家学者的讨论，使建筑得以在更多的视角、领域中被关注，对中国当代建筑的发展影响深远。正如顾孟潮先生在时隔10年后的文章《中国当代建筑文化十年（1986—1996）记述》开篇所记：“1986年令人难忘，它是中国当代建筑文化崛起的年代，这是1978年改革开放以来，经过七八年的酝酿之后，在学术思想、学术组织、建筑设计实践上具体表现出来的。1984年的新技术革命浪潮、1985年的两次繁荣建筑创作座谈会是崛起的关键动力，1986年的优秀建筑设计评选更是崛起的重要标志……从而1986年才有更多的人能从文化的角度审视、评论建筑。”

建筑批评进入视野

20 世纪 80 年代，随着体制的开放、建筑环境的改善与学科的重建、西方大量建筑理论和成果的涌入，建筑批评开始进入人们的视野。

1983 年曾昭奋在《建筑师》第 19 期发表文章《建筑评论的思考与期待》，对当时重要的建筑作品，如北京香山饭店、广州白云宾馆、上海龙柏饭店等做了相关评论，并以此讨论“京派”“广派”“海派”三大地域建筑创作的特征，对青年一代建筑师的评论与创作实践提出了希望。1986 年，建筑泰斗邹德侬在《建筑学报》上发表《建筑理论、评论和创作》一文，第一次明确提倡建筑评论，认为“评论是新建筑的接生婆”。1987 年张学栋在《建筑学报》第 11 期发表《对建筑评论的反省》，对建筑批评的含义、开展，建筑批评人的培养等话题发表了看法。

1989 年 3 月，曾昭奋出版建筑评论文集《创作与形式——当代中国建筑评论》，这是我国当代第一本建筑批评类图书，为建筑批评研究打开了重要一页。1989 年 8 月，《建筑学报》刊登了罗小未《建筑评论》一文，第一次对建筑批评展开了全面、系统、深入的学理化讨论，这也是建筑批评理论化的第一次尝试。

在非专业媒体中，也有关于建筑批评的文章，如《中国美术报》1987 年第 25 期发表了萧默《建筑的文化批评》、顾孟潮《把握建筑评论的层次属性》两篇文章，紧接着的第 26 期刊登了木石《关于建筑评论的评论》。

从解放思想到繁荣创作，再到现代与传统的讨论，20 世纪 80 年代的建筑批评话题与建筑理论的构建一致，甚至从某种角度而言，这一时期批评代替了理论。这是时代特征使然，也是中国建筑心智初开时的真实写照。而在 80 年代的批评话语中只有“大叙事”，没有“小话语”，这也是时代特征投射于建筑领域的结果。

除了以上主要话题，这一时期建筑批评对“建筑师地位的重建”“建筑教育的讨论”“学科属性的重新认识”“建筑业体系的重建”等话题也多有关注，并以此全面参与中国建筑学科的推演进程，对 20 世纪 80 年代的中国建筑学科在建筑创作和理论研究方面均得以全面重建具有重要的意义。

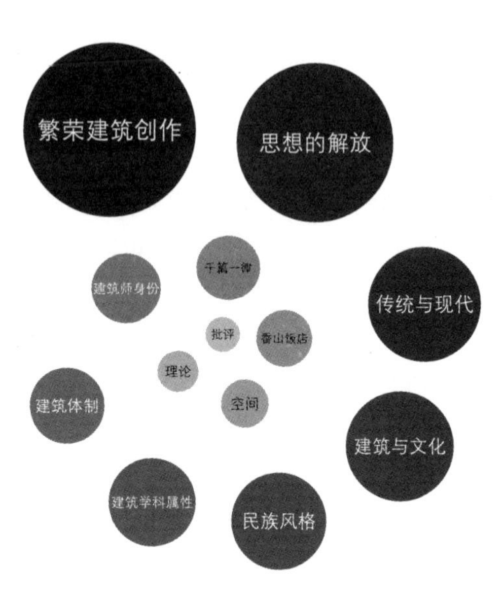

图 1.4　20 世纪 80 年代建筑批评话题

小圈子、大话题：非专业领域的建筑批评

当代建筑批评伊始，专业内外即结伴而行，参与其媒体阵地的建构中。

从整体的传媒视野考察，20 世纪 80 年代的非专业传媒对建筑关注尚少。作为彼时最主要大众传媒形式的主流报刊，正处于忙碌的创复刊之路与传播思想导向转变的双重动荡之中。虽然 80 年代中后期深度报道的崛起，出现了以《南风窗》《南方周末》等日后对建筑批评有极大推动作用的媒体，但此时建筑并未成为其报道的主要话题。即便是 80 年代末期“北京十大建筑评选”等重要建筑事件的出现，其引起的媒体关注也很有限。

这一时期非专业传媒中的建筑批评主要集中在《读书》《中国美术报》等文学艺术类媒体和一些跨界的媒体活动中。这一方面取决于建筑与文学、艺术之间的相通性质——与其他领域一样，对于社会的转型与思潮的变化，首先出现感知的往往是文学艺术领域，而当时百废待兴、学术盛行，哲学热、文化热、新艺术热等都与建筑有关，这种相互渗透的文化图景，引导着建筑批评的非专业途径；另一方面也与建筑知识分子的活动轨迹密切相关——作为最主要的文化活动群体，知识分子精英地位的恢复与活跃，使得建筑批评的非专业领域拓展是以建筑知识分子圈层为核心，这也真实反映出 80 年代建筑批评的主体活动特征。

《读书》：建筑批评的先锋现场

《读书》杂志 1979 年 4 月创刊于北京。其时，十一届三中全会刚刚召开不久，思想界、出版界异常活跃，于是一些经历沧桑的老学人陈翰伯、陈原、范用、冯亦代、史枚、倪子明、丁聪等集合在一起，共同商讨办起了《读书》杂志。《读书》定位为“以书为中心的思想评论刊物”，内容涉及重要的文化现象和社会思潮，包括文史哲和社会科学，以及建筑、美术、影视、舞台等艺术评论和部分自然科学。这份在 4 月的春天诞生的充满人间关怀和思想锋芒的刊物，无疑顺应了当时如饥似渴的求知潮流，并逐渐成为中国知识界共有的一面旗帜，在很大程度上影响了此后一代又一代学人的读书导向与学术价值取向。

从 20 世纪 80 年代初开始，《读书》就将建筑评论作为重要内容予以持续关注。在《读书》中，建筑往往能够脱离专业与社会的束缚，在文化的层面以先锋的特质被人关注。这种特质在 80 年代尤为突出。当时《读书》的建筑批评话题并无固定，然而都是以文人的讲述方式，传递着对建筑的文化思考，这使得建筑的讨论与批评令人耳目一新。

这一时期《读书》上的建筑批评更多隐藏在对建筑图书的推介中，这一方面符合《读书》的特质，另一方面也更容易被业界人士所接受。如何新《“凝固的音乐”——读《中国古代建筑史》断想》[1]，借论述中国古建筑的特征表达了建筑与文化之间的深刻关系；赵丽雅《古代建筑理论与文化基本精神》（1985 年第 8 期）在对《华夏意匠》的解读中透露出自身对“文化”“传统”的认识；李欧梵《香港，作为上海的“他者”》（1988 年第 12 期）则以一种完全不同的视角，论述了关于城市与建筑的文化问题。相比 90 年代及之后《读书》直接深入的批评特质，这一时期的批评更透着诸多小心。

在《读书》的旗帜下，沈福熙、萧乾、董豫赣、顾孟潮等一批著名的建

1 何新．“凝固的音乐”——读《中国古代建筑史》断想 [J]．读书，1982:11．

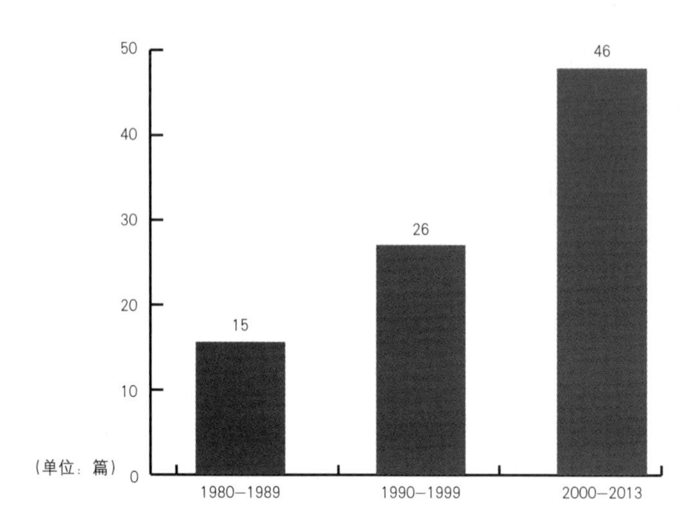

图 1.5　1980—2013 年《读书》杂志建筑批评文章统计

筑师不时发表文章和建筑评论，是其重要作者。当时《读书》的作者群看起来是一个以中国当代建筑文化沙龙为核心的“小圈子”，这一圈子建筑人带着业界对于文化的探讨，通过《读书》在更大、更广的视角中与时代话题形成脉动。这是一种向外的传播，更是一种主动的反哺。

1988 年 6 月 25 日，由中国当代建筑文化沙龙和三联书店《读书》编辑部主办的“走向世界的当代中国建筑——文化学者学术讨论会”在京举行。会议主持人为陈原，主要与会人员有曾昭奋、周国平、顾孟潮、周彦、杨丽华与舒群等。会议受到了建筑界与文化界的双重关注，被认为是“八五新潮”中的大事件之一。[1] 可以说，20 世纪 80 年代的《读书》是将建筑看作文化先锋的典型代表加以讨论，以此使建筑与《读书》结缘。这一传统历 90 年代至今而不衰。

艺术领域的建筑批评：建筑艺术属性的回归

80 年代艺术领域建筑批评的开辟，是伴随着“八五美术新潮”运动开始的。从历史角度看，“八五美术新潮”不仅是一场艺术运动，还是一场思想

1　八五新潮大事记（艺术部分）[A]. http://www.artnow.com.cn/Discuss/DiscussDetail_594_24887.

文化解放运动，它的实质是人的自我觉醒，是人本思维的深化。它吹响了中国当代美术的强劲进军号，而在这样的军号声中，对长期以来艺术的政治化、工具化和实用化的猛烈反叛和对新时代艺术的渴望催生了《中国美术报》为代表的一批艺术传媒。也是在这样的背景和途径之下，建筑作为艺术的分支被重新召唤回大众的视野。

涉外宾馆引发的艺术讨论

从 1981 年开始，以《美术》和《建筑学报》为中心出现了一批讨论壁画与建筑关系的文章，其中有艺术家在建筑媒体上的讨论，如刘永 《壁画与建筑》[1]、尚廓《壁画与建筑的构图关系》[2]、曾竹韶《论建筑雕刻综合艺术》[3]等；也有建筑师在艺术媒体上的讨论，如《建筑师心目中的雕塑艺术》[4]等。这些讨论多围绕壁画、雕塑等话题展开，也孕育着环境艺术的讨论雏形。

这与 20 世纪 70 年代末、80 年代上半期中国涉外宾馆的迅速发展密切相关。据统计，1979—1983 年 4 年间，艺术界创作的全部 200 余幅壁画中，除机场等公共场所外，有 55%出现在新建宾馆。壁画与建筑空间之间具有很高的依存度，壁画与建筑的艺术档次、品位等的相符程度也直接影响着建筑空间的品质。这正是建筑师与艺术家互相关照的契机。

《中国美术报》：建筑界通向美术界的一座“桥”

《中国美术报》1985 年 7 月 5 日创刊于北京，由中国艺术研究院美术研究所主办，是中国大陆第一份全国性的美术专业报纸，也是“八五美术新潮”运动的主阵地，主要报道国内外美术界的最新动态、思潮变化、学术争鸣和艺术探索，并适当介绍美术知识。在读者层次上以提高为主，兼及普及；在内容上以探索、争鸣为主，兼及较有定评的事物。报纸于 1990 年 1 月 1 日停刊，共出 229 期。

1 刘永檪．壁画与建筑 [J]．建筑学报，1982：12．
2 尚廓．壁画与建筑的构图关系 [J]．建筑师，1981：12．
3 曾竹韶．论建筑雕刻综合艺术 [J]．建筑学报，1984：11．
4 北千．建筑师心目中的雕塑艺术 [J]．美术，1986：3．

《中国美术报》关注面非常广泛，视域开阔。其内容编辑分为十大板块，“建筑与环境艺术”占据其一。在《中国美术报》办刊后的近 5 年时间中，共登载与建筑相关文章 340 余篇。以顾孟潮、萧默、布正伟等为代表的一批建筑界重要作者参与其中。建筑批评话题涉及对环境艺术的讨论、艺术与建筑的关系等，其中环境艺术成为整个 80 年代中后期艺术、美术、建筑三个不同文化圈中的共同热点。

1985 年《中国美术报》第 12 期出版“环境艺术专号”，在编者按中这样写道：“艺术最深刻的变革之一，就是它不再是艺术家沙龙里的宠物。而最广泛的与人民接触的莫过于环境艺术，大到一个城市的规划和建筑，小到住宅里一个花瓶的摆设，无不潜移默化地影响着人们的性情和思想……”[1] 由此，艺术展现出一种试图融合建筑、艺术和生活的愿望。这种愿望在布正伟《现代建筑需要摩尔和卡德尔》、曹达立《现代建筑与抽象绘画》、萧默《也谈现代建筑与抽象绘画》、梁洪文《现代雕塑与建筑》等文章中均有体现。建筑师与艺术家一起对建筑与艺术的关系加以讨论。而布正伟在 1985 年第 13 期发表的《现代环境艺术将在观念更新中崛起》一文，可以看做是对环境艺术系统阐述的开始。

之后，1985—1989 年 4 年中，《中国美术报》先后有 13 期都以大篇幅对环境艺术主题进行了讨论，其中不乏建筑界重要人士的文章，如 1987 年第 16 期陈伯冲《环境与人》、何红雨《为人的环境》、朱漫评《从黄鹤楼前的黄鹤谈环境雕塑》、马国馨《我主张强调环境设计》、顾孟潮《我所理解的环境艺术》、萧默《环境艺术断想》、肖惠祥《环境艺术的典型——拉卜楞寺》、顾征宇《走向“环境艺术”》等。这种长期持续的讨论，直接促成了 1987 年 2 月 12 日《中国美术报》主办、在北京东四八条 52 号召开的中国首次“环境艺术讨论会”，它被评为 1987 年十大建筑新闻之一。

建筑师也将建筑专业的前沿思考带到美术领域，如《文摘：现代中国建筑创作大纲》(1985 年总 13 期) 和顾孟潮、王明贤《当代建筑文化沙龙的心愿》(1986 年总 41 期) 等。1986 年 8 月 22 日，当时很有影响的建筑评论家顾

1 编者按 [N]. 中国美术报，1985:12.

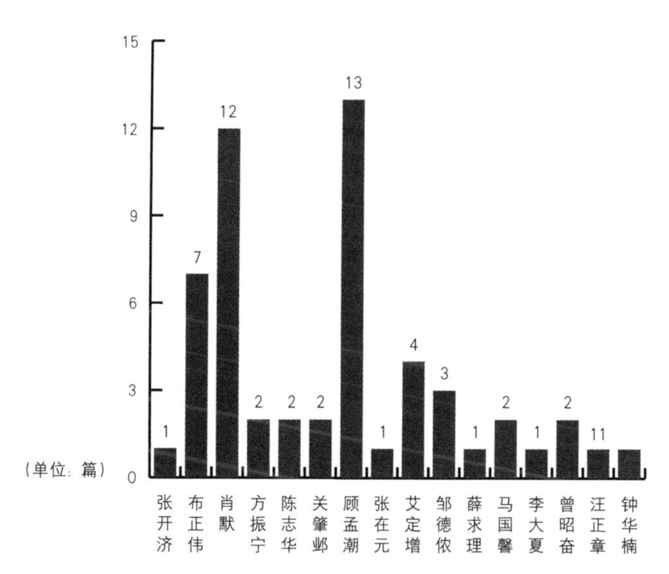

图 1.6　建筑师在《中国美术报》登载文章数量统计

孟潮与王明贤一起召集成立了中国当代建筑文化沙龙，不定期地组织沙龙内外的学术活动，把全国进行建筑理论研究的中青年理论家请来，并请罗小未、陈志华和刘开济担任顾问，在《中国美术报》上多次刊登相关文章。

事实上，当时《中国美术报》有许多专题讨论都是这个沙龙的成员参与的。在这里，建筑被还原到其本原的艺术属性中，与艺术界共同激发出新的话题。正如王明贤所说："当时我们做了许多活动……美术家群体主要从事创作，我们主要从事理论研究……在中国，建筑系与美术系的遭遇不同。1952 年全国高校院系调整，建筑被放到了工科院校里面，变成了和文学、艺术、文化无关的东西。我努力把建筑放到它应该在的位置上。"[1]

在短短不到 5 年的时间中，《中国美术报》极力探索，四下敲打着时代的铜墙铁壁，为中国美术、艺术和建筑的联系与前行做出了巨大的贡献。顾孟潮对该报大为推崇，认为它有三个特色，"一个是战斗的姿态，一个是开创的姿态，一个是超前的姿态"，还有一个"特别大的贡献在于推动我国环

1　刘礼宾．叛逆：一种自觉的生存状态——纪念"85 美术新潮"20 周年，与王明贤的对话 [J]．艺术世界，2006:07．

境艺术的崛起”。张在元则认为《中国美术报》是“建筑界通向美术界的一座‘桥’”。事实上也正是在这座桥上，中国建筑看到了别样的风景与自己别样的本身。

综上，无论是岳麓书院的“建筑与文化”研讨中建筑专业向文化界的主动邀约，还是《读书》杂志上建筑文人的批判之作，抑或是美术传媒中与建筑人联合掀起的建筑与艺术之辩，20 世纪 80 年代建筑批评的非专业领域扩展背后，是建筑专业人作为知识分子参与社会文化进程，与对时代宏大话题回应的跋涉之路。“小圈子、大话题”，20 世纪 80 年代建筑批评的非专业传播正是在这样的情境下发展的。

专业媒体人：建筑批评的拓荒者

在 20 世纪 80 年代建筑批评的推进历史中，建筑专业传媒格局的初步建立，使得建筑界的新动向与新精神能够快速传达，建筑话题得以公开、广泛地进行讨论。学术组织、学会、院校、普通建筑从业者都经由媒体成为紧密联系的整体。而由此成长起来的第一代建筑媒体人，特别是各大建筑期刊的主编，无论是在积极推进建筑学科的重建，还是鼓励建筑创作环境的回暖，或是建筑师群体的重塑中，都付出不懈的努力，担负着重任。建筑批评也是在这批领潮人的带领下，在专业内部、文学艺术领域得以传播。

《建筑学报》主编顾孟潮，是 20 世纪 80 年代十分重要的建筑评论家，曾在当时各媒体发表多篇文章。为满足中青年建筑师渴望交流、寻求对话的愿望，他参与倡导成立了中国当代建筑文化沙龙，这一沙龙成立事件被称为“八五美术新潮”的大事件之一，并被中国美术馆编写的《中国美术年鉴（1949—1989）》记载如下：中国当代建筑沙龙是“全国性建筑理论的民间学术组织。1986 年 8 月成立。宗旨是从文化的广阔角度探索建筑理论的前沿与基本理论和应用理论，以哲学为灵魂，揭示多元的当代建筑文化真谛，兼容并蓄，进行跨学科学术交流，为中国当代建筑文化走向世界做出贡献……沙龙设北京组、天津组、武汉组等。现有成员 30 人，顾问：刘开济、陈志华、罗小未，召集人：顾孟潮、王明贤”。

沙龙成立之后，学术讨论氛围十分活跃，先后就“后现代主义与中国当代建筑”“世界住房年和纪念柯布西耶诞辰 100 周年”“走向世界的中国当代建筑”等专题进行了学术讨论，还组织评选了 20 世纪 80 年代优秀建筑艺术作品，开展了以“新文化运动和中国城市与建筑”为题的征文活动，出版了《当代建筑文化与美学》《中国建筑评析与展望》《当代建筑文化思潮》《建筑社会文化》等建筑文化与美学等批评类图书，在国内外引起较大反响。沙龙成员多数都成为《读书》《中国美术报》上的重要作者。可以说，这一时期建筑批评的非专业传播是以“中国当代建筑沙龙”为核心而展开的。作为沙龙的召集人，顾孟潮更是积极奔走，在专业内外的交流中发挥着重要的作用。

《世界建筑》主编曾昭奋，除专门写文章对建筑批评问题进行研讨之外，作为杂志主编，自 1982 年起短短几年间，在《世界建筑》上连续推出一批有分量的评论文章。结合建筑批评，他倡议发起“80 年代世界建筑”“80 年代中国名建筑”两次全国性的建筑评选活动，促进国人对建筑的了解和关注。1989 年 3 月，曾昭奋出版我国第一部建筑评论文集《创作与形式——当代中国建筑评论》，为建筑批评的研究打开了重要的一页。书中以“建筑师的光荣”“勇于创新，反对复古”“建筑创作与流派”“域外吹来后现代之风”等内容，全面论及了自己对 80 年代中国建筑批评及理论的观点。

《华中建筑》主编高介华，很早就认识到建筑文化的重要性，在其大力倡导与推动下，《华中建筑》开辟了“中国建筑文化拓荒”和“文化建筑学”等栏目，高举建筑与文化的旗帜，进行建筑批评与报道，并以此作为其重要学术特色。1989 年，《华中建筑》与其他相关机构合作，倡导发起首次建筑与文化学术讨论会，以此掀起影响深远的建筑新文化运动。最值得称道的是高介华主编、被列为国家十五规划重点出版工程的“中国建筑文化研究文库”，堪称新建筑文化理论阵地的一项盛大基础建设。它是我国建筑领域自进行建筑与文化研究活动以来积淀而成的一项标志性学术成果，代表着一代中国建筑学人的辛勤耕耘和学术智慧，真正可以称之为挽救性系统工程。而这场运动也直接催生了一批专业性的建筑文化研究机构和建筑与文化学刊，促成了“建筑与文化”课程在许多高校开设，建筑批评也由此影响深远。

《时代建筑》主编罗小未深入研究与探讨建筑批评，她带领的同济大学建筑理论梯队也将建筑批评作为重要的方向，成为同济大学的理论特色。在这样的传统引领下，2001 年郑时龄出版了《建筑批评学》这本迄今为止国内最重要也最系统的建筑批评研究专著，并开设国家精品课程“建筑批评”。《时代建筑》也在后继主编支文军的带领下，一跃成为中国当代最有影响力和批判精神的建筑期刊、建筑批评的坚实阵地。

这些第一代的建筑期刊与图书工作者，承受的是后来全盛时期难以想象的阻碍和压力。正是由于心怀对学科深刻的责任感和对时代高度的敏锐感，才能以十分的热忱，坚持着建筑传媒阵地的开垦。他们的工作与建筑行业核心人物、核心话题紧密联系，他们既是当代建筑最忠实的记录者，又是不遗余力推动建筑向前的参与者，往往本人就是重要的建筑批评者，赋予建筑批评新的视角。

由于建筑传媒阵地相对稳定，第一代建筑媒体人对行业的影响都比较大，并直接参与到第二代建筑媒体人的成长之中，对建筑批评的开展与传播而言，做出了不可磨灭的贡献。

各自为政的事件批评

20 世纪 80 年代媒体视野中有两个重要的建筑批评事件：一是关于香山饭店的讨论，二是北京当代十大建筑评选。前者在专业领域引起大量批评与普遍关注，成为当时业界“传统与现代”的话题热点；后者则是 80 年代公众影响力最大的建筑批评事件，表达着非专业传媒与广大民众对新时代建筑的喜好与需求。

尽管与 90 年代及之后的建筑事件频出、引起社会热切关注相比，80 年代的这两个事件影响力相对有限，然而这种主动讨论的出现，对建筑批评而言是非常可贵的改变。

关于香山饭店的讨论

1978 年底，著名美籍华裔建筑师贝聿铭受中国政府邀请，选择了距离北京市区 25 英里的香山风景区作为示范建筑基地，设计了具有江南园林风格的现代建筑——北京香山饭店。与他过去设计的那些摩天大厦相比，香山饭店的规模并不大，但对于贝聿铭来说，“香山饭店在我的设计生涯中，占有重要的位置，我下的功夫，比在国外设计有的建筑高出 10 倍”。

贝聿铭用心设计的背后，是对中国建筑传统的新探索：“我们不能每有新建筑都往外看，中国建筑的根还在，还可以发芽。当然，光寻历史的根是不够的，还要现代化。有了好的根可以插枝，把新的东西，能用的东西，接到老根上去。从香山饭店的设计，我企图探索一条新的道路：在一个现代化的建筑物上，体现出中国民族建筑艺术的精华。”这一“寻求一条中国建筑创作民族化的道路”[1]的真意，引发了建筑学界对中国建筑创作民族化道路的讨论与探索。

在建造过程中，香山饭店已经受到中国建筑师和媒体的高度关注。但中国方面对香山饭店并没有一面倒地加以赞美，而是既十分好奇，又充满疑虑。《建筑学报》先后以数期篇幅不等的文章介绍和评论香山饭店，其中，以 1980 年第 4 期彭培根《从贝聿铭的北京“香山饭店”设计谈现代中国建筑之路》、第 6 期王天锡《香山饭店设计对中国建筑创作民族化的探讨》为代表的评论认同香山饭店所代表的形式探索之路，同时也批判了建设投资昂贵等时弊。

1982 年 10 月香山饭店竣工并投入使用后，中国官方媒体对这栋建筑进行了报道。《人民日报》这样写道：“一开始，香山饭店似乎并不引人注目，甚至有些怪异……这种建筑在中国北方很少见，有些人甚至觉得它太素淡。如果你进饭店看看，你会觉得别有洞天……”

1982 年 12 月 29 日，《建筑学报》编辑部为及时总结经验、推动建筑评论工作、开创建筑创作新局面，召开了香山饭店座谈会，邀请了建筑设计、科研、旅游、管理、园林、大专院校及《世界建筑》《建筑师》等有关单位的领导、专家等 30 人参加。会议就建筑的选址、总体布局、经济效益、室内设计、庭院绿化、继承传统、建筑形式等多方面展开讨论。顾孟潮在 1983 年第 3 期的《建筑学报》上以《北京香山饭店建筑设计座谈会》一文详细报道了此次会议。

当时由香山饭店引发的讨论是十分热烈的。建筑专业媒体也都实时捕获

1 崔愷. 20 年后回眸香山饭店 [J]. 百年建筑，2003，1:40-50 .

并迎合大众趣味，《建筑学报》1983 年以来有数期集中刊载相关专题文章；《建筑师》1983 年 3 月总第 14 期选登了三篇文章谈香山饭店；《时代建筑》1984 年第 1 期创刊号就以罗小未《贝聿铭先生建筑创作思想初探》一文开篇，对贝聿铭和他的创作展开评介。

众多国内建筑师从各个角度对香山饭店展开讨论，表现出有保留的肯定态度。大多数建筑师折服于贝聿铭高超的设计手法和一丝不苟、精益求精的敬业精神，对香山饭店的空间和细节的处理、造型的丰富和统一性、对传统形式的借鉴和转化以及建筑与园林景观和自然环境之间关系的处理都大为赞赏。然而也存在认为香山饭店不符合国情的激烈批评，主要表现为对其选址、封闭的园林空间组织、经济上奢侈浪费等方面的质疑。

由于中国当时对外交流和获取信息渠道的约束，香山饭店更多被置于“传统与现代”的自身话语系统当中加以评论，而对于贝聿铭在创作背后对完全照搬西方模式的现代化的忧虑，以及对西方现代化模式中现代与传统紧张关系进行调节的企图，尽管他自己在《贝聿铭谈他的建筑设计思想》等文章[1]中有所表达，中国建筑师们并未有所察觉。

这次专业建筑媒体对香山饭店的讨论，是专业内部利用媒介、通过批评开展自身问题讨论的有益尝试，由此成功开启了中国当代批评史中的第一次自省。

虽然当时的主流官媒《人民日报》作出了报道，在 80 年代那个相对封闭的社会、文化环境和政府规范下的艺术和社会话语系统中，香山饭店仍表现为一个纯粹的建筑事件。

北京当代十大建筑评选

进入 20 世纪 80 年代，在全国建筑的现代化建设初潮之中，中国新建筑的建设量与年俱增，风格也逐渐多样起来，建筑文化开始逐渐向业外渗透。对新建筑的评价，不仅在建筑界展开，也引起了全社会的普遍关注。

这一时期，各种优秀建筑的评选活动如火如荼地展开。这其中有国家建

1 贝聿铭谈他的建筑设计思想 [J]. 建筑文化（《同济大学学报》增刊），1981（1）:100-102.

设主管部门，如建设部以及城乡建设环境保护部等组织策划的评选；也有民间组织与学术团体或单位，如中国艺术研究院、中国当代建筑文化沙龙、中国环境艺术学会等组织的评选。然而无论是官方还是民间组织，以上这些评选均以建筑专业人士为主导。与之对应，1987 年《北京日报》《北京晚报》等新闻单位组织发起、由市民参加的“北京当代十大建筑评选”活动，则完全反映了民众的志愿。

《北京日报》《北京晚报》从 1987 年 8 月至 1988 年 4 月先后 11 次向市民推荐介绍了 30 个候选建筑，注明了这些建筑的位置及建筑面积，并特别强调“实用、经济、美观”的设计原则。评选从 1988 年 4 月 28 日开始，历时 8 个月，共收到选票 225361 份。市民选出的十大建筑是：北京图书馆新馆、中国国际展览中心、中央彩色电视中心、首都机场候机楼、北京国际饭店、大观园、长城饭店、中国剧院、中国人民抗日战争纪念馆、地铁东四十条站。评选中市民表现出对城市建筑空前热情的关注，一方面反映出广大市民对于建筑文化的渴求心理，另一方面也说明人们对城市建筑有强烈的参与意识。正如《北京日报》在评选揭晓的文章中所说：北京市民“用 20 多万张选票，不仅表达了自己的意愿，也说出了对首都建设者们的鼓励和期望”。

与公众的参与热情相比，建筑界对此对并未投入太多关注。而从评选结果看，有些在专家眼里看不上的建筑，市民却表示欣赏；受到业内推崇的香山饭店，却因为远在郊野，并未得到市民的青睐。这样的现实与思想落差，使得建筑师们不得不坐下来更多考虑社会的要求、使用者的意愿。

北京当代十大建筑评选将建筑的荣膺权力由政府转向公众，在当时是一个解放思想的创举，建筑的批评主体由此得到了极大的扩展。建筑文化开始向公众渗透。然而评选结果在专业与公众层面的巨大落差，也预示着建筑走向大众的困难。

80 年代这两个批评事件的对照，使我们清楚地看到，当时非专业传媒尚未对建筑领域给与关注，使得建筑批评在专业与非专业两个群体之间无法有效交流，从而呈现出两种截然不同的话语体系，造成这一时期的建筑批评呈现出各自为政的状态。然而，建筑开始进入公众视野，这对建筑批评而言是一个可贵的开端。

20 世纪 80 年代的第一个春天，24 岁的北京诗人顾城在《星星》诗刊上发表了他的成名作《一代人》。全诗很短，只有区区两行，却如原子弹一样引爆了整整一代人积压已久的情感："黑夜给了我黑色的眼睛，我却用它寻找光明。"个人意识的苏醒在这两行诗歌里展露无遗。事实上，80 年代建筑批评的发生、发展也正是建立在建筑界与全社会个人意识的苏醒基础上，在伴随建筑学科寻找光明的路途中谱写而成。而这种个人意识的复苏，造就了 80 年代思想的活跃与价值取向的多元，对于建筑批评而言，这更是可贵的具有批评潜质的沃土。

以回望的姿态看，"80 年代"绝不仅仅是一个时间概念，它意味着一个历史阶段，意味着一种社会、文化情态。理想主义的重新燃起，赋予那个时代的知识分子一种强烈的人文特性与对文化的批判式关怀，其公共性凸显。这时期的建筑师群体作为知识分子群体的一部分，同样体现着这样的特性，以专业层面的知识的形成与增长作为批评的内驱力参与建筑批评的构建与推进。

而人文精神之下，职业建筑师、艺术家、知识分子这三种角色的融合使得建筑师群体在专业以外为社会公共事业的关注中，扮演了重要的角色，直接促成了建筑批评界外传播的半径与纵深。实质上，那个时代叱咤风云的专业人物在今天仍有莫大影响力，而在 80 年代氛围滋养下成长起来的一代人已成为当代中国很多领域的中坚力量，这也正是 80 年代时代特征强大的脉络滋长。

在此期间，尽管存在折衷性，但不仅只是分子的地位、作用和价值得到了新中国建立以来前所未有的尊重，而且国家权力与知识阶层也在现代化叙事中达到高度共识。同样，这种尊重与共识也推动了建筑界思想解放运动的快速展开。在批判旧意识形态的同时，建筑师以建筑批评的武器促进了建筑学科属性、职业属性等问题的提出与讨论，对本专业、学科进行全面的反思与讨论性建设。

20 世纪 80 年代的中国建筑创作，打破一元化的思考模式，从四平八稳的建筑形式中逐渐走向多元；建筑理论亦从引经据典、就事论事的小天地里跃向大千世界，构成了新时期建筑发展在传统和现代的两极振荡中走向多元互渗的历史性的轨迹。与此相伴，80 年代的建筑批评语汇中，充满着新生的时代感召与包裹过久的历史残余之间的角逐与博弈，集体 VS 个体、千篇一律 VS 繁荣创作、传统 VS 现代……这是建筑批评与理论的话语特质，更是整个时代的话语写照。建筑批评与离乱的专业言说说到底是时代话题的专业体现。在那个理想的年代，只有大叙事，没有小语汇。

20 世纪 80 年代建筑文化的开放，重塑创作环境的需要，催生了中国当代建筑实践与评论的第一个高潮，建筑批评得以初步展开。这时期建筑批评主要集中在专业内部，重在专业内部的整合、媒体构架的搭建与自身批评主体的培育。批评体系与主体圈的逐步形成，使得建筑批评作为一个话题进入讨论视野的同时，也为日后建筑批评的开展奠定了初步格局。这一时期建筑批评涉及领域、话题聚焦等方面依然十分有限，专业内外的交叉主要集中在典型事件上，批评主体也集中在金字塔顶部的核心人群与媒体中。现在看来，80 年代的建筑批评实践与理论是理想式的、不成熟的。然而，正是这样粗糙的学术与实践功底，支撑着之后建筑批评的走向。在很长一段时间内，我们思考建筑批评的方式、语言、理念都没有超越 80 年代的基本框架，甚至没有了 80 年代的热情与勇气，以及当时与时代话题之间的紧密感。然而这一时期理论上的危机则被掩饰在一片大争鸣和大引进的繁荣之中，在“一方面沿循国外建筑发展轨迹，一方面承袭传统的泛泛空谈的理论思维这两股平行而并无交叉的道路上前行。这种两极发展都自觉不自居的暴露出其自身在发展过程中的单一性以及和现实的社会、时代环境的格格不入。”[1]，也预示着下一时期建筑批评一度失语的必然。

“与随之而来的 90 年代至今的种种社会特征对照，80 年代更像是一个尚未定型的过渡时代”，状态是懵懂的。[2]

1 杨莜平．两极振荡中的多元互渗——对 20 世纪 80 年代建筑文化的反思 [J]．时代建筑，1991，4：8–11．
2 姚爱斌．暧昧时代的历史镜像——对 20 世纪 90 年代以来大众历史文化现象的考察 [J]．粤海风，2005，6：4．

第2章　建筑批评的大众突围（1990—1997）

拥抱我们至爱的庸俗生活并不惜倾其全力。
——吴亮[1]

大众时代的开启

1992年3月26日，一篇1.1万字的长篇通讯《东方风来满眼春——邓小平同志在深圳纪实》在《深圳特区报》刊发，第二天，全国各报均在头版头条转发，引起巨大轰动。同年10月，中国共产党第十四次代表大会召开，大会报告明确提出了建立社会主义市场经济体制的目标，由此开启了中国社会的又一个转折新时期。自1978年改革开放以来，夹杂在经济趋向与宏观意识形态双重量度之间的中国经济，从此彻底摆脱了以意识形态的标尺去丈量与批评的陈旧方式与思想屏障，进入一个加速发展的新阶段。

市场经济的强势推进与宏观意识操控的逐渐退居，使20世纪90年代经历着一种社会形态的渐隐和另一种社会机制的渐显两种形态作用的交叠，从而形成了鲜明的时代特点：一方面是转型的冲突、分化、无序，另一方面则是通向共享、整合、有序的努力。可以说90年代的初期与中后期，是两个完全不同的社会语境：如果说初期还是市场力量的逐渐显示，这种力量在90年代中后期已经扩展到了全球化浪潮、消费与网络社会的新语境中。

时空的极大压缩与飞速变换造就了90年代的文化与社会演进新的品格和特质。正如学者杨拓所评价的："我们正处在一个堪与先秦时代比肩的价值观念大转换的时代。举凡五千年以来的信仰、信念和信条无一不受到怀疑、嘲弄，却又缺乏真正建设性的批判。"[2]

1　文学批评家吴亮在《九十年代小记事》中的一篇文章的题目。
2　杨拓．独特的审美与新的文学观——网络文学带来的冲击[J]．江西社会科学，2008，10:104-107.

大众文化的兴起

邓小平“南方讲话”后的改革进程加速，使得一道闸门被瞬间打开，代表大众情趣的文化形态随之而来，以不可阻挡之势扣中了时代的脉门，不容置疑地成为社会文化生活中的主潮，并以强劲的发展姿态取代了精英文化的主流地位。由此个体、自由、开放、表达、宣泄、娱乐、消费、戏谑、颠覆、反思……“大众”的形象从冰冷的国家概念中脱离，重食人间烟火，成为鲜活存在的群体。大众文化开始全面登堂入室，堂而皇之地接管了权力笼罩下话语权的指挥棒，无论是图书、音乐还是影视作品，无一例外体现的都是对“大多数”的人文关怀，并在与大众群体的相互认证中，被纳入消费社会的文化生产链条之中，衍生出庞大的文化商品。

在大众文化的统领下，精英文化与官方主流文化并未完全退场，而是形成并置的多元文化形态。这种多种力量的并置与牵扯，导致了文化群体势力的新格局，知识分子群体开始呈现出固守或逃离的两极态势：一部分人转换角色，以“公共知识分子”策略融入大众言说之中，在社会话语中扮演了重要的领军人角色；而更大批知识分子的“失声”，则使 20 世纪 80 年代的文化话语迅速走向崩裂。

传媒势力的扩张

大众文化由市场力量驱动而进入全面勃兴，使大众传媒在 20 世纪 90 年代迎来了高速发展。以报纸为例，1992 年下半年，中国报业根据市场需要而出现的“周末版”“星期刊”“月末版”“增刊”的数量，加上晚报、生活类、娱乐类报纸，超过“文革”前发行报纸数的总和。1993 年，报界又出现扩版潮。根据《中国年鉴 1994》提供的数据，1993 年初，中国至少有 130 种报纸同时大扩版，传统的几十年不变的 4 个版的报纸迅速被 8 版、12 版甚至 16 版所代替。14 家省报同时由 4 版扩至 8 版、或由 8 版扩至 12 版，其中 8 版以上报纸的数量达到三分之二。

传媒扩张之下，20 世纪 80 年代大众化报纸话语中隐约闪现的主体——“读者”，终于在 20 世纪 90 年代以“市民”的面目堂而皇之地登场了。它不依附国家的运作而存在，而是昭示了普通人的时代的到来。这也直接导致了中国传媒的传播模式由传播者本位向受众本位的转型。以大众兴趣为导向的传媒内容，在传媒力量的驱使下与整个社会的话语形成勾连，使得封闭、高冷的专业边界逐渐软化，并出现了众多新的发声者。而 90 年代中期，中国网络时代的来临，则为大众的言说提供了更为广阔的平台，也为建筑批评的年轻势力得以在 90 年代末期出现提供了契机。

建筑的黄金时代

中国经济的高速发展常态与建筑业的国民经济支柱定位，使中国建筑实践在 20 世纪 90 年代迎来了前所未有的黄金时期。据统计，这一时期中国城市每天新建房屋面积占到了全球总量的一半。到新世纪之交，中国的建设量已经相当于重造了一个中国。“大规模”“高速度”“突变”，中国建筑的野蛮生长在造就本土奇迹的同时也吸引了世界建筑界的目光。从 90 年代中期开始，大量境外建筑师涌入中国，中西建筑交流进入蜜月期。本土建筑师在逐渐边缘化的尴尬中也吸取了诸多先进的理念，实现了快速成长。

相比建筑实践的繁荣，此时的建筑理论却遭遇着近 30 年中的低谷。20 世纪 80 年代建立起来的“宏观叙事”的单一建筑话语，在多种力量的冲击下迅速溃解。建筑理论界走向务实，在理论的规范问题和更为专业化的学术领域作更实践性的探讨，中西交流中的自我身份焦虑也使建筑界人士开始摆脱介绍西方学术为主的研究框架，研究的目光转向内在的现实需要。然而前语的失效与后文的未建，造就了这一时期建筑理论的贫瘠。

建筑批评场域的两极化

20 世纪 80 年代，专业媒体对建筑批评的介入相对深入与积极。而同一时期，大众传播和大众文化所赖以生存的市场经济环境还未形成，在非专业领域，主导其意见及内容的是专业批评者，媒体更多只起一个传达的作用。20 世纪 90 年代，社会的巨大转型，大众文化繁荣下的多重文化取向并置、媒体权力的扩张以及中国建筑的实践偏向，共同构建了这一时期建筑批评的语境。其中，传媒扩张与大众取向的深入，使得建筑批评的边界得以拓展，在专业之外的大众层面得以传播。

进入 90 年代以后，大众传媒以其巨大的能量进驻建筑批评的空间，使其成为传媒合唱的一个嘹亮的声部，形成建筑学批评的新格局。其突出表征乃是建筑的社会属性在传媒与市场的合力发掘下，成为与文学、艺术相结合的大众关注点。此外，随着大众报刊（晚报、周末报、都市报、周刊）的兴盛，各大报纸开始开设与建筑相关的版块。在 90 年代最后几年兴起的互联网上，各种网页和论坛也成为建筑批评的发声处。

这些都成为公众获知建筑信息和进行建筑价值评判的重要渠道，正是从这里产生出所谓以媒体为重要主体的建筑批评“在前台占尽风光，人们一般都看不到或者是干脆不屑于去看学理批评的身姿”。而随着媒体比重的增长和扩张，这种批评实际上已经位居建筑学批评的中心位置，对于公众变得愈益庞大和具有控制力。从大众领域突围而出的建筑批评，匹配的是与其批评活动相适应的文化环境，有自己相对稳定的作者、读者、载体和话语体系，达成与专业批评相异的文化和审美的意旨。对于建筑批评而言，这是一种有益的扩充与尝试。

而建筑实践的大规模开展，使得建筑批评的专业关注大比率滑落，专业顶端人群对于 80 年代批评话语的坚持，则在遭遇了 90 年代文化语境的全新变革之后，彻底失去了生命力，建筑专业批评由此陷入理论的空洞言说与实践的浅层诠释的两难之地。这些都直接刻画了这一时期的建筑批评轮廓：非专业领域的大众突围与专业的批评失语同时并存。

建筑文化类图书的兴起

进入 20 世纪 90 年代，国内生机蓬勃的建筑市场与专业新生的建筑学力量得以成长，对建筑图书出现了刚性需求，导致了这一时期建筑技术、标准、教材及国外建筑设计类图书的出版强劲崛起。同时，随着建筑实践的增多，前所未有的大规模城市建设使得所有市民都不能置身事外。住房制度的巨大变革也使建筑成为日常生活中的基本要素，“飞入寻常百姓家”，普通大众也开始对建筑类图书给予关注，其社会影响力大大加强。

由此，90 年代中后期开始，建筑文化类图书迅速发展并持续增长，出现了由冷门到热门、由专家到大众、由专业到普及的兴旺势头，其数量和质量都大幅提高。可以说这是90年代大众文化的崛起与建筑实践空前活跃的双重结果。此外，因为在各种书店，建筑图书往往最多，卖得也最贵，这也使得各大出版社也都在积极开拓建筑图书市场，如生活·读书·新知三联书店的建筑类图书，集建筑科普与人文于一身，有良好的市场占有率。这也更进一步托起了建筑文化类图书的市场。

建筑文化类图书由于涵盖范围广泛，满足了市场上专业与大众各种人群的需求，也使这一时期城市新建与推进过程中大众的渴望、困惑、文化诉求等主题在市场机制下得以凸显：如许多具有文物和文化价值的老建筑被无情地拆除损毁，触动了人们对“家园”“传统”的热烈讨论；而“欧陆风情”等外来风格建筑的盛行与传统建筑的锐减，城市建筑中传统与新锐之间的矛盾、建筑审美品位中高雅和庸俗的矛盾等，也考验着人们的审美水准和文化良心，亟需借助外力来构建自身的建筑文化价值标准。出版业以其敏感的触角和前瞻的眼光，使这些具有文化价值的主题，经过一段时间的沉淀后，得以行诸文字；同时积极介入与发掘可能有较大市场价值的新垦地，成为普及建筑文化知识的旗手。可以说，建筑文化类图书的异军突起，是编辑出版、图书市场和阅读趋向之间互动的结果。

这一时期的建筑文化类图书呈现出明显的特征：非专业，不以业内人士为单一甚至唯一的目标，雅俗共赏，内外咸宜；注重人文含量，偏专业的选题也注意兼顾业外人士的阅读需求；作者大多有较强的文化背景，较少专业技术人员。这样的特征意味着将更大的出版参与权、更广阔的批评受众与主体、更宽泛的建筑批评议题纳入图书范畴中来。

重构建筑批评媒介版图

90年代，国内建筑文化类图书出版逐渐发展成为一个专门的领域，其数量、质量、在建筑类图书中的比重、社会影响和效益都已经形成气候，吸引了许多边缘的读者。由此建筑类图书出版呈现出两条并行的路线：“一条是面对工程技术人员以技术为线索的专业读物，设计、营造、标准、材料、监理等内容；一条是面向大众的以人文为线索的文化读物，包括对建筑的使用、接受、理解、欣赏、对话和批判，古建筑文化、西洋建筑文化、商业建筑文化、建筑与雕塑、建筑美学、建筑哲学的出版物都有了相当多的品种，使建工类专业出版社在读者中纯技术的固定印象发生变化，拥有广大的读者和较大的销售市场。”[1] 由于文化因素的渗透，使得出版专业分工边界逐渐模糊，不少文化艺术出版社也加入这一合奏中来。美术出版发行社理所当然把建筑纳入视觉艺术的范围，文艺出版社致力开掘拓展建筑文化的内涵与外延。

百花文艺出版社 1999 年 4 月出版的《林徽因文集》（建筑卷、文学卷），堪称是当时搜集林徽因遗存各类文字稿最全的版本，将林徽因兼具文学家与建筑学家身份的文化人特征充分展现于世人面前。书中所收序言更是萧乾先生的绝笔。出版后，该书在市场上反响强烈，并不断再版。然而“最初做此类选题，完全是从文化艺术角度进行的操作，而没有更多从建筑角度考虑过。”[2] 该社后来的建筑文化类图书一直保持着较高的水准，2005 年出版的梁思成《中国建筑史》更是获得了第四届国家图书提名奖。《建筑是首哲理诗》《建筑：不可抗拒的艺术》(建筑文化丛书)等都从文化的视角，对建筑进行了评论与阐释。

生活 · 读书 · 新知三联书店是一家以出版人文社科类图书为主的综合性出版社，这一时期也以文化、人文的角度切入建筑，出版了以《城记》《采访本上的城市》为代表的一系列建筑文化类图书。“这些图书被与艺术、音乐、电影、乡土、饮食等等各类图书划分为一个出版类别，一起占到总出版量的30%左右，以带有一定知识性和普及性的图书属性推到市场。”[3]

生活 · 读书 · 新知三联书店、天津社会科学出版社、百花文艺出版社、知识产权出版社、机械工业出版社、上海科技出版社、同济大学出版社和江苏美术出版社等开始成为建筑类图书出版的主力队伍，建筑出版行业“一超多强”的格局至此被打破。据统计，“近几年曾经出版过建筑文化图书的大众社达100余家，很多非建筑专业读者对建筑的了解就是从这些书中得到的。”[4]

由此，一批具有良好文学素养的图书出版人也介入建筑的大众传播队伍

1 蒋祖恒．贴近大众的建筑书——近观当代建筑文化图书出版 [J]．湖南城市学院学报，2005，1:95-99．
2 同上。
3 三联图书出版的思路和选题创新 [A]．http://www.douban.com/group/topic/13928902/．
4 商报记者李宁．热点话题“遇冷”出版业建筑文化书市场顺势起基 [N]．中国图书商报，2006，02:17007．

中来，更多、更广泛的主题被大众喜爱，如梁思成《中国建筑史》《中国古建筑二十讲》《外国古建筑二十讲》《北京四合院》等都有不俗的销售业绩。建筑图书的受众也轻松突破了专业范围，扩大到各个领域。各类建筑书店，除了有以前熟悉的建筑师、规划师光顾之外，文化学者、新闻记者、作家、艺术家、房地产商、行政管理官员、建筑院系师生也成了这里的常客。建筑文化类图书的出版为建筑批评的大众传播提供了重要的渠道。

建筑话题讨论的加深

相较已颇具规模的建筑技术类图书的成熟框架，建筑文化类图书几乎是白手起家，因此，带有与生俱来的建设意识、强烈的开放性意识与极强的原创价值，所涉及领域的也较为宽广，如中外建筑史、著名建筑人物、建筑审美（包括建筑批评和鉴赏）、地域建筑文化、建筑随笔等。其中梁思成与林徽因的人物传记与学术专著被多次出版，推动了对这段历史的学术研究，以他们的爱情故事和成就为主题出版的作品更达数十种之多，在建筑业内外同时引起阅读热情，梁思成由此成为公众知晓度很高的建筑师之一。

乡土建筑成为最早的一个原创版块，其中最具代表性的要数生活 · 读书 · 新知三联书店的“乡土中国”系列。图书从建筑文化的角度，切入人们熟知或者陌生的地方，通过历史传承与文化变迁的脉络，探寻建筑的传统意义，让人跨入一重清新优美的新天地。“乡土中国”系列的摄影师李玉成，被誉为“和拆老房子的推土机赛跑的人”，他用大量的图片破除了该系列文字版块的沉闷，图文并重，互动呼应，让读者在时间与空间中同步，既有阅读与欣赏，又有追思与想象。系列图书的文字作者，都是建筑、历史、人文社会学领域的著名专家，或潜心研究家乡传统文化的当地学者。以这些书作为行知指引，致力于研究、记录乡土建筑的人士与对老建筑的评论之声得以广泛传播。河北教育出版社的“中国古村落”系列的视角则更加微观，选择了默默无闻而又很有价值的 7 个古村落，意在反映中国乡土建筑大致的风貌。

与此同时，面对城市建设与改造、建筑市场的勃兴，关注新老建筑的建筑文化图书出现新繁荣。其中有对老城、老楼、老院的怀念；有对肆意损毁老建筑的呼吁；有对新建筑的批判和对房地产商过度开发的反思与质疑。江苏美术出版社在老建筑的发掘、整理和保护方面为建筑批评的传播作出了重要贡献。该社较早意识到“老城市”的历史价值，于1997年陆续推出了广受欢迎的以《老北京》《老上海》为代表的“老房子”“老城市”等“城市老照片系列”，以图片的形式呼吁对老建筑与城市的保护。“对古代文化的学习（包括村庄风水、压胜）等的研究就是随着这一版块建筑文化类图书的兴起，首先从建筑领域发生的，文化学、民族学的研究才慢慢跟上。”[1]

建筑文化类图书以灵活的表现方式与对大众阅读趋向的敏感回应，将与文化和社会最为贴近的批评领域逐一激活，进一步丰富了建筑批评的内容。

批评主体圈层的扩大

建筑文化类图书的崛起，使原来以建筑专业人士为中心的批评主体圈层得到扩展，并促进了专业学者的大众交流。一方面，专业学者通过出版通俗易懂、可读性较强的专业著作，使建筑批评更贴近大众；另一方面，作家、文化学者等群体开始介入建筑批评，发表自己的评论，影响了更大的受众群体。

专业学者的大众书写

这一时期，一部分从事建筑教育的高校教师开始通过建筑文化类图书，将建筑相关论述推向大众。如清华大学的吴良镛、陈志华、楼庆西、李秋香等教授，分别有大批作品问世，其中陈志华《北窗杂记》，是其1980年后近20年的学术思想随笔集，收入他以笔名“窦武”在《建筑师》杂志发表的“北窗杂记”随笔65篇，以及其他文章数十篇，内容主要围绕中国建筑现代化、文物建筑保护和乡土建筑研究三大话题展开。作者朴素而厚重的笔下记录了中国建筑界几十年的沧桑变迁以及他本人对建筑所作的深刻思考，几乎涵盖了中国现代所有最重要的建筑问题。楼庆西《中国古建筑二十讲》，以及同济大学古建专家陈从周《说园》等，都成为读者青睐的图书。

专业学者的努力，为中国建筑批评的大众发声打通了新的渠道，这对之

1 《建筑创作》杂志社，建筑图书出版综述．建筑中国六十年——图书卷[M]．天津：天津大学出版社，2003：9．

后更多层面、更大数量的建筑学人以建筑文化类图书作为自己创作、批评的平台意义重大。在之后的一段时期里，一大批青年建筑学者推出了日趋多样的建筑批评类文化图书，对接更为细致的批评主题，如俞孔坚《回到土地》，以 11 篇文章揭示和批判了中国近 20 年来城市建设的种种误区，特别是盛行于大江南北各大城市、荒诞不经的“城市化妆”运动，挥霍浪费无度、缺乏人文意识和环境意识的大型公共建筑，目标单一、缺乏土地伦理和系统科学理论指导的城市规划建设及江河治理工程等。

而深圳香港城市建筑双年展总策展人欧宁的《漫游：建筑体验与文学想象》（2010 年 9 月）则以建筑与文学的跨界关联，向人们展示了建筑的另类批评视角。此外，一些建筑师的随笔如陈曦的《寻找城市》（2011 年 12 月）、俞挺的《地主杂谈》（2014 年 9 月）、张佳晶的《谈点建筑好不好》（2014 年 1 月）等，则向广大年轻学子与建筑爱好者提供了个人对于建筑的真实理解与评述。

建筑学者与专业人士的文化书写，创造了专业批评的另一种大众言说途径，为建筑与大众的沟通提供了可贵的“踏步”。而 20 世纪 90 年代建筑文化类图书的兴起，则为这一领域的兴盛奠定了宝贵的基础。

公知分子群体的批评参与

如果说专业学者的大众书写可以解读为“专业向大众的有限倾斜”，还是代表着专业立场，多少有些“布道”的意味，那么，20 世纪 90 年代最尖锐、最具崭新立场的批评声音，则是通过著名作家、学者（其他领域）等人群的建筑关注发出的。这一时期，刘心武、刘元举、赵鑫珊、冯骥才等学者、作家纷纷著书，参与到建筑批评中来。

1998 年 5 月出版的刘心武《我眼中的环境与建筑》，被称为建筑文学的开山之作，也是集人文、历史、建筑、美学于一体的建筑评论著作。该书第一辑是对长安街上 35 座建筑物的评论，涉及国贸中心、京伦饭店、建国饭店、国际大厦、国际俱乐部、北京电台、赛特中心、长富官、国际饭店、长安大厦等建筑；第二辑是曾在上海《文汇报》上陆续刊出过的《城市美学絮语》；第三辑则是近年来作者发表过的与建筑、环境和人类生存状态有关联的散文、随笔、游记。刘心武以文人的视角，以诗与文学的语言，对城市美学创意、人文性格、环境景观诸方面作了深入的观察和体悟。该书的出版引发了美术界关于“大美术”、建筑界关于建筑教育的热烈讨论。2000年，刘心武又出版了《刘心武侃北京》，以作家的眼光和文学的手笔，对北京建筑进行非专业解读。

作家刘元举对建筑批评的介入更深，他的《原谅城市》（《人民文学》1993年10月号、《散文选刊》1994年5月号选刊）《走近赖特》（《小说家》1994年第3期）等文章影响深远；1998年他出版的散文集《表述空间》，是中国第一部写建筑的散文；《中国建筑师》更是被《建筑报》连载、被《建筑学报》评介。上海学者赵鑫珊接连推出《建筑是首哲理诗》(1999年7月)《建筑，不可抗拒的艺术》（2002年1月）《建筑面前人人平等》（2004年1月）等文章，均从哲学和人类学的角度解读建筑，引起热烈反响。四川作家翟永明的《纸上建筑》（1997年7月）用一个绝妙的题目，恰到好处地表达了非专业作家纸上谈兵的兴趣与热情、距离和无奈。

而天津作家冯骥才的建筑批评参与则由笔端延伸到了实践。1996—1997年间，冯骥才同当地的文化人士一道，展开了针对旧城、租界和估衣老街的三次大规模“津门文化遗存抢救活动”，并出版与此保护活动相关的一系列图书：大型历史文化图集《天津老房子》，包括《旧城遗韵》《小洋楼风情》《三十年代大天津》《东西南北》四册；专著《抢救老街》《手下留情——现代都市文化的忧患》《冯骥才画天津》，凸现出一位知名作家的文化良知和专业水准。

著名作家与学者的建筑批评作品，使对建筑的感受与评论站在了建筑之外的文化角度，对于专业人士或是大众而言，这种体验是新鲜与独特的。同时作家与学者敏锐的社会感知力与深刻的批判意识，为建筑批评带来少有的锐利观点与公知立场。他们对建筑的通俗理解和艺术表达，使读者更容易接纳；其巨大的名人效应，为社会的建筑认知与批评的传播发挥了重要的指针作用。

建筑文化类图书出版与发行的兴旺，从一个侧面反映了一个时代和民族的文化觉醒与进步。这些出版物也成为专业与大众之间的“踏步”，缩小了以往建筑师与普通百姓之间漠不相关和遥不可及的距离。建筑批评通过建筑类文化图书得以传播，大众对建筑物、建筑业、建筑师的理解得到增强，建筑文化问题由业内扩散至社会，并产生更大影响。建筑行业自身也从中得到更多文化的观念、信息和启示。

建筑文化类图书的兴旺、传媒力量的介入对刻板的、学究式的批评是一种有力的反拨，也同时激发出一种尖锐泼辣、活跃轻灵的文体风格与新鲜的批评角度。作为一种批评策略和战术，大众传媒以文化为切口，为建筑批评提供了走出象牙塔的可能。至此，“公知分子”（公共知识分子）群体作为建筑批评场域的新入力量，改变了原来单一的专业批评场域格局，并由此带来了建筑批评的内容、话语特征等方面的改变。

保护话题：公知批评的身体力行

20 世纪 90 年代，随着市场经济与大众文化的兴起，文化的深层属性与市场的浅薄特质间出现剧烈的交锋，建筑文化的批判锋芒随着公知分子群体的出现而日益突显。同时，快速城市化引发的传统建筑文化与城市空间的集中破坏，也引起了这一时期以媒体人和著名人士为代表的公知分子身体力行的批评参与。关于建筑保护的媒体讨论与报道，专业内外都在 20 世纪 90 年代达到高潮，将这一时期对古建的保护推到了媒体的前沿，并以其深远的文字影响和强大的现实力量引起社会的关注。

冯骥才与天津老街的保护

2017 年 9 月 19 日、20 日，“为未来记录历史——冯骥才文学与文化遗产保护”国际研讨会在天津大学冯骥才文学艺术研究院召开，海内外 50 余位学者齐聚天津，共同研讨著名作家、文化学者冯骥才的文学与文化遗产保护，并深入当今中国文学与文化领域的前沿问题、重大问题展开对话。在文学领域取得巨大成就的同时，冯骥才在建筑文化遗产保护与建筑批评领域的成就，甚至影响更加深远、意义更加重大，使他当之无愧地成为当下最重要的文化学者之一。

20 世纪 90 年代开始的大规模旧城改造，使很多城市的文化特色都被破坏，庞大的民间文化也即将散失，天津就是其中的典型代表，这样的情形引起了身为天津人的著名文学家冯骥才的关注。虽以小说成名、以绘画怡情，然而深厚的人文素养、强烈的社会关怀与敏感的文化危机意识，使冯骥才在古建与民间文化的保护领域投入了持久关注与行动，并更多地以一个社会活动者和民间文化守望者的形象出现在大众视野里，这是中国当代知识分子第一次自觉的文化行动。

早在 1991 年，冯骥才就“卖字卖画”先后保护了周庄古茶楼、宁波贺密坚祠等古建筑。1994—1999 年间，冯骥才同天津当地的摄影家、规划师、建筑师、历史学家、人类学家等诸多文化人士一道，对这座城市进行了地毯式的拉网考察，并展开了针对旧城、租界和估衣老街的三次大规模“津门文化遗存抢救活动”，其中天津估衣老街的保护尤其反响巨大。

估衣老街是作为商埠的天津最久远的根，即使是这样重要的文物街，也不免将在 1999 年被拆除的命运。为留存估衣老街的建筑与文化，冯骥才进行了几乎是“抢救式”的保护：请专业摄影师挨门挨户地摄像，留下鲜活的老街音像史料；对估衣街作仔细的文化搜寻，将有价值的文化细节全部拍照留存；访问估衣街的原住民，用录音机记录下他们的口头记忆，保留估衣街的口述史；搜集相关实证性文物，必要时花钱买。在近一个月的时间里，他从大锤之下抢救回 3600 件文物。与此同时，冯骥才发挥自身的社会影响力，在各种场合进行宣讲，劝说相关部门与领导保护估衣老街。2000 年，在全国两会“文艺界政协委员与李岚清同志座谈”中，冯骥才作了题为“拯救城市文化刻不容缓”的发言，该发言引起了天津相关领导的注意，并召开了估衣街区改造专家论证会，确立了“街道宽窄不变、六座重要建筑也不变”的改造方案。

然而最终估衣街的建筑还是被全部拆毁，只留了一个街道牌匾，“天津总商会遗址”这一周恩来当年曾在此活动，五四运动时学生领袖马骏以头撞柱、欲以肝脑涂地的方式唤起众商觉悟的地方也被拆毁。惨痛的现实令冯骥才站在老街的废墟上失声痛哭。此后，冯骥才出资用自己之前抢救下来的和老百姓捐赠的文物，建造了中国第一个捐赠博物馆——天津老城博物馆。

从 20 世纪 90 年代开始，冯骥才抢救古建筑和民间文化的行动就未停止过，其行动连同他有力激昂的文字一起被各大主流媒介登载，引起巨大反响。冯骥才发表了一系列的旧城改造批评文章，如《中国城市的再造——关于当前的“新造城运动”》[1]《我们的城市形象陷入困惑》[2]《城市为什么要有记忆》[3]《文化遗产开发不能搞矿产开发模式》[4]等，并陆续出版与他保护活动相关的一系列图书，阐述了自己对古建保护与城市发展的立场、观点：

“和西方社会的城市变化不同，我们的城市不是一个线性的、渐进的变化，而是一个突然的、扫荡式的变化，这种变化往往是灭绝性的、扫荡式的。”“我真害怕，现在中国的城市正快速走向趋同化，再过 30 年，祖先留下的千姿百态的城市文化，将会所剩无几。如果中华大地清一色的是高楼林立、霓虹灯铺天盖地，那将是多可怕的事情。”[5]

之后，冯骥才更是一发不可收，保护的足迹踏遍了河南、河北、山西、江西等地，开始了从知识分子到社会活动家的转变。2003 年 2 月 18 日冯骥才主导创立“中国民间文化遗产抢救工程”，用 10 年时间完成相关普查、登记、分类、整理、出版。2013 年，冯骥才任住建部古村落保护发展专家委员会主任，他的古建保护行动又扩大到了传统村落的新区域；2015 年，冯骥才新作《中国传统村落立档田野调查手册》《中国传统村落立档调查范本》与读者见面。同年，在“新江南”古村落研讨会上，冯骥才更以《今天的矛头对准建筑师》一文，剑指当今建筑师，“为城市给一些真正的创造，多一些文化责任，守住自己的知识立场”[6]。这位知识分子的保护之路仍在继续。

冯骥才以身体力行的建筑批评方式，体现了一位文化人和知识分子的社会关怀。如果将他的保护工作看做一个整体，其对古建筑的保护与对城市发展过程中诸多问题的批评，是被纳入到对民间文化的关注这一更广泛的领域中的。冯骥才对城市文化个性的呼吁、对城市文化历史的尊重和对民间文化传承人等批评主题的大力发掘，都是基于他自身所认为的文化需要“形神兼备”。事实上促使冯骥才如此投入地抢救民间文化、保护老建筑的，正是其作为一位知识分子所拥有的文化危机意识与人文立场。正如他对自己的定位

1 冯骥才．中国城市的再造——关于当前的“新造城运动”[J]．现代城市研究，2004，01:4-9.
2 冯骥才．我们的城市形象陷入困惑 [J]．建筑与文化，2006，02:90-93.
3 冯骥才．城市为什么要有记忆 [J]．艺术评论，2006，06:1.
4 冯骥才．文化遗产开发不能搞矿产开发模式 [J]．领导科学，2009，18:19.
5 张璐晶．冯骥才回忆拯救天津老街：从大锤下抢回 3600 件文物 [J]．中国经济周刊，2006,10.
6 冯骥才在上海参加“新江南”古村落研讨会时的演讲内容。

一样，“我不愿只作个小说家或是作家，我更认为自己是个知识分子”“作家只是一个职业，而知识分子则意味着一种精神，一种文化品格。知识分子既站在现在看过去，也站在未来看现在”[1]。

更确切地说，冯骥才的建筑保护与批评之路，是其文化脉络在建筑上的搭接。而这样的搭接，造就了冯骥才以文化为核心的全局式保护的独特方式，也催生出了冯骥才文化渲色之下的独特深刻的建筑批评意识与观点，更赋予了建筑批评无法从专业视域中获得的养料。

媒体人的保护之路

20 世纪 90 年代，随着传媒深度报道的再度兴起与舆论监督作用的重建，大众媒体以批判性的立场成为建筑批评主体的中坚力量，也为中国培养出如王军、曾一智等一批对建筑文化与批评怀有持久热忱的高素质媒体人，为建筑批评提供了另一条言说渠道与新颖视角。

王军：专业与传媒的双重认知

2015 年 9 月，中国城市规划年会邀请了一位特殊嘉宾参会并作大会报告，他就是新华社《瞭望》新闻周刊副总编辑王军。王军以“城市化模式之变：从‘增量城市’到‘存量城市’”为题的报告，向建筑与城市专业人士展现了一位资深传媒人多年来对于中国当代城市与建筑的深刻思考。报告引发巨大反响，也让人们可以更为客观地评估传媒界公共知识分子在建筑批评场域中的特殊作用。

1991 年，王军毕业于中国人民大学新闻系，后在新华社北京分社从事经济报道工作。1993 年，他开始对梁思成学术思想、北京古城保护及城市规划问题作系统研究。1995 年 1 月，王军迎来了自己记者生涯第一个重要节点：《瞭望》发表了他撰写的长篇新闻分析《城市建设如何走上法制轨道——北京东方广场工程引发的思考》。评论一经发表便引起轩然大波，许多建筑界专家也由于这篇文章破例接受了王军的采访。

1997 年，王军受梁思成遗孀林洙所托尝试编写《梁思成传》，他对北京

1 冯骥才．紧急呼救 [M]．上海：文汇出版社，2002:12．

城和梁思成的兴趣也由此而生。之后，王军陆续发表学术论文《梁陈方案的历史考察》《1955 年：中国传统与现代主义的决裂》等文章。2005 年 4 月，北京市政府对旧城内 131 片危改项目作出调整，决定 35 片撤销立项，但其他 90 多个项目中，包括了北京会馆建筑最为密集的宣南地区，这是古代士人来京会考、述职之地，见证了公车上书、戊戌变法等中国近代史的重大事件，却遭到大规模拆除。2009 年，拆迁通告贴到了东城区北总布胡同梁思成、林徽因夫妇故居的墙上。王军为此大力奔走，通过写文章、博客等方式呼吁，但未能改变结果。这些经历奠定了王军对北京城市保护与规划的研究基础，也使他以一种专业与传媒的双重认知，成为古建筑保护中的重要一员。

王军的建筑批评实践更多地体现在他的著作中。这些著作多以一名记者的立场介入，并建立在长时间、深度化的调研与思考基础上，并有着极强的作为媒体人的责任感与人文情怀，弥补了专业人士对田野调查的缺乏，也使广大公众更容易理解与感知，因此产生了巨大的影响力。其中最有代表性的是“城市三部曲”，即《城记》（2003）《采访本上的城市》（2008）《拾年》（2012）。

1999 年，王军完成了《城记》的第一章“古都求衡”，对北京当时的城市结构进行了详实的调查，发现了单中心的不合理，对北京的城市规划提出了诸多的批评性建议。这些建议引起了越来越多的社会关注。2005 年，选用人教版高中地理教科书的高中生们，已将“北京变单中心为多中心”的城市发展思路划为“必考要点”。2003 年《城记》出版，立即引起强烈反响。书中共采访当事人 50 余位，收集、查阅、整理大量第一手史料，实地考察京、津、冀、晋等地重要古建筑遗迹，跟踪北京城市发展模式、文物保护等专题并作出深入调研，对北京城半个多世纪的空间演进进行了梳理。王军也由此成为建筑批评领域中的重要人物。

曾一智

曾一智对建筑保护的投入也是源于自己的职业。她原是黑龙江日报社资深记者、高级编辑，同时也是中国文物学会会员、中国古迹遗址保护协会第一名个人会员。在多年的媒体人生涯中，曾一智无数次为保护黑龙江、北京、东三省中东铁路沿线具有重要历史价值和艺术价值的建筑多方奔走，并在呼吁保护文化遗产的过程中多次遭到殴打和威胁，被称为“笔战推土机”的民间文保人士。

1998 年 4 月，曾一智在《黑龙江日报》创办专事呼吁文化遗产保护的专刊《城与人》，希望能以关注城市空间生存的方式，关注一座城市的发展。创刊号发表了《穿越博物馆广场》一文，追述了哈尔滨圣尼古拉大教堂被摧毁的过程，并以此吹响关注保护的号角：“我向远方眺望时却看到了我快乐的悲伤的童年。我想告诉博物馆广场上熙来攘往的人们，我们没有任何权利去砍伐文化。不仅艺术是属于全人类的，还有更需要珍惜的，那就是应该保留在每个人心中的真善美。”

随着相关报道的深入，曾一智发现大量拥有重要文化历史价值，甚至被列入保护建筑名单的老房子开始被拆除，之前刊物采用的单纯的照片式召唤与缅怀，并无法改变现实的残酷、改变城市的面貌与命运。于是她的笔杆开始直指开发商的推土机，从一个副刊编辑成为建筑保护的斗士。在《城与人》的阵地上，曾一智先后发表了《保护中央大街》《保护百年老厂》《保护滨江关道衙门》《保护历史的见证——老房子》等诸多文章。她以每周数千字的保护评论速度，为哈尔滨的建筑保护筑起了一道媒体的防护墙。直至 2004 年 1 月《城与人》停刊，它共存在了 6 年，影响远及俄罗斯、美国、澳洲、波兰、加拿大、日本等国家地区，刊载的文章多次被国内及俄罗斯其他报刊转载。

曾一智的保护实践并未停留在纸上，而是随着其在哈尔滨的“踏访”进入了实际层面。2000 年 4 月，哈尔滨市启动少年宫地区改造工程，其中两座建筑物，一座是哈尔滨解放后中共哈尔滨市委的第一座办公楼，另一座是圣尼古拉大教堂神职人员住宅。曾一智连夜赶写了报告《哈尔滨城市建筑风貌已遭严重破坏，轻率拆除必须立即停止》，并在第二天提交到市委书记的手中。虽然市委书记当天赶到现场，但最后建筑还是被拆除。屡战屡败的曾一智并未因此停止奋战，在她多年的努力下，哈尔滨广播电台（中国第一座广播电台原址）及其创办人刘瀚住宅、犹太商人卡巴尔金经营的华英油坊、吉黑榷运局、民国年间哈尔滨特别市市长宋文郁住宅、哈尔滨电车公司老厂房、俄侨经营的凡塔基亚夜总会原址等一批历史建筑得以保留。在哈尔滨市公布的第四批保护建筑里，经曾一智建议被纳入保护范围的有 20 多处。

王军与曾一智等媒体人的努力，将建筑批评的大众言说推向一个新的高度。这不仅依赖于他们所坚守的主流传媒的舆论影响力、广阔的受众层面、生动的言说技巧，更依赖于他们身上固有的强烈的知识分子使命感与道德感。他们的建筑批评掷地有声、身体力行，是同时期的专业批评所无法比拟的。

专业批评的困惑

专业建筑批评的普遍失语

20 世纪 90 年代，专业建筑批评呈现出普遍的“失语”状态。一方面，建筑市场的空前繁荣使建筑师大量流向实践层面；另一方面，80 年代形成的

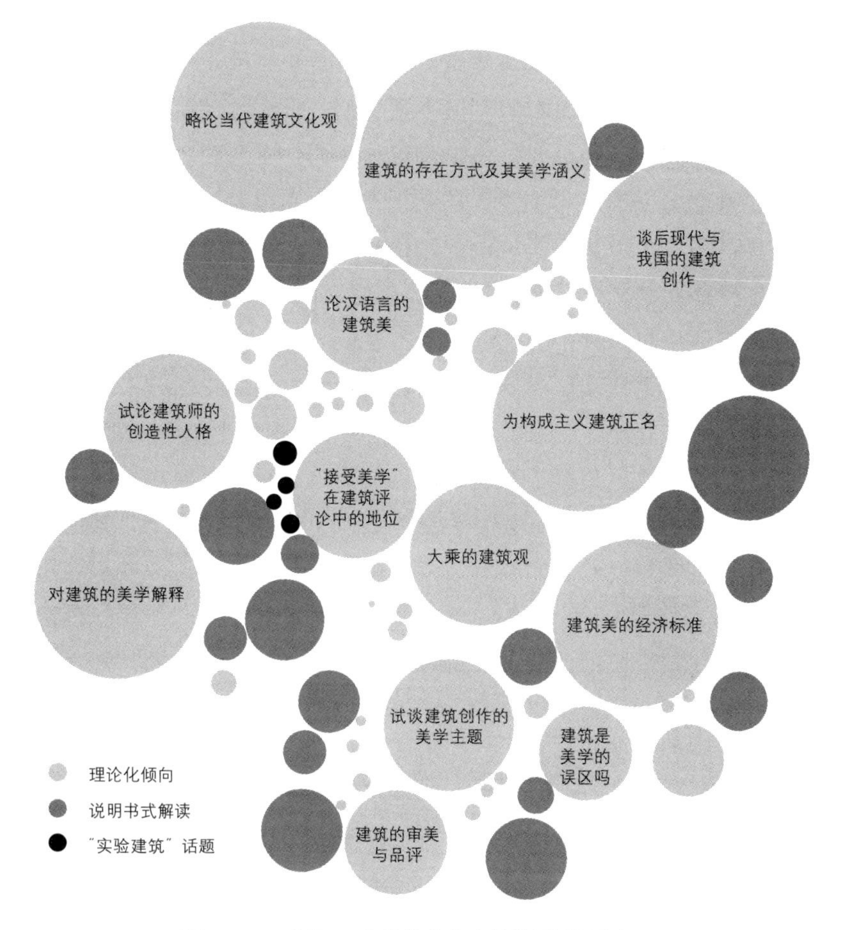

图 2.1　20 世纪 90 年代的专业建筑批评话语分析图

以“现代主义与民族形式”“宏观叙事”为核心的语言体系被迅速瓦解，由于自身理论与专业准备的不足，前语消失、后续不达，建筑批评面临语汇缺失的困境。与非专业领域建筑批评大众对话日益兴起相比，专业批评显得薄弱。

另一重要原因，则是自 90 年代中期开始，专业批评集中的学院与科研单位普遍建立起学科分工机制，实行严格的职称评审制度与课题、项目申报制度，以一整套学术规范对学校和学者进行考核与等级评估。在外部文化滋养缺失与内部学术功利的双重夹击下，相关专家、学者不再侧重面向公众与建筑作品发声，而转向了专业内部的行业化与重建，寻求圈子内部的专家、学者的认同与共识，以此保持“自反性”。

在学者眼中，这一时期专业建筑批评中形象化、主观性的因素逐渐被解构，而专业性、理论化则被反复强调、重构，“批评的理论自觉性”成为其明显特征，并呈现出两极分化。一是理论化倾向：多与西方引进的各种建筑理论和评论观念紧密连接，在大大扩充批评词语和范畴的同时，加速了评论中真情实感的流失，以致沦为空洞的理论阐释；二是缺乏深度：这一时期设计说明和创作体会的文章所占比率很高，非理论化的词汇如“感人”“高雅”“推陈出新”被高频使用，真正的观点性论述很少。

为了应对这样的困境，《建筑学报》开设了“建筑论坛”专栏，“由于开展建筑评论比较困难，编委会以身作则，从 1991 年至 1999 年连续 9 年，于每年在全国不同地区召开一次编委会的同时，进行一次对当地城市与建筑的评论活动，然后再学报上刊登评论会纪要”。在其带动之下，其他专业媒体也开设了类似专栏，给建筑批评以专门的空间。然而，这些并未能扭转专业批评的颓势。直至 90 年代中后期，实验建筑兴起与随之开展的讨论，才为这一时期的建筑专业批评提供了新的素材。

实验建筑师的批评实验

20 世纪 90 年代中后期，刘家琨、王澍等一批实验性建筑师崛起，以其独立的身份从建筑本体的角度展开实践理论讨论，引发了建筑批评新话题。

1997 年 8 月，饶小军在《新建筑》上发表《边缘实验与建筑学的变革》一文，提出了实验性建筑在实验化批评与实验性设计两个层面的变革意义，拉开了专业媒体讨论实验性建筑的序幕。1998 年 1 月，王明贤与史建在《文艺研究》发表《九十年代中国实验性建筑》，讨论了实验性建筑的意义。

时间进入 21 世纪，对实验性建筑的批评引发了批评热潮。2000 年饶小军在《时代建筑》发表《实验建筑——一种观念性的探索》[1]，以思想随笔方式批判性地回顾了 20 世纪 80 年代以来中国建筑学界的沉寂状况，探讨了以实验建筑的边缘化思想策略进行边缘实验与观念探索的必要性，并主张“没有思想理论上的实验先行，则不可能有今后建筑创作的真正繁荣”，将建筑界的激活作用寄托在了实验建筑的理论与实践探索中。之后，江浩《当代中国实验建筑的先锋性》[2]、胡期光《“实验建筑”现象的剖析与审视》[3] 等文章皆从实验性建筑先锋性的角度进行了批评与诠释，表现出极大的期望。

随着时间的推移，人们渐渐对实验建筑的“实验”局限有了更多的认识，并体现在张远大《对中国实验建筑的滞后性观察》[4]、张昊《无的放矢：中国当代实验建筑重新审视》[5] 等文章的论述中。2008 年周文瀚与史建合作的《中国实验建筑从喧嚣走向终结》[6] 一文，则对实验建筑的终结做出了定义：

“实验建筑面对的问题已被瞬间置换，实验性建筑师曾经标榜的前卫姿态亦被迫转换为文化上的退守。如果我们在当下的语境中将当年的实验性建筑看作是另类于国家主义设计模式，探索现代建筑语言，以及对建筑品质的持守，那么它在当下已经裂变为‘本土建筑’‘学院建筑’‘表演性建筑’三个走向。”

实验性建筑师与关注他们的建筑媒体一起，为中国的建筑理论及批评贡献了“构建”“地域”“空间意识”“本土化”等宝贵词汇。实验性建筑师的出现，表达了中国建筑批评与理论试图摆脱固定模式束缚、寻找新的突破的渴求，从某种意义上讲，激发了真正独立意义上的建筑批评的开始。然而对于建筑主体的重视，使其一开始就未深植于中国的社会文化现实深层。“而

1 饶小军．实验建筑：一种观念性的探索 [J]．时代建筑，2000，02:12-15．
2 江浩．当代中国实验建筑的先锋性 [J]．新建筑，2006，02:93-95．
3 胡期光．“实验建筑”现象的剖析与审视 [J]．建筑师，2004，06:72-79．
4 张远大．对中国实验建筑的滞后性观察 [J]．山西建筑，2005，09:4-6．
5 张昊．无的放矢：中国当代实验建筑重新审视 [J]．建筑知识，2011，08:128．
6 周文翰，史建．中国实验建筑从喧嚣走向终结 [J]．安家，2008，05:168-169．

20 世纪 90 年代的建筑批评自身的乏力也完全不能从学科的立场做出有力呼应”[1]，这些都使实验建筑的批评实验停留在了敲门砖的角色。

批评主体的分野：固守与逃离

当 20 世纪 80 年代宏大主题下的批评论调在 90 年代的新语境下失语，并被发现具有太多的历史局限性后，专业建筑批评的中心一下子就冷寂了。这种冷寂的背后是专业建筑批评主体的两极分化——固守与逃离。

固守者是多数，这一群中有两类群体：一类是 80 年代活跃于批评主体金字塔顶端的，他们对于 80 年代建筑批评话题的极大引领，在一定程度上也固定了其自身的批评模式，当面对新的境况，一时无法从另一个完全不同的角度进行重建，这是逻辑中的必然，于是他们选择改良，结果就是批评的理论化倾向。由上文的图 2.1 也可以看出，这一时期明显残留着 80 年代的所有话题痕迹，“主义”“美学”“民族”等。另一类则是处于实践繁荣图景笼罩下的大多数，顶端的话题失效，使他们的批评话题只能回落到具体的实践中来，于是说明式的批评使得讨论陷于另一种微小，“建筑创作的体会”“一点思考”等字眼充斥在各大期刊当中。

而逃离的一群，显然已经无视历史发生发展的必然性，而开始转向研究个人主义的情感与身体体验，期望以此形成与历史的绝对断裂，在解构的策略中寻求新的方向与突破。人们将这种探索称为“实验建筑”。然而即便是逃离的一群，也依然没有掌握充分的理论工具与批评立场。个体如何获得足够的能量来影响并主导将来，应该是逃离者最想知道的答案。

这种两极现象在一名专业人士的言说中被一语中的：“从表面上看，固守者众，逃离者寡。其实，那是因为在中国当下具有发言权的多是固守的那一群所致，看看我们目前的建筑批评，看看那些正经八百而欲求真理性的文字，或是倚靠历史上的建筑大师，拿经典分析来说事的人，请想一想，你的分析还能走多远？‘身在此山’的遗憾永远只有当越过此山才能深深体会。”[2]

1 朱涛．建筑批评的贫瘠 [J]．重庆建筑，2005:7.

2 李东．为什么要“掐死”建筑师？——我看周榕的批评方法并兼论中国当下的建筑批评．http://blog.renren.com/share/221974856/3366069724.

建筑批评主体的两极分化，由此开始一直持续到当下，几乎成为无法治愈的顽疾。也正是这样的状态决定了 20 世纪 90 年代的两大批评事件“北京西客站”与“北京十大建筑评选”中，无论是话题的讨论、参与的方式与传播的效果，都呈现出与 80 年代几乎无异的状态。

20 世纪 90 年代是建筑批评心智走向开放的十年。在经历了同宏观意识形态相剥离，并快速投身于市场与消费语境下的大众传播与转译的复杂过程之后，中国建筑批评的视野、观点、词语和范畴都得到了充分的拓展。

90 年代的建筑批评，整体来看是沉寂而没落的。尽管有学者和作家、媒体人等力量的参与，影响也相对局限。而实验建筑师的声音，即使在专业内部尚未能形成主流。这样的断层命运，似乎早就蕴含于 90 年代被高度压缩的社会转换频率之中，并在之后由媒介主宰进程的很长一段时期，使得建筑批评无法摆脱外围力量侵蚀，而做出被动的改变。

这种对外在力量的依赖甚至成为建筑批评前行的唯一动力，以此或多或少的收获着不经意而至的微小内部变化。而专业批评内核的失语，则从此时开始，成为建筑批评的致命弱点。建筑批评场域依然只是社会中少数人开垦出来的“小菜园”，其面向大众的传播路径依然稀少。

第3章　建筑批评全民时代的来临（1998—2007）

一切公众话语都日渐以娱乐的方式出现，并成为一种文化精神。[1]

——尼尔·波兹曼

奥运时代的来临使得建筑批评被推到了一个新的维度，勾画了一幅极具想象力的复杂图景。正如美国的《时代》周刊所描述的："你也许已经知道全世界都涌入了中国。"这是一个有象征意味的开始。

随着国家大剧院、鸟巢、水立方、CCTV大楼等一大批标志性建筑的逐一亮相，新世纪的中国建筑与城市同国家形象塑造密切关联起来。中国在"尖叫建筑"的物化描述中，迎来了世纪新形象，建筑开始作为标志性事件走进公众视野。城市化进程的不断推进为城市与建筑积累了足够的经验，使其成为中国社会转型期最完美的矛盾集合体与公众言说的宠儿。传媒在其敏锐天性的感召下如约而至，将触角广泛而深入地蔓延至城市升级、转型、模式探讨、立场追问等建筑批评内容中，力图完成一系列对现实的重新发现与认识。

同时，当经济、社会经历过20余年的快速发展之后，现代化目的论受到挑战，人们开始重新检讨中国寻求现代性的历史条件和方式，把中国问题置于全球化中进行考量成为十分重要的理论课题。而中国建筑的命题也在这样的背景下成为专业期刊大范围变革的集中指向，以及专业内外的偶遇线索。

同时，网络的兴起为建筑批评提供了新的言说空间，也培育了新的批评群体。网络空间中"媒体把关人"的缺失，使得建筑批评再不是专业与媒体人的话语垄断，而成为社会公共话语建构的新方式。与此同时，传媒时代的挤压使大众化报纸顺势而起，在市民基础上形成了对社会主体的建构"公民"与"小资"两个面向，也以此将建筑批评对接到了"中产"这一新兴阶层。

一切的改变都预示，这是一个新旧势力交替、官民力量博弈、开放与闭

1　《娱乐至死》第一章"媒介即隐喻"中的相关论述。

塞共举的建筑批评的全盛时代。

中国命题的传媒聚焦

2001 年 12 月，在长达 15 年的谈判之后，中国正式加入了 WTO，承诺逐步放开出版物分销、影视节目制作、广告等传媒市场。国际资本的跃跃欲试，使中国传媒压力倍增。正如时任中宣部长丁关根 2000 年 10 月在上海新闻出版和广播影视系统考察时所说："国外大型传媒集团跃跃欲试，强行市场准入，不能自己办媒体，就接我们的渠道；文化项目进不来，就以经济、科技合作项目捆绑进来；中央媒体进不去，就先进地方媒体；直接投资不允许，就通过合资、再合资，曲线进入。看来，让进要进，不让进也要进，这就是我们现在面对的实际情况。"[1] 正是在这样的传媒大背景下，专业期刊的阵地出现了新的格局，国外知名建筑期刊纷纷以与国内合办中文版的形式陆续进入。

这种改变，除了中国开放的逐级深入对于传媒业发展的深刻影响因素之外，正在崛起的中国、以及不断创造历史的"中国命题"，也成为全世界日益希望报道、了解的重要内容。与此同时，中国的建筑实践与理论话语逐渐进入新的发展时期，内容的重心也从改革开放之初的西学东渐为主到开始不断寻找、审视自我位置。对于中国命题的关注与讨论，成为这一时期传媒中建筑批评的中心议题。

专业期刊的变革

21 世纪第一个十年，在建筑批评的专业阵地——专业期刊领域，迎来了普遍变革的新时期。一批已有近 20 年办刊积累的老刊，面对急剧变化的全新环境继续积极地革新和布局：一方面，随着中国建筑实践的不断发展，国际交流的日渐深入，新现象与特征的出现召唤着更多样、多角度的实践解读与理论总结；另一方面，原 20 世纪 80 年代创办的老刊普遍采用的集理论文章、实践作品、消息新闻与议题于一体的大而全模式，无法使中国当代建筑得到深刻诠释，也使这批期刊在市场化竞争激烈的新现实中难以找到自己的定位，

1 黄升民，周艳．中国报刊媒体产业经营趋势 [M]．北京：中国传媒大学出版社，2005:45．

由此，在新一代杂志主编逐渐完成了接班的过程，大量新生代编辑加入编辑行列的架构下，普遍进行了定位的调整。

同济大学主办的《时代建筑》在这新一轮专业期刊调整中走在了前列。它于 2000 年提出“中国命题、世界眼光”的定位，以当代中国建筑的现实问题作为研究和报道的核心内容，采用主题式组稿模式，以批判性的眼光关注当代中国城市与建筑的最新发展，体现了强烈的当代性和中国特征。定位的改变，使《时代建筑》在之后的十几年中，成为引领本土的重量级专业期刊。

而由北京市建筑设计研究院主办的《建筑创作》期刊，也明确了其“建筑评论”的特色内容，2003 年创办了沙龙与评论性质的副刊《建筑师茶座》，并在 2008 年向着综合性建筑传媒机构的方向发展，以主刊为龙头，通过发起各类建筑文化交流和考察、出版图书、拍摄建筑专题电视片、举办建筑展览等活动，广泛开展与建筑批评相关的活动，传播建筑文化，成为中国建筑杂志界的一个亮点。

同时，一批新刊应运而生，在办刊方式、角度与策略上，相比老刊都有了一定的突破。如 2004 年 10 月哈尔滨工业大学建筑设计研究院创办的《城市建筑》月刊，试图通过城市解读与建筑诠释相结合的方式体现杂志的定位。天津大学承办的《城市空间设计》创办于 2008 年，其宗旨是在城市、空间、设计之间搭建一个视角独特的研究平台，专注于城市和建筑实验，意在引导建筑与规划新的潮流，传播一个真实鲜活的城市流变中的建筑文化之声。

《设计新潮 · 建筑》则自 2002 年从原来的设计类杂志转变成建筑时尚类杂志，以商业化、时尚化的形象示人，其平民式的建筑解读策略、新闻式标题、大量使用精美新奇的图片形成新的拼版样式，体现了媒体与时尚相结合的新势力在建筑杂志界的魅力。它推出的“中国建筑设计市场排行榜”成为其期刊的标志，在业界也形成一定的影响力。辽宁科学技术出版社与天津大学联合主办的《城市环境设计》于 2004 年 5 月创刊，也以“时尚 + 专业”为路线，通过举办大量专业活动迅速获得了业界关注。

中国建筑市场的火爆、建筑实践的蓬勃与中国出版市场的日益开放，使一批国际著名建筑杂志纷纷编辑出版了中国城市与建筑专刊。然而似乎这样的蜻蜓点水仍然无法弥补其对中国的浓厚兴趣。21 世纪初期，国际著名建筑期刊纷纷尝试以不同的途径和方式在中国境内出版中文版，同时也将新鲜、高水平的办刊经验带到中国。美国的 Architectural Record 于 2005 年推出《建筑实录》中文版，并以每年 4 期、近百页的篇幅逐步在加强中国的资讯分量，其每年一次的“全球建筑高峰论坛”和“好设计创造好效益奖”成为激发中外建筑互动讨论的平台。2004 年由上海文筑国际出版的《建筑与都市》中文版，则在原版基础上特别报道中国优秀年轻一代建筑师及其作品，形成本土化的视角。

2006 年意大利杂志《DOMUS》正式进驻中国，在原版的全球资源与影响力基础上,《DOMUS》积极推进其国际中文版的全球影响力,整合亚洲资源、推动中国建筑设计发展，为 21 世纪东西方交流发展搭建广阔的国际平台。它的商业与时尚的风格，对于开拓大众近窥建筑艺术世界无疑起到了重要的作用，而其对于建筑主题的批判性选择，也使其成为探讨中国建筑命题的外来参照。意大利建筑杂志 AREA 在出版 100 期之际，于 2008 年 10 月在中国正式发行其中文版《域》第 1 期。《域》致力于对建筑文脉的深度透视，是一本关注哲学、社会、人文、城市的专业建筑杂志。结合每期的专题，该刊开设的“《域》对话”是基于中国当代建筑实践目标的研究而展开的一系列跨领域的讨论，颇具特色。

老刊变革、新刊创立与外刊引入，2000 年之后专业期刊的布局变化，使专业建筑批评在市场的影响下获得了学术、专业、时尚等诸多维度。其中许多建筑杂志一跃而步入“厚刊时代”，如《时代建筑》《城市环境设计》的页码均超出 200 页。深度报道的概念也由大众领域影响到了专业期刊。由此，对中国建筑的专业解读与批评进入多侧面的内容整合、多角度的事件解析、建筑背后的发展背景与理论渊源的挖掘、建筑时态的实时跟踪等更综合的层面上来。此外，当时中国城市连同建筑市场的激烈变革，在建筑思想领域也引发了激烈而尖锐的讨论。建筑杂志成为各方话语的发表平台和平等表述思想的空间。对于建筑本体的讨论逐渐扩大为对建筑事件的思考而延伸到设计方案之外。

这一时期，专业期刊通过评奖、展览、论坛等方式对建筑事件的多方面介入成为建筑批评的重要形式。如《世界建筑》杂志社 2002 年设立的“WA

中国建筑奖”、2007 年由台湾远东集团与《时代建筑》联合举办的“远东建筑奖”（台湾和上海）等奖项的设置、2008 年《时代建筑》杂志协同其他机构在苏州举办“现象学与建筑研讨会”等。杂志媒体对事件的涉入，对于当代优秀建筑与建筑师的推介、建筑话题的讨论、建筑批评的繁荣起到了很大的作用。特别值得一提的是，2008 年由“南方都市报系”发起和主办、联合建筑杂志媒体举办的“中国建筑传媒奖”，可以算作专业期刊的一次集体外联。“中国建筑传媒奖”在“走向公民建筑”的感召下，对中国当代建筑、建筑师、批评人进行了全方位审视。活动取得了巨大的成功，也深刻地影响了建筑批评的立场转向。

相比 20 世纪 80 年代的单一内容设置，这一时期的建筑专业传媒着实丰富了很多。正是在这样多方位、多层次的传媒格局下，专业建筑批评获得了拓展。

主题式报道：专业传媒的批评方式

主题式报道，是这一时期专业期刊结构组织的通用方式。而主题的设立与讨论也成为专业期刊关注中国城市与建筑领域、发表自身批评与观点的重要渠道，由此中国建筑的诸多讨论得以主题式展开。

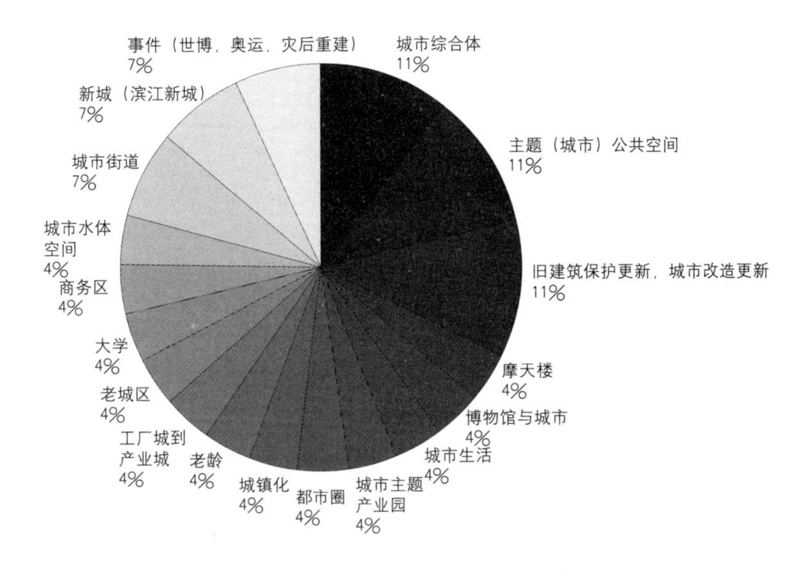

图 3.1　5 种期刊“城市”主题报道统计

由笔者对 CNKI 的专业期刊统计可见：“城市”与“居住”是这一时期专业期刊关注中国建筑的最重要的主题。其中《城市建筑》《城市环境设计》《UED》《DOMUS》《时代建筑》对“城市”主题的涉及较为集中。通过

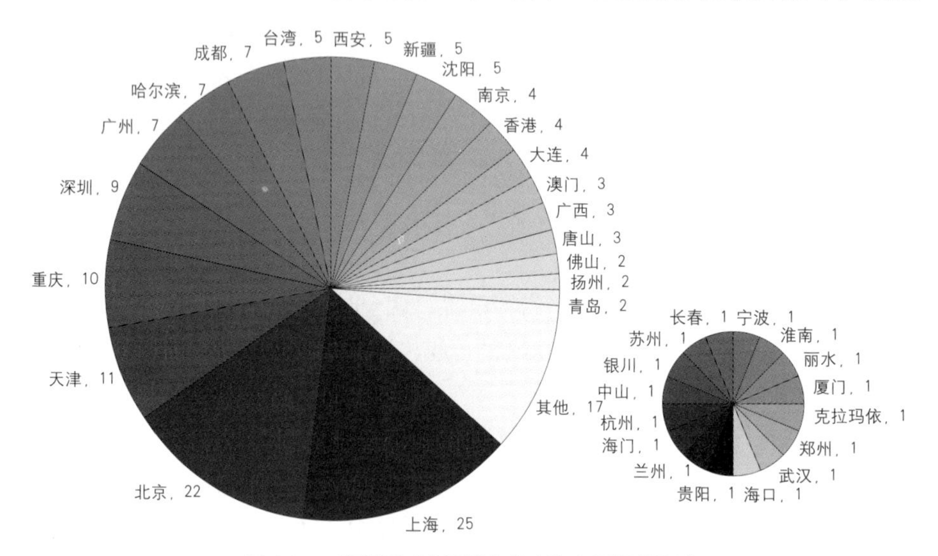

图 3.2　5 种期刊“典型城市样本”主题报道统计

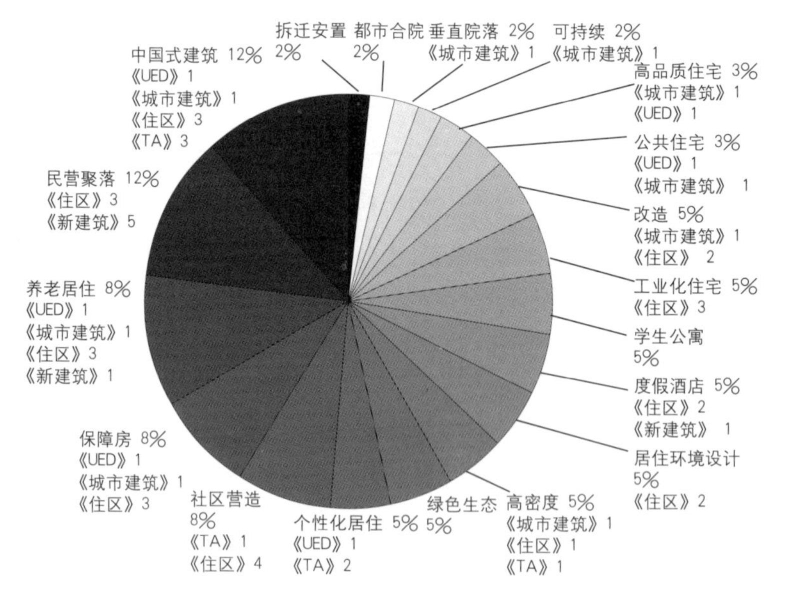

图 3.3　6 种期刊“居住”主题报道统计

对以上 5 种期刊的统计可以得知，这一时期对“城市”主题的关注主要集中于城市发展命题，如“新城建设”“都市圈”“城市综合体”“城市更新与改造”等；对国家城市政策的讨论，如“低碳”“生态”“新型城镇化”“城乡统筹”等；以及对典型城市样本的关注，如“北京”“上海”“重庆”等。

而对于居住主题的讨论则比较集中地分布在《城市建筑》《城市环境设计》《UED》《住区》《新建筑》《时代建筑》（TA）等期刊中。由统计可见，此类讨论较多停留在“中国式住宅”“养老居住”“保障房”“绿色、生态可持续发展”等话题上。

《时代建筑》是国内最早采用主题式组稿模式的期刊，早在 2000 年就提出“中国命题、世界眼光”的办刊定位，关注当代中国城市与建筑的最新发展，并形成了颇具特色的主题式组稿模式。它每期主题均以“中国命题”为切入点，以当代中国建筑最为迫切的现实问题作为研究和报道的核心内容，将眼光对准中国城市每时每刻都在发生的事件，敏感于周边的变化，挖掘其深层的意义和价值，以多层面、多视角的主题内容来反映当代中国的建筑现实。

在《时代建筑》过去十几年的主题选择上，中国建筑与城市的讨论被放置在近距离微观与宏观层面的双重维度之中，体现了强烈的当代特征和中国特征。这本杂志也因此获得了对于中国当代建筑持续独特、深刻的批判意识，成为中外了解当代中国建筑不能绕过的对象。

以《时代建筑》2000 年以后的主题报道统计数据为例，涉及城市主题的有 33 期，占其所有主题内容的 33%，比重最大。其中有如“21 世纪的城市”（2001 年第 3 期）“西方学者论中国：作为核心理论问题的中国城市化和城市建筑”（2010 年第 4 期）“如何转型 中国新型城市化的核心问题”（2013 年第 6 期）这样宏观层面的命题，在总体特征上对中国城市的讨论；也有深入到“城市景观”（2002 年第 1 期）“超限——中国城市与建筑的极端现象”（2011 年第 3 期）等这样的共性特征的探讨；更有对北京、上海、广州、深圳、天津、重庆等城市个例的深入报道与研究。涉及居住主题的有 7 期，占其所有主题内容的 8%，是继“城市”之后的又一个重要的话题。这与其整体关注取向是一致的。

《时代建筑》用世界的眼光来探索中国命题，强调国际思维中的地域特征，以超越自我的视角来剖析自己，则体现了独立的思考精神，这也使杂志保持了强烈的当代特征和地域特征。正如《世界建筑》主编张利教授在 2014 年 11 月参加《时代建筑》举办的“传媒与建筑”论坛时所说：“《时代建筑》这个杂志，我觉得是一个非常有特点的杂志，在 20 世纪 90 年代末到 2000 年之初的时候，实际上是中国建筑发展得很关键的，那时候建筑媒体要么关注在国外，要么集中在国内的大型经济建设的项目，《时代建筑》是率先把目光关注在中国带有创造性的设计研讨领域。这个在以后回过头来看，如果过 100 年回过来看，讲中国的现代建筑，《时代建筑》在这时候起到的作用应该是相当重要的。某种程度上讲：《时代建筑》的历史就是中国当代建筑的历史。”

此外，对中国职业建筑师的关注也成为很多期刊的一个主要话题，如《世界建筑导报》2005 年的《鬼子来了——外国建筑师在中国》，讨论了外国建筑师的中国从业状况；DOMUS、A+U、Architectural Record 等一批国际著名建筑杂志也以出版中国城市与建筑专刊、出中文版等方式形成中国聚焦，如 DOMUS 的《三角四方 / 深圳—香港—澳门—广州》（2011/9）《“城市故事”：成都》（2011/12）《关于中国建筑的出口》（2012/03）《中国设计的身份是什么？》（2013/ 7）《建筑评论事关紧要吗？》（2014/9）等。

而《时代建筑》近年来对中国 50、60、70 年代生建筑师的代际研究（三

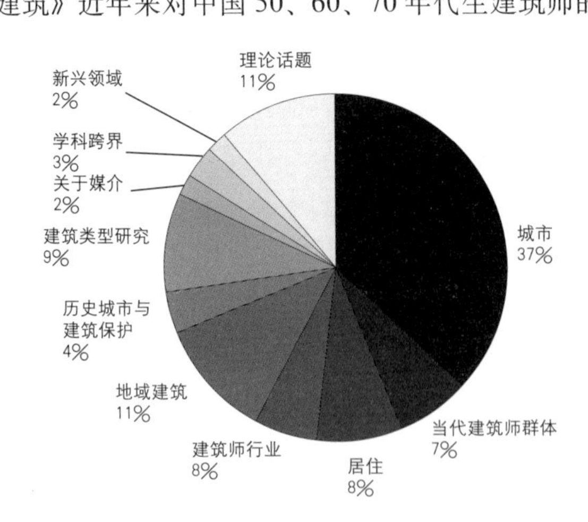

图 3.4　《时代建筑》30 年主题内容统计

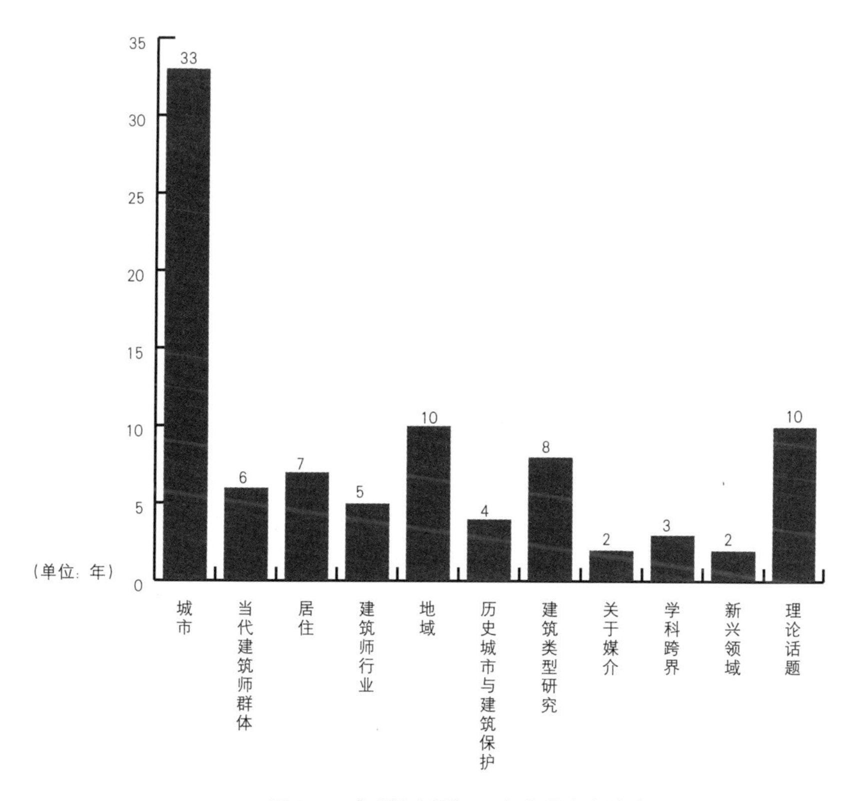

图 3.5 《时代建筑》30 年主题内容统计

期专刊主题：《承上启下——50 年代生中国建筑师》《边走边唱——60 年代生中国建筑师》《跨界一代——70 年代生中国建筑师》），则可以算作是中国专业期刊中颇具影响力的建筑师群体全景式描述。通过关注他们对当代中国建筑问题的探索，透视中国当代建筑的发展与建筑思想的变迁，推进中国建筑界的自我审视。

2000 年之后的专业建筑期刊，从对中国建筑命题的聚焦中，获得了建筑批评的内容拓展。在自身的变革与外刊的引入中，构建了更为丰富的批评视角与平台。相对于建筑批评类文章的多数平庸而言，建筑期刊以自身的主题式视角为批评打开了一种发展的可能，贡献了一批具有批判精神的专业媒体人士。他们以开放的姿态，对学术、时尚、实践、大众事件的积极参与和多方向努力，为活跃建筑批评顶层的专业圈层，发挥了重要的作用。

专业与非专业的默契

对中国命题的关注，也使得专业内外的建筑关注实现了第一次交汇。

这一时期的非专业传媒领域，以评论见长的新闻周刊类媒体对中国命题的关注点与专业媒体间实现了极大的共鸣，城市与居住亦是它们这一时期的报道重点。以新闻周刊类的主题报道为例，关于城市的报道最多，达到了 57%；关于住宅的报道次之，约为 35%。其中对城市发展模式（《新周刊》2003 年 12 月刊《上海不是榜样》）、重要城市的关注（《中国新闻周刊》2005 年 11 期《北京向何处去》）等选题都与专业期刊的城市讨论不谋而合。《新周刊》更是从首期开始就设有“城市专题”栏目，对中国城市发展进行长期的关注与讨论。《三联生活周刊》则一直保持对“居住”话题的兴趣，其主题报道《居住改变中国》(2001 年第 127 期) 更是与《时代建筑》第 79 期的选题完全一致。

对中国命题的聚焦既是中国发展阶段的特征反映，亦是建筑批评直面现实的结果。中国建筑批评正是在媒体对中国问题的发现与讨论中，以媒体对现实的敏锐与速度，摆脱了现实与理论的傀儡，也使专业与非专业媒体的建筑批评焦点第一次深度联系，带来批评主体的深层相互参与，获得了一定程度的自我独立性。

新闻周刊的公民讲述

传统学院派的建筑批评，长期局限于学理探讨与审美诉求的框架中，将建筑从其赖以生存、被使用、被感知的日常与社会中脱离，并发展出一套自成体系的言说模式。说到底，这是一种专业“小话题”式的批评视角，在维系专业性的同时，忽略了建筑的“在世性”，极大减弱了建筑批评被社会公众参与和广泛传播的可能，造成批评内核的干瘪。反过来，这也加速着建筑批评的失语，使专业人士面临与甲方和公众沟通不畅的尴尬困境。大众传媒对建筑话题的关注则为建筑批评与公众进行沟通搭建了可贵的渠道。

由传媒构建的建筑批评新特质，并不一定取决于传媒的份额占有率，而往往更加依赖传媒的性质。将建筑[1]放置于传媒的整体语境中考察，20 世纪

1　这里的“建筑”，作者取其专业中的“大建筑”学科内涵，即包含城市、建筑、环境艺术、风景园林在内。

90 年代的专业建筑批评与理论讨论正经历着文化时代退却之后短暂的失语，要么沦为设计的说明，要么成为理论化的空泛表达。以《三联生活周刊》《新周刊》为代表的新一代新闻周刊在 20 世纪 90 年代中后期的强势崛起，走出了迎合市场与坚守知识分子理想之外的“第三条道路”，为建筑批评在主流意识领域打开了新的契机。这种相遇在 21 世纪对“城市化”这一时代话题的全面推进与演绎中变成一种常态，并直接参与到新闻周刊对新时代、新传媒与新阶层的传媒构建体系中，从而改写着建筑批评的大众传播图景。

新闻周刊：主流意识传播与构建中的精英力量 [1]

20 世纪 80 年代，我国新闻周刊迎来了改革开放的契机。1980 年 5 月，由中共中央宣传部委托新华社主办的《半月谈》的创刊，被认为是“中国第一份新闻周刊”。1981 年新华社创办《瞭望》月刊，1984 年改月刊为周刊，1994 年 1 月正式改刊名为《瞭望新闻周刊》，当时的主编陈大斌在解释改刊动机时说：“中国国际地位的提高，需要有新闻周刊宣传社会主义建设；新华社要成为国际通讯大社，需要有自己的周刊阵地；改革开放的深入使中国人比过去更迫切需要认识外面的世界。”

这一时期比较有影响的还有创办于 1985 年的《南风窗》，2002 年 1 月改为双周刊。它诞生于改革开放正在探索中启步前行之际，以改革开放前沿地的环境优势、观念优势、信息资源优势，“带来一股新闻改革的清新之风”。

到了 90 年代中期，新闻周刊开始进入了飞速发展的时期，涌现了一批被称之为“新生代”的新闻周刊，包括 1995 年 1 月在邹韬奋先生诞辰 100 周年之际恢复出版的《三联生活周刊》、1998 年 4 月创刊的《财经》（2001 年 6 月由月刊改为半月刊，2005 年 2 月改为双周刊）、1998 年 8 月创刊的《新周刊》、1999 年 1 月创刊的《新民周刊》、1999 年 9 月创刊的中国《新闻周刊》

1 《新闻学大辞典》中对“期刊”一词的解释如下：“即杂志，以刊载文章和评论为主的定期或不定期成册连续印行的出版物。有固定名称（刊名），按卷、期或年、月顺序编号，每期的开本、版式基本相同。是记录社会生活，报道社会科学、自然科学活动的工具，使传播与交流科学文化成就，指导与活跃社会文化生活的手段之一。”其中以报道时事为主要内容的期刊，称为新闻期刊。刊期为一周或者隔周的期刊一般称之为新闻周刊。美国的《时代》周刊是新闻周刊类期刊的代表，是它真正确立起了新闻周刊作为一种现代媒介形态的地位和价值。

（2000 年 1 月正式出版，2004 年 10 月更名为《中国新闻周刊》）等。

新闻周刊迅速发展的 10 年，面临的是我国媒体竞争最为激烈的时期：内有期刊业的竞争持续升温，文摘类、时尚类期刊的大幅走俏，境外期刊以及与国外、境外版权合作期刊的陆续进入。外部则受到同属于传统媒体的报纸、广播、电视的多方挤压，以及网络媒体的崛起带来的受众信息接受方式与阅读习惯的改变。而同时期我国媒体开始走上产业化、市场化发展之路，媒体市场在形成过程中不断进行新的切割、重组与细分。

根据 2006 年 8 月 24 日国家新闻出版总署最新公布的统计数据，2005 年我国共出版期刊 9468 种，是同期报纸总数（1931 种）的近 5 倍。然而"作为期刊中的一个特殊品种，也作为新闻传播媒介中的一个特殊类型，新闻类周刊只是期刊市场上一个很小的分支，按我国的期刊分类目录，一直归于哲学、社会科学类（2005 年此类期刊共 2339 种，其中绝大多数为学术类期刊）。目前我国大陆地区新闻周刊的数量只有 20 种左右，约占我国期刊总数的 0.2%，每期的总印数比美国《时代》周刊一期的数量还要少。"[1]

但是市场份额并不占优势的新闻周刊凭借其独特的媒体定位与特征，悄然兴起并独树一帜，打造了自己作为社会问题深度关注的"精英媒体"和具有留存价值的"精美媒体"形象，在传媒市场以及建筑批评的大众言说领域上占有了宝贵的精英席位。

以"周"时态形成强大的"新闻力"是新闻周刊的重要特征之一。新闻事件往往需要经历一个发生、发展的过程，人们对于新闻事件的认识也需要经历一个了解、思考的过程。以"周"这个最小的总结单位对信息进行梳理与整合，使媒体既有整合资讯基础上的深度，避免了报纸内容呈现形式上的粗糙和报道深度上的不足，又避免了一般月刊的时过境迁。这种阅读特质的变化，恰恰说明了新闻周刊是"文化时代向媒体时代转化的产物"，并希望兼顾文化内核与传媒特质的双向平衡。

这批新闻周刊在定位上各有千秋，然而都同时瞄准了对"新时代、新阶层、新生活"的媒体定位，并将公正、客观、深度与批判作为办刊的特征。

1 涂光晋．中国新闻周刊的生存状况与发展路径 [J]．国际新闻界，2006，8:5．

《中国新闻周刊》的定位语是“一份影响有影响力的中国人的时政杂志”“一份与进步的中国一同进步的新锐时政杂志”[1]。《南风窗》将自己定位于“在‘为了公共利益’的新闻价值观下密切关注中国社会，乃至全球的政治、商业、思想领域的重大变化”的“政经杂志”[2]。《新民周刊》在发刊词中写道：“宣传新政策、传播新知识、倡导新风尚、丰富新生活是我们一贯的理念”[3]。《新闻周刊》也在其创刊扉页清楚地表明其办刊理念：“《新闻周刊》是中国的、新闻的周刊。是中国人民给新世纪的情书，是人类倾诉世间情愫、追求真理的物证。”《新周刊》的创刊号封面上印着：“我们所有的努力就是为了新一点。”[4]而知识分子气息浓重的《三联生活周刊》的定位是“做新时代发展进程中的忠实记录者，做中国的《时代》周刊”[5]。

正是在这样的定位之下，新闻周刊着重关注与体现时代与社会发展特征的热点与标志事件或现象，成为“时代尖塔上的瞭望者”。事实上新闻周刊迅速发展的10年，是我国社会经济转轨与社会转型最为剧烈的时期，诸多无法回避的冲突与问题集聚，社会基本结构与价值体系变化深刻。新闻周刊对新时代宏观语境的把握与构建，决定了能及时反映时代与社会双重特质的领域往往成为首选，这也正是为这一时期建筑与城市被其关注的重要原因。

新一代新闻周刊将受众定位在正在成长中的中产阶级，后逐渐演变成“有影响力的人群”。《瞭望东方周刊》在发刊词中就明确指出：“与定位于传统体制内读者群的《瞭望》有所不同，《瞭望东方周刊》是为一个在这20年里新崛起的读者群而创办的主流政经时事周刊。”《三联生活周刊》对自己受众的定位也是服务于正在成长中的中产阶级，把受众更具体地限定为公司里的白领或者白领以上、中层干部以上的职员这种所谓中产阶级的雏形，并进一步清晰地表述为“区别于学院式的新知识分子，他们各自有自己的专业，生活在主流社会，思想敏捷，有一定的文化素养，喜好小资情调，有求

1 关于我们. http://www.chinanewsweek.com.cn/gywm.shtml.
2 南风窗. http://www.qikan.com/gbqikan/mag.asp?issn=1004- 0641.
3 《新民周刊》简介. http://news.sina.com.cn/m/xinmin/index.html.
4 新周刊 · 订阅. http://www.neweekly.com.cn/subscibe.html.
5 三联生活周刊历史. http://news.sohu.com/sanlianshenghuozhoukan.shtml.

知欲，最关注时代进程、观念的变化以及自己与这个时代的关系”的人群。《新周刊》则将自己的读者定位于“25岁左右关心时事时尚、追求个性表达、有主见、有思想、有一定消费能力的阅读人群”。[1]

媒体与受众之间的观点契合可能就会形成整个社会认同的主导观点，这与新闻周刊的理性与对社会舆论的引领目标不谋而合。这种传媒性质也使得建筑批评搭上了舆论主流的快车，引发关注的是处于社会上升通道的新型人群意识。这些人有别于传统意义上的主流界定，是与时代特征紧密相连、与传媒气质更容易相融的“社会新主流”。

与生俱来的新闻的敏感度，具有强烈批判意识的报道深度与态度，高度的对新闻重大选题的策划能力和对周新闻信息的梳理、整合能力和对中国中产阶级这一新兴阶层受众的锁定，都使得新闻周刊成为主流意识传播与构建中的精英力量。

新闻周刊的“建筑”叙事

新闻周刊对新时代宏观语境的把握与构建，决定了能及时反映时代与社会双重特质的城市与建筑领域往往成为首选。而快速推进的中国城市与建筑常态，为以解释性报道见长的新闻周刊提供了丰富的新闻资源，也为其留下了可以大展身手的媒体空间。

新闻周刊几乎每年都有一期或是更多的封面主题与城市与建筑相关，此外在其主要板块设置中也多涉及此领域内容。如《新周刊》从1996年的第一期开始，就有专门的“城市”专栏，其对建筑与城市的关注，在所有新闻周刊中也是最多的，其评论也非常有特色。而《三联生活周刊》则以对“住宅”这一中国最大民生的持续关注，形成了对杂志提倡的生活理念的阐释框架。

这种作用力在2000年之后新闻周刊对城市化命题的集中关注与演绎中变成一种常态，并形成互为因果的两极：一方面，新闻周刊“精英媒体”的定位、“影响力阶层”的受众锁定、话题的深度解读方式等特征，使其普遍表现出集国际视野、中国立场、原创诉求、专业精神于一体的共性，赋予建

1 新周刊 · 订阅. http://www.neweekly.com.cn/subscibe.html.

筑批评以独特的叙述与演绎方式，提供出对建筑与城市话题关注的崭新视角与全新语境，成为构建“影响力阶层”对建筑理解和批评的基础。另一方面，建筑批评也成为影响力人群的文化标识，直接参与到新闻周刊对新时代、新传媒与新阶层的传媒构建体系中，从而改写着自身的大众传播图景。

在此过程中，建筑批评的焦点从专业的纯学理式的、审美取向显著的方面，转移到与时代宏观语境和社会焦点紧密相连的方面，发展出在关注视角、内容、立场、叙述策略等诸多方面都指向建筑公共属性维度的“大话语”。

在对城市化这一21世纪最大社会现实的描述中，新闻周刊对城市与建筑核心命题的报道，形成了独特的叙述与演绎方式，并以此成为构建大众对建筑认知的基础。而其中“封面报道”是新闻周刊每期的门面与灵魂，也是其议题设置的外化。下面选取《南风窗》《瞭望东方周刊》《三联生活周刊》《新周刊》《中国新闻周刊》5种具有代表性的新锐新闻周刊封面报道作为研究对象，对其叙述方式与逻辑进行解读与分析，以期找到建筑批评连接大众的密钥，也有助于我们更好地理解新闻周刊的媒体特性。

作为时代的宏观语境建构

从对5本新闻周刊从1996年至今与建筑相关的封面报道进行统计来看（见图3.5），新闻周刊对建筑内容的关注呈现出明显的时段性。2000年之后进入关注密集期，而这一时段正是建筑事件频发、城市化进入发展新阶段的时区。1999年由国家大剧院的全民讨论开启了建筑事件全民参与的序幕，奥运时代的到来更使建筑成为热议话题。而城市化进程的阶段性变化，直接造就了新闻周刊在2005—2010年间对城市与建筑形成关注的持续高峰。

2003年，我国城市化率达到40%；2010年，城市化水平提高到49.9%，这些都说明当前我国正处在诺瑟姆S型曲线所描述的城市化发展的第二阶段[1]，也就是发展最快的时期，城市化成为中国最大的现实。新闻周刊将城市化关键进程中的建筑作为社会调整和变化的风向标，从而形成“主题选择”，

1 美国地理学家诺瑟姆于1979年提出各国城市化过程的轨迹为S形曲线的理论。从诺瑟姆S形曲线所描述的城市化进程来看，当城市化水平介于30%～70%之间、城镇人口比重超过30%时，城市化进程会进入加速发展时期，人口向城市迅速集聚，其发展态势也进入到城市化的第二阶段。

正是对社会宏观政策的一种媒介话语方式的反映。

从统计可见，“城市”“居住”“标志性建筑与事件”等话题，都是这一宏观语境构建的视角。它们既是城市化过程中最具特点的指征，又在民生、经济、文化等方面关联广泛，可述性很强。新闻期刊对建筑的持续关注，使城市、居住、标志性建筑事件等建筑批评的时代话题得以确立，在专业传媒之外第一次清楚、系统地限定与改写了建筑批评的内容框架。

自我身份认同的指征

对于新世纪前后的中国民众，特别是新兴发展起来的具有较强经济实力与日益开阔视野的中产阶级人群而言，中国的日益强大富足与全球身份认同之间的差异是亟待弥补的情感缺失。中国版图上大量的吸引世界眼球的标志

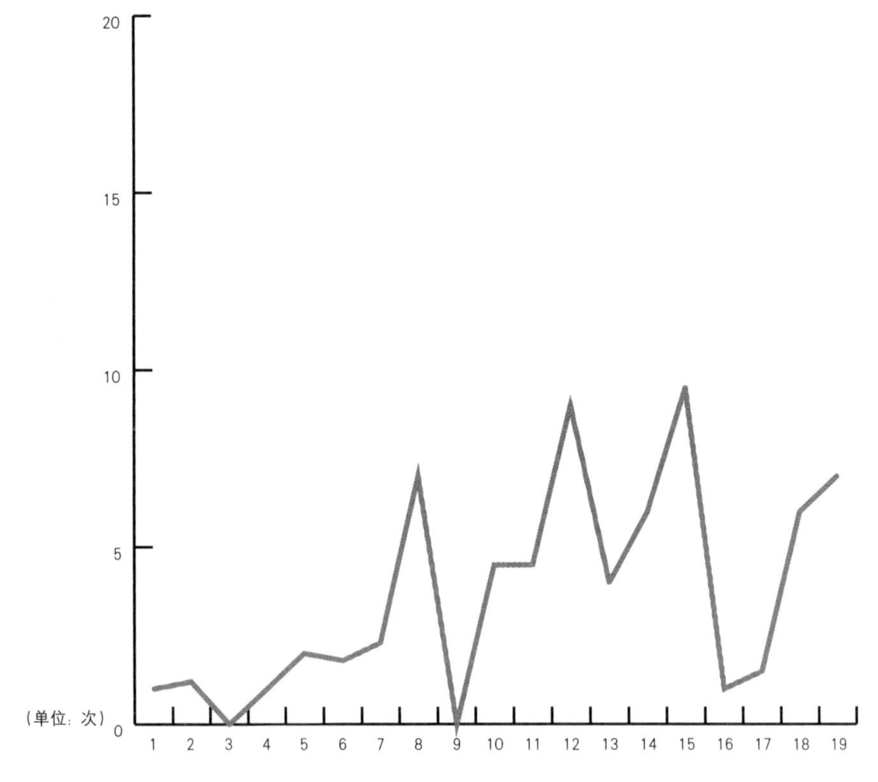

图 3.6　5 种新闻周刊 2006—2014 年与建筑相关的封面报道统计

性建筑与“城市叙事”催生出的物质空间与形态上的巨大变迁，作为与世界接轨、重建民族自信的途径刺激了媒体和受众的“世界想象”。

北京的“古都景象”在20世纪90年代之后的全球化和城市快速发展浪潮中得到刷新，要求北京成为国际大都会乃至世界性城市的媒体呼声却也连续不断。1993年，经过修订的《北京城市总体规划》正式提出了建设开放性国际城市的目标，而2008年北京奥运会的举办，则进一步加快了北京的国际化步伐。在奥运会之前，《三联生活周刊》以《城市升级》（2007年12月）的主题对奥运时代进行描绘的开头就做了深刻的解释：

“不论你们今天做出什么决定，都将载入史册。但是，只有一种决定可以创造历史。你们今天的决定可以通过体育运动促使世界和中国拥抱在一起，从而为全人类造福。……何振梁轻轻地将100多位奥委会委员的票权价值，放进了创造历史的‘世界和中国’关系框架里，奥运时代到来开启了全新的中国，也依次刷新了她的城市和建筑。这期对奥运来临前的新北京的升级之路进行了从总体到局部再到单体的全景式的讨论：从‘首都地区’到‘新潮阳’‘南锣鼓巷’与‘国家大道’‘中轴线’以及‘横空出世，大建筑’新节点为报道视角，全新抒写了北京的升级之路。……城市的标志性建筑因记录着一个城市在特殊历史时刻的内在悸动而被写入历史。”

同样的节点确认方式被用在《瞭望东方周刊》2010年第44期的《后世博幻想》报道中。在这样的报道中，媒体对中国社会的记录转向“后世博时代”的特征描述。这种节点的象征，使得对典型建筑与城市事件的解读，成为对时代新特质出现的确认。新闻周刊也正是通过这种现代性的媒体想象，通过对国际化、全球化的推崇与渲染，使中国获得一种新时代的特征。

另一种记录的方式是将与建筑、城市相关的典型话题贯穿于历史纵向的发展过程中，以此勾连起整个社会的发展历程。5本周刊对于城镇化主题的报道，拼贴起来就是一部中国城镇化路程的专业记录：从《新周刊》以《城市复兴》（2001年8月1日）开始对城市化浪潮中的样本城市，如广州（2003年第3期《广东打造第三城》）、重庆（2005年10月15日《第N城——重庆和它的可能性》）、北京与上海（2005年11月1日《封面是北京封底是上海》）等的关注与想象，到对城市化过程中的《大城市隐忧》（2007年第 52 期《新民周刊》）《折腾城市新浪潮》（2009 年 12 期《南风窗》）《城市病》（2010 年 27 期《瞭望东方周刊》）等发展问题的集中检视，再到对《逆城市化——还乡或是重建乡村的可能》（2012 年 11 月 15 日《新周刊》）《新农村的理想与现实》（2006 年 7 期《中国新闻周刊》）《城镇化启新》（2013 年 12 期《瞭望东方周刊》）等新阶段城市化道路的探索，完整地反映了中国在面临城市化第二阶段所经历的思考与实践历程。

将城市与建筑作为时代标识的关注视角，意味着媒体必须形成自身的城市与建筑观，以获得逻辑上的一致性。这对传媒的新闻解读提出了意识层面的要求。在新闻周刊将建筑、城市作为受众自我身份认同的指征加以考察的同时，建筑批评由此被转译为构建社会宏观语境的一种媒介话语方式，更好地与社会中“影响力阶层”相对应。

当下中国的问题库

新闻周刊对批判性的需求和对社会的深刻检视与深度解读，是其树立媒体理性，并由此区别于其他新闻类传媒的核心所在。社会问题的发掘成为一个必要而便捷的途径。而高速率推进的中国城市与建筑所折射出来的诸多社会差异的并置及价值取向的变化等，无疑是当下中国最好的问题库素材。

因此，在 5 本周刊关于建筑的 73 个主题报道中，对中国建筑与城市的问题报道有 19 期之多，占到了 26%。《城市病》（2010 年 27 期《瞭望东方周刊》）《中国式规划病》（2007 年 41 期《中国新闻周刊》）《大城市隐忧》（2007 年 52 期《新民周刊》）《中国城市水危机》（2007 年 15 期《新民周刊》）《老房子沉了裂了塌了》（2014 年 7 期《新民周刊》）《欲望高楼摩天大楼的中国生态》（2014 年 29 期《中国新闻周刊》）等都是从不同视角与层面对中国城市与建筑的发问。专业问题在此被转化成易懂的病症式表述，由此折射出与牵连出当下中国的社会特征，从而反过来凸显媒体“社会守望”与“议程设置”的功能，深化了新闻周刊的理性内核。

关注民生的所在

偌大的中国，每天有着成千上万的故事上演，一定要是最具有新闻价值、最受读者关心、最契合周刊风格的社会事实，才能成为新闻周刊的封面主题。居住，作为中国最大的民生话题之一，5 本新闻周刊以 16 期、22% 的封面报道，对其进行了锁定。而其中，《三联生活周刊》以 14 期的绝对优势，将对居住的关注变成诠释其周刊定位“一本杂志和它倡导的生活”的重要切入点。

2001 年的第 1 期，也是《三联生活周刊》正式转周刊后的第 1 期，即将《居住改变中国》作为封面主题。这个封面专题的导言中有这样一段话：“如果说 20 世纪 80 年代初发生在农村的‘包产到户’带动了中国整个经济形态的改革和发展，发生在城市里的住房制度改革，则不仅使现代观念里的居住模式和居住观念成为可能，而且将在更深层次影响我们的生活世界。”“居住到底怎么改变中国，在开发商主导的这种改变进程中，究竟应关注什么、反思什么？”是这期周刊所讨论的内容。这个封面报道推出后的十几年，无论是《回归传统居住》（2005 年 34 期），还是《好房子的 100 个细节》（2006 年 9 月），或是《未来都市新公寓的 10 条标准》（2009 年 34 期）《怎样诗意的居住》（2013 年 41 期），其实都是这个疑问的不断持续与深入。

而《新周刊》的《愤怒的房子》（2007 年第 14 期）《保障房大考》（2011 年 31 期），《新民周刊》的《电梯房民主实验》（2007 年 24 期）则将居住这一民生问题引入了更加犀利与现实的声讨势力中，并与房价、房屋保障制度等更大的社会现实相联结。

新闻周刊对建筑与城市的关注，实则是其对时代与社会新事物、新现象、新特质的反映与透视。在这样的媒体定位之下，建筑与城市所承载的“新”的特质被挖掘出来，形成不同的关注面相。这是一种专业经由传媒而形成的大众转译，使建筑与城市收获了更多的批评特质和与大众沟通的可能。

“建筑”叙事的媒体策略

尽管新闻周刊更多关注居于社会主流的“影响力阶层”，具有一定的圈层性，然而作为大众媒介的一种，它还是不可避免地将建筑批评带入了一个极为广阔的公共言说领域。建筑批评由此遭遇了从专业话题到社会话题的策略性转译。

主题的多维关联

新闻周刊对建筑与城市的报道最大的特色就是其关联性。新闻事件往往从专业内容填充的框架开始，通过现有素材资源将讨论主题放置在牵连度更为广泛的社会与文化语境中加以考察，并以此获得其他领域相关内容的补充，从而形成全新的诠释框架。

如在《三联生活周刊》的《“圣城”想象——曲阜开发的历史推力》（2008年第11期）主题报道中，对于曲阜“中华文化标志城”兴建规划的热烈讨论，就被放置在“圣城”想象的文化标识下加以评述，并在文章中直接地表露：“在这个争论中，我们更感兴趣的是这个关于‘圣城’与国家文化形象想象的历史肌理——曲阜是一个不可或缺的政治符码。”

而《瞭望东方周刊》对《城市竞逐》（2013年2期）这一中国特有的城市发展与经济增长推动力的讨论，则关联着资源分配、城市范围扩展、人才与政府管理、城市规划建设等多种考量。在这样的诠释框架下，对城市竞逐现象的讨论就变成了极具深度的中国现实制度与特征的解读。而这种多维关联的形成，也正是新闻周刊所追求的新意的重要体现。

多维关联的报道方式，以广阔的关联与深度的解读给读者以新的视点和新的认识，以此最大限度地采集思想精华，形成报道深度，将建筑批评的理性建立在更多领域、受众、视角的交往与博弈之上，给读者以新的视点和新的认识，迎合了“信息过载”之下受众对优质信息的渴求，也使新闻周刊更胜任信息时代新型“把关人”角色。对建筑与城市的评论也在这样的逻辑之下，被赋予一种社会学视角的解读，进而转化为社会话题，获得了新理性的基础。

情景语境的关联与设定

新闻周刊的文章，几乎都是具有批判性质的。而这种批判的情绪立足点，是有预设的，并与一定的情景相关联，由此形成阅读与叙述上的情感连贯性，引起读者共鸣。如在对于宏观角度城市话题的讨论中，多将城市中的各种现象与中国发展、民族复兴关联起来。

对于20世纪90年代之后，尤其是新世纪以来中国日新月异的“造城运动”，5种周刊都曾展开过深入讨论。2007年《三联生活周刊》一期的封面故事就是关于城市升级的话题，而封面报道《四大建筑的新北京——城市升级》从中国现代化以及“中国复兴”的视角，讨论申奥成功将给中国尤其是北京城市带来的新变化，并对未来的北京城市以及中国发展进行了高昂、激情而充满希望的展望。这种对奥运时代的憧憬，完全贯穿于整本周刊的内容中。

而《新周刊》《新京津运动和一个新世界的诞生》，对于北京和天津的发展更是充满了一种豪迈之情和洋洋自得的味道：“中国在上行，中国在崛起，中国在造城。在波澜壮阔的城市化进程中，我们瞩目‘中国经济增长第三极’的两个奥运城市——北京和天津。”

又或是批评的、犀利的、指向本质的。如《新周刊》在《愤怒的房子》封面文章中写道：“有人劝说，中国人脑子里就不应该有人人享有住房产权的概念，中国已成为私有产权房拥有比率最高的国家。但改革开放近三十年来，最难平抑的恐怕就是‘凭什么你有、我却没有’的愤怒。”“愤怒不是坏事，它至少可以促进公平，促成一个相对公平的房市的到来。”

这种情景的设定同样体现在对城市的媒体包装与定位上。以《新周刊》为例，它及时敏锐地意识到城市话题是市场、大众和城市本身发展的需求，因此其“城市”专栏不失时机地通过“排榜、命名、摇旗呐喊”等方式，来塑造城市形象，刺激人们对于不同城市的认识和想象。在其《城市异化排行榜》中，它把北京命名为“最苦逼的城市”，上海则是“最傲娇的城市”，深圳是“最山寨”的城市等。这种由媒介杂志塑造出来的城市特质，在大众传媒的提携下，迎合了受众的猎奇心理，借此完成了与大众话语对接的过程。

在主题的提出与阐释过程中，一种情景与语态的设定，使得受众得到了情绪上的调动与共鸣，以此激发起阅读的欲望，这是新闻周刊批评中的转译策略。这使得建筑批评得以从繁琐的文字细节与曲折的叙述中脱颖而出，快速、明确地传播到受众一方。

“建筑”叙事的公民立场

新闻周刊追求报道的真实与客观，这是它作为主流意识传媒的特征。然而这种真实与客观是以媒体所针对的受众为立足点形成的。中产阶级与社会精英的受众群体，使得新闻周刊的客观描述中减少了国家与政治意志的成分，也独立于民众的众生喧哗，体现出一种强烈的社会责任感的树立与贯穿始终的人性的彰显。这种“铁肩担道义，妙手著文章”的情结，在满足新闻从业人员理想的同时，也集聚了一大批具有匡世经国理想主义和悲天悯人情怀的知识分子，这是新闻周刊题材讲述获得精英受众共鸣的基础。

社会责任感的树立通过“直接的描述”或“犀利的发问”方式得以完成。如《房改 17 年，住房还是梦》（1996 年总 19 期《三联生活周刊》）《老房子沉了裂了塌了》（2014 年 7 期《新民周刊》）《城市败笔》（2000 年 3 月 15 日《新周刊》《谁的城市》（2010 年 48 期《三联生活周刊》）等。新闻周刊以“我反对”的姿态将问题抛出，在演绎与归纳的交叉中分析、检视，形成关联，而对人性的呼唤则贯穿其始终。

如《谁的城市》中以上海胶州路大火的反思与发问，呼唤以人为本的城市发展理念：“城市为人民，也许这个口号没人怀疑。但我们往往太多追求光鲜的外表，太少认真细致，真正关怀这城市里生活着的千差万别的人最真实的生活。在追求城市形象与 GDP 的背后，我们实在有太多的盲点需要填补——城市管理者是否能将目光转移到对每个市民特别具体的关怀，关注他们的安全、公平和发展？”

而《城市败笔》中具有政论批判的性质，则凸显了媒体担当着“城市守望者”的角色：“对城市的挑剔和批判体现的是人们对于高质量生活的追求，同时更是每一个公民的权利……如果我们对那些既浪费了金钱，又糟蹋了环境的城市败笔熟视无睹，那么，这种沉默就是可耻的，就是对人民的犯罪。”

新闻周刊以媒介自身的城市、建筑观，形成了有别于学院派批评中“专业本位”的批评新尺度，以对人性的强调凸显着自身的批判性，形成强烈的识别性，也为建筑批评引入了有效的社会尺度。从这个意义上讲，它更像是专业传媒与主流传媒之间的链接。而媒体强烈的社会责任感，弥补了主流媒体在建筑批评上的失语，也全面改写了专业批评学科本位的思考逻辑，更使建筑批评收获了精英人群的注视。

在新闻周刊的建筑与城市演绎中，新的媒体城市观与方法论的形成使得建筑批评完成了向传媒时代的转换，获得了新的受众群体与表述方式。这不是妥协，而是一种顺势而为。由此，建筑批评得以从专业话语中释出，借助一种体系的力量，建立一种社会话语和精神。

而新闻周刊则为建筑批评对接了最具舆论主导力量的社会精英受众群体，并提供了对话的平台，搭建了一定意义的公共空间。以此类推，同时期其他传媒类型的建筑批评转译，连同新闻周刊一起形成了传媒社会的外在合力，将建筑批评引领至新的天地。

城市杂志：小资的都市现代性想象

所谓的“城市杂志”是指“以反映、传播并塑造地域性城市社会文化与物质消费为主题的刊物，强调消费文化，体现出比较强烈的区域色彩。”[1] 国际上最早的城市杂志是 1968 年创刊的《纽约》，此后美国许多大城市陆续推出了自己的城市杂志，如颇具影响力的《纽约客》《竹 MEouT》《芝加哥》《洛杉矶》等。

国内最早的城市杂志出现在 20 世纪 80 年代，出版者是各种宾馆和外企，其目的是让外国人更多地了解本地文化和消费。这些杂志至今仍能在这些场所找到，如 Shanghai Peace Talk、《QUO》等。[2]

而以本地居民为受众的城市杂志则随着城市化进程的迅速扩大、都市文化空间的成熟，在 90 年代中期雨后春笋般地出现，如 1996 年创刊的《深圳风采周刊》（后更名为《深圳周刊》），1999 年创刊的《新民周刊》《城市画报》（1999 年自《广东画报》更名而来），2000 年创刊的《上海壹周刊》，2002 年创刊的《外滩画报》，以及 2004 年创刊的《南方人物周刊》等。

从定位上看，这类城市杂志多与消费、时尚生活相关联，这也一定程度上决定了它们大多存在于北京、上海、广州等一、二线城市。城市杂志是现代化和城市化运动的产物，另一方面，这些杂志也参与了都市文化的建构。

正如《外滩画报》在其发刊词中所说：“我们清醒地看到，今日的中国正站在一个巨大的突破点上，这个突破点的基础乃是二十年来滔滔不绝的发

1　陈朝华．《南都周刊》嬗变之路．http://news.163.com/10/0704/17/6AP0ES0S00014AEE.html．

2　吴飞，姚颖．“城市杂志”发展的经济学思考 [M]．新闻界，2003:2．

展洪流，这股洪流挟持泥沙翻越荒野而至，在一片坚硬的土地上刻划下了自己的轨迹，这轨迹是规范未来中国发展之路的制度。”《外滩画报》对上海的勾勒紧紧依托社会与经济浪潮的城市特性的描述，这种描述被一以贯之地渗透在生活、时尚、居住、个人的书写之中，以此诠释着属于上海的特质。

这种逻辑在《城市画报》对新青年委婉、清新的广州式描述中亦能看到。《城市画报》的受众定位与新闻类周刊相似，为中产阶级。如果说新闻类周刊是以对城市和建筑的关注在描述中国的时政现实与中产阶级的公民属性，那么城市杂志则是将建筑与城市放置在消费和城市生活的关联中，共同营建或者说展开了一整套如李欧梵所说的关于“都市现代性的想象”。《城市画报》中对建筑的评论与言说，被统筹到从服饰、家装、建筑、绿化到城市的日常生活、大众文化，从私人住所到公共空间，从物质生活到精神世界的崭新尺度中。

最具代表性的是《城市画报》2013 年 7 月 25 日第 550 期，选择了张轲、王昀、张雷、华黎等 12 位出生在 1970 年前后，年龄集中在 40—50 岁之间的建筑师，以《十家建筑事务所，十二位建筑师——中国建筑师中坚力量》为题推出的新闻特稿。这是城市杂志中少有的一次对中国当代青年建筑师的集体推介。然而对建筑师的推介和对他们建筑理念的评论被放置在成功的、屡获大奖的、有着独立精神的时尚群体的论述框架中。

“在建筑师这个行业，四五十岁正是创造力最强、设计理念和风格相对成熟的阶段。这些建筑师里，有些人在他们 30 岁出头时就已经小有名气，有些人走了多年弯路之后最终找到方向。有些人在这个行业的明规则、潜规则里游刃有余，有些人则像蛮牛一样与之对抗。每个人的建筑气质不同，但对于一些问题的看法又极其相似，譬如对‘宜居’的重视远远超过造型。”

而同样的描述方式也被用在了其他的报道中，如《重建中国楼的外国人——时尚建筑，由西往东》《专访美国著名建筑师斯蒂文·霍尔——“建筑是勇敢者的游戏”》《“荷兰建筑界大脑”欧雷·波曼专访——“我所认识的库哈斯从不拿建筑开玩笑”》等。对建筑的讨论与批评在城市杂志的框架中被以生活化、时尚化、精英化的方式进入专属人群的视野，引起共鸣。建筑批评也由此获得了新的话语方式与特征。

网络媒体：建筑批评的新阵地

传统媒体从20世纪80年代初期逐步建立起来的批评版图，一直都是建筑批评最集中、最权威的阵地，为其成长提供了坚实的土壤。他们掌握着绝对的主流话语权，不断地重描、强化主流视野的边缘，站在建筑专业领域金字塔的顶端。但稳定的反面是丧失了更多的新鲜血液、视角与可能性。中国于1994年正式接入国际互联网，自1997年开始投入大量资金建设互联网基础设施后，互联网的普及和应用被不断地促进，网民规模持续扩大。建筑论坛与专业网站的出现，在主流的边缘撕开一道口，连通的是核心圈之外广阔的区域。网络媒介以迅猛的姿态，彻底改变了原有建筑批评场域的范畴与格调。在这场通向前方的媒体之路上，对于新型媒介的崛起，大部分传统专业传媒始料不及。

专业建筑论坛与网站

这一时期，建筑论坛和网站开始出现，数量不断增加。1998年6月18日，以ABBS建筑论坛正式成立为标志，中国建筑批评的网络阵营初现。相比传统纸媒，网络媒体所具有的言论自主性、面向公众性、主题特定性、虚拟空间性等特征，造就了即时、自由、互动性更强的批评参与模式。

表3.1　20世纪90年代末期建筑类网站创立一览表

名称	创立时间	备注
北京市建设工程信息网	1997年1月	
中国水泥网	1997年	
ABBS建筑论坛	1998年6月18日	全球最大的建筑类门户网站
筑龙网	1998年	全球访问量最大的建筑网站
中国拟在建项目网	1998年	
中国建筑装饰网	1998年	
中国智能建筑信息网	1998年	
四川建设网	1999年	
中国建材在线	1999年	
中国建筑电器网	1999年	

资料来源：中国博客研究中心互联网实验室

网络论坛“多对多”的链条式传播模式，有别于传统媒体的“一对多”模式，呈现出更为强烈的公共空间特质。许多有思想、有见解的新锐问题，以及关于建筑创作、建筑大师、建筑体质等的现实问题，在专业论坛中都得到了及时、热烈的讨论，也使得建筑批评话题脱离了专业期刊范围，更快更直接地与专业实践、学习、行业发展联动起来。

许多年轻的建筑学子与从业者由此参与到建筑批评中来。以 ABBS 论坛为例，短短几年已经从两个人的论坛发展到 70 万人的行业论坛。这种年轻力量的激发，极大地丰富了专业批评主体的构成，一批年轻的独立批评者随之进入专业视野。

2001 年 11 月，华筑网的朱涛以《为什么我们的世界现代建筑史研究仍一片贫瘠？——评王受之的〈世界现代建筑史〉有感》一文获得关注。之后，他于 2002 年发表《建构的许诺与虚设》一文，为当时国内兴起的“建构”讨论立下了理论新标杆，2002 年第 5 期的《时代建筑》也节选刊载了这篇文章。由此朱涛开始受到国内理论批评界的长期关注。ABBS 的冯路、卜冰，FAR2000 的柳亦春、方振宁等一批独立批评者陆续成为网络上的话语中心，南萧亭、a teacher、nomad 等意见领袖也得到了最广泛的新生代专业人士的关注。

与专业论坛相对的是天涯、猫扑等大型网络论坛，其建筑批评传播更多的意义在于广大网民阶层的激活，以及热点批评话题的生成。2010 年第六届《中国网络社区研究报告》显示，青年人为网络社区核心用户，其中社区论坛是网络社区用户最常用的，占比 73.8%。《第 26 次中国互联网络发展状况统计报告》显示，网民学历结构呈低端化变动趋势，截至 2010 年 6 月，初中和小学以下学历网民分别占到整体网民的 27.5%和 9.2%，高中学历网民占 40.1%，大专及以上学历仅占 23.3%。网民的年龄、文化程度是决定他们在网络论坛中缺乏理性沟通能力的主要因素，因而在网络论坛中，我们常看到一些标题式呐喊的感性帖子，或是一些发泄情绪的过激帖子。在这里，建筑的关注度相对较低，更多的集中在如国家大剧院、CCTV 等热点建筑事件的讨论中。而且由于论坛进入无门坎限制，使得对特定话题的讨论往往在几轮过后就呈现出词不对题的现象，成为“众声喧哗”的批评场域。

社交媒体兴起中的建筑批评

2005 年，博客在中国实现井喷，博客数突破 1600 万，意味着博客实现了从小众走向大众的过渡，成为 Web2.0 最主要的表现形态。2006 年 9 月，CNNIC 发布的《2006 年中国博客调查》显示，截至 2006 年 8 月底，网民注册的博客空间超过 3374.7 万，成为互联网最大的热点应用之一。博客数量达到 1748.5 万，其中活跃博客为 769.4 万（指平均一个月至少更新一次），博客读者达到 7556.5 万。

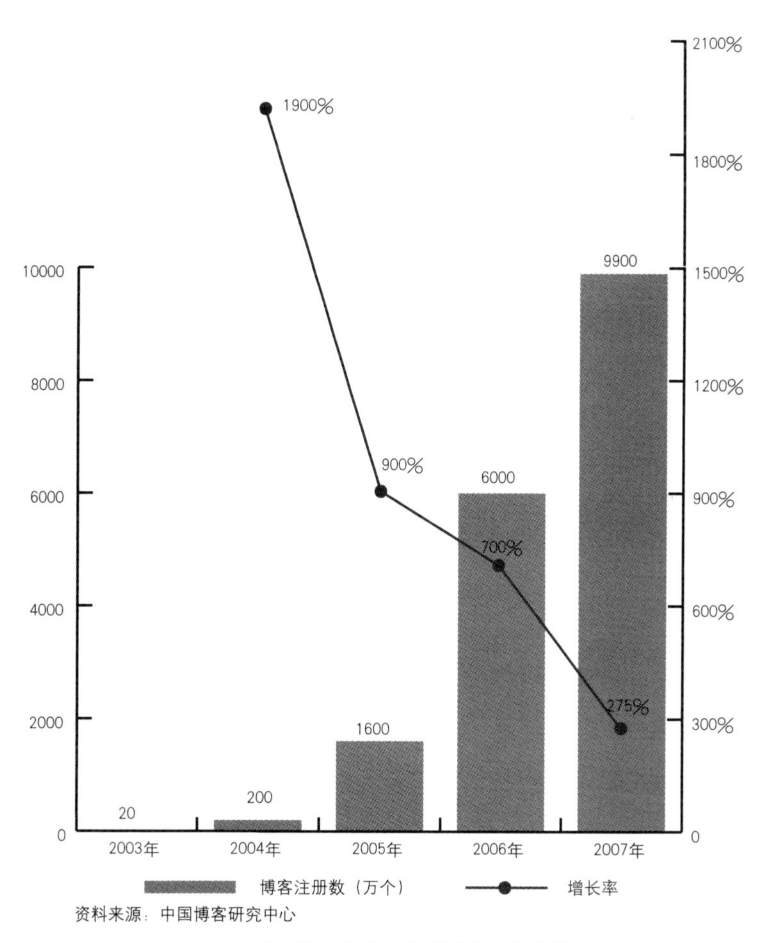

资料来源：中国博客研究中心

图 3.7　中国博客注册规模增长状况与趋势

2010 年 1 月发布的《第 25 次中国互联网络发展状况统计报告》中，社交网站[1]首次亮相，且数据惊人。“截至 2009 年 12 月 31 日，中国社交网站拥有 1.76 亿用户，在网民中的渗透率达到 45.8%，超越网络论坛成为中国互联网第九大应用。”[2] 21 世纪之交，博客、Facebook、Myspace 等社交媒体的逐步出现，掀开了一个全新的社交媒体时代，极大改变了人们尤其是年轻群体的交流方式。这股浪潮迅速席卷中国，催生出以新浪博客、豆瓣、人人网为代表的繁盛的本土社交网络，培育出了庞大的青年受众群体，也为建筑批评提供了一个崭新的言说平台。

“以用户为中心”来组织和传播内容，形成“链式”的网络传播结构的社交网站，消减了传统媒体的力量，改变了传统大众媒介点对面的传播模式，让点对点的人际传播模式成为互联网社交的主流。每个受众都能够通过互联网络建立属于自己的“自媒体”传播渠道，每个用户都是信息的制造者。用户摆脱了性别身份、地理位置、教育程度、社会地位、职业状态等因素的限制，他们的意愿、见解得到了更好的表达。

与此同时，批评话题的发起更为“圈层化”“小众化”。具有相同层级审美或爱好的人群聚拢起来，形成一个个独立的私密又彼此联系的小众社群。以“人人小站”为例，根据用户爱好从 32 个小站分类中找到共鸣群体。任何与建筑相关的言说都能发生、裂变。这使得建筑批评主流之外的“微话题”言说成为可能，并在“圈层”的相互支持中得到认同。建筑批评的文本范围得到了极大的扩展，内容也更加多元。

在人人网中，以“建筑”为关键词进行搜索，截至 2014 年 11 月 27 日，“建筑小组”共有 520 个，大多以学校 \ 班级或是单位等形式存在；“建筑小站”共有 30 个。而豆瓣网中，截至 2014 年 11 月 27 日，共有 1134 个“建筑小组”、241317 个“建筑相关话题”、402 个“建筑相关的小站”，成为

1　社交网站（Social Network Site）是一种基于 Web 2.0 平台，依据所谓的“六度关系理论”，专门提供社会性网络服务（即 SNS，全称为 Social Network Service）的网站，是 Web 2.0 时代在 BBS、RSS、Tag、Blog、Wiki 之后出现的网络应用服务。它通过功能丰富的 Web 2.0 平台和各种插件，以“朋友的朋友是朋友”作为建立网络交往的基础，迅速开展社会交往，扩大人际关系网络。

2　中国社会科学院新闻与传播研究所．中国新媒体发展报告（2010）[M]．北京：社会科学文献出版社，2010．

建筑人最活跃的网络社区。

相比专业与主流传媒中的批评主体，社交网站凝聚了更大数量级的专业人群，也因此成为新媒体时代建筑批评的重要阵地。从世界各地建筑名校的学生、教师、建筑师、建筑传媒机构，到相关领域的设计师和其他执业者，共同构成了其上活跃的性质各异的建筑群体。其中由“城市笔记人”带起的豆瓣上的建筑圈已经超越了ABBS，其上发表的建筑批评与讨论，原创内容质量最高。而“城市笔记人”也由此引起了《建筑师》杂志、《中国建筑传媒奖》等诸多主流媒体的注意。2010年，在“走向公民建筑——第二届中国建筑传媒奖”的建筑评论奖提名中，从豆瓣走出的“城市笔记人”——刘东洋作为三选一入围。虽最终并未获得奖项，依然表明了以豆瓣为代表的社交网站中建筑批评年轻势力的日益崛起。

社交网络以年轻的人群为主。以豆瓣为例，“从地域方面来看，80%的用户主要集中在一、二线城市；全部豆瓣用户中不到一半是大学生，其余则是城市白领为主；除了学生群体，平均收入在三千元以上。”[1] 而作为中国

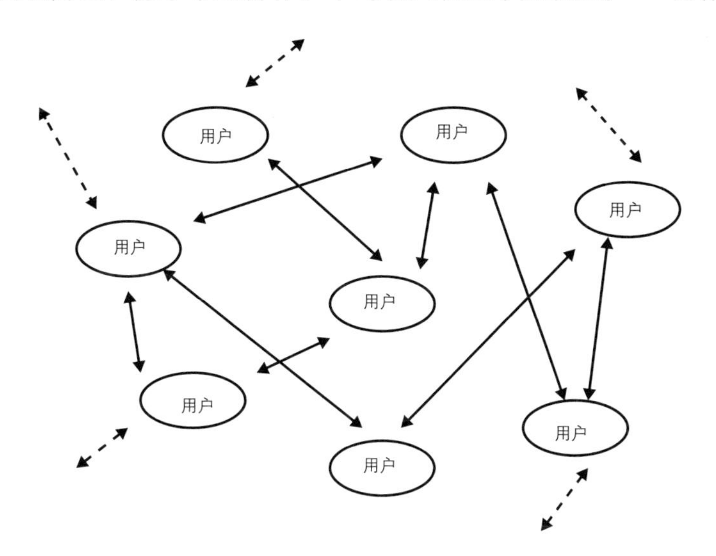

图 3.8 社交网站的“链式”网络结构

1 豆瓣：文艺只是另一面由小众群体组成的大众社区．http://www.csdn.net/article/2011-11-21/307730．

SNS 网站的先驱和集大成者，人人网的用户也呈现出以大学生为主的青年群体特征。这样的用户特征，为建筑批评在年轻主体与受众中的言说创造了可贵的公共平台。同时这类人群共同构建起的亚文化特质，也深深地影响着社交网络中的建筑批评话题、内容与表达方式。

此外，博客在中国的兴起，也为中国建筑批评培育出了一批“意见领袖”。著名建筑师、活跃的建筑批评人纷纷开辟自己的博客，发表建筑相关评论，成为建筑批评的话题中心。如著名建筑学者王受之的新浪博客访问量为 685 万，关注人气为 7.3 万人，可以算得上建筑专业人士中的热门博客。他的博客共包括了 812 篇博文，其中建筑批评类内容占到 217 篇，约为 25%，占博文的比重最大。而著名建筑批评人方振宁的新浪博客也集中了约 1800 篇建筑批评类文章。从影响力来看，一个人的博客相当于 N 本杂志的评论推送量，可见在微博中的建筑批评传播力量是相当巨大的。

而像王军、曾一智等 20 世纪 90 年代活跃起来的媒体工作者，也因为对建筑的关注，在博客上都登载相当数量的建筑评论类文章，而引发关注。此外，微博排名最靠前的王石、潘石屹等人的博客，也会偶尔有相关建筑批评内容出现。由于极高的人气，建筑批评在这样的名人博客中也得到了广泛的传播。

博客虽然有分权的作用，但这并不意味着权力的平等。在博客世界，将出现新的权力关系。建筑批评这种对于社会影响力的依附，成为博客媒介中建筑批评的显著特点，而这种特征在之后随着微博的兴起更加凸显。

传统媒体中，个人观点的传播是受到许多限制的。虽然可以通过大众传媒进行传播，但是必须以大众传媒为中介。个体对于传播哪些信息、如何传播这些信息，往往都不能进行直接的控制。而以豆瓣、人人网、博客为代表的社交媒体则为个体信息的无中介性、无障碍性传播提供了基础。同时，社交网络的受众以话题和圈层为核心，寻找自己感兴趣的建筑话题与观点，通过寻找阅读对象、参与评论等方式，实现对建筑批评的参与，来寻找与强化自己的社会归属感，这是分散在各个传统报刊甚至是网页中的建筑批评所不能比拟的。从某种程度上讲，博客集合了书籍与报刊、个人网页的优势，并得到了更快更高效的传播。

以新浪博客、豆瓣、人人网为阵地的网络建筑批评平台个性化、去中心化与信息自主权的媒介特征，彻底打破了大众传统媒介与网络媒介中的“守门人”角色，建筑批评由此走下神坛，真正做到了“百家争鸣、百花齐放”，享受着随心所欲、“我的地盘我做主”的轻松自在心理。建筑批评长期以来“点对面”的传播方式被改变。社交媒体以小圈子的汇集和互动为基本特征的“点对点”的网状传播方式，使建筑批评的传播由大众转向分众，批评主体与话语特征呈现出明显的阶层与圈层性。

独立批评人的出现

在中国建筑界，虽然不乏具有真知灼见的有识之士，然而普遍来看，仍然鲜有独立的批评家，也缺乏健全的体系和自由的土壤以支持其成长。由于建筑的实践性与社会性特质，活跃在传统媒体阵地之上的批评者，往往兼拥学者与建筑师等多重身份。这样的身份使其受制于圈内各自利益的牵制，很难实现真正独立的批评立场，从而损失了批评的理性。网络阵地的建立与兴起，为独立批评人群体的出现提供了平台，也为新锐话语的出现提供了空间。

地产界名人、学界新锐、草根领袖，新一代独立批评人以全新的构成、独立的思想和敏锐的洞察力和敢于表达的态势，体现着社会批评话语的先锋力量。这种自由的批评声音的存在，对建筑批评的发展与学科的进步而言难能可贵。

实战前沿阵地的声音

2000 年之后，随着房地产业的兴盛，以潘石屹为代表的一批房地产人开始以多种方式对当代建筑进行批评。潘石屹先后出版了《茶满了》（2000）《SOHO 城现代批判》（2000）《投诉潘石屹、批判现代城》（2001）等三部著作，并在三联书店为《投诉潘石屹、批判现代城》举办了研讨会，引起激烈讨论。卢悭也出版了《博弈广厦》（2001）《新东方主义》（2006）《新世说——后现代的新生活方式》（2008）等。这些书均从房地产商的角度，将建筑与城市的讨论与整个行业政策、社会需求和设计趋势相关联，提供了不同于专业与民众的第三种角度。由于著作者自身公众影响力较大，这些书在市场上反响强烈，受众广泛。人们一度诟病潘石屹连出三本书，炒作意味浓厚，然而他以批评与自我批评的姿态所带来的关注，确实让人们开始关注潘石屹的建筑及其背后的思想，甚至开始关注建筑领域。

此外，潘石屹还创办了公司内刊《SOHO 小报》，将其对建筑的理解与批评扩延到更大的人群中去。《SOHO 小报》最早是面向 SOHO 现代城的业主定期发布工程进度通告的客户通讯，到 2009 年已经每月发行 2.4 万多册，读者群远远超出了 SOHO 现代城的业主，蔓延至文化、教育、音乐、影视、艺术等各阶层，成为国内最好的 DM（直投广告免费期刊）之一，并获得《新周刊》年度阅读榜“年度小众读物”的称号。如果说潘石屹之前的批判更多带有推介产品的意味，《SOHO 小报》则担负着一种针对高端客户人群、以建筑批评为手段进行的构建社区文化的作用。

潘石屹对这份小报的定义是“它是完全非商业的，渐渐成了一个讨论文化的平台”。回顾《SOHO 小报》每期不同的主题，“第三种生活”“小街”“遥远的对视”“我们这个时代的幸福与痛苦”“天上的星空和心中的戒律”“城市文明”“疾速与缓行”等，核心都是文人对居住空间、城市和生活方式的思考。而《留有余地》(2010 年第 2 期) 中则对中国城市化的极限问题进行了探讨，《我想把这个世界搞明白》（2010 年第 3 期）则是对从乡土到都市中国的城市发展进程的讨论。到 2010 年 10 月停刊，共有 300 多名作者在小报上留下了观点，其中也不乏安妮宝贝、许纪霖等书写的关于建筑批评的文章。在潘石屹的公众号召力下，《SOHO 小报》已经变成一本具有独立批判精神的“小杂志”。

以潘石屹为代表的房地产商所发出的来自阵地前沿的批评之声，他们对建筑、居住、城市化的思考，为建筑批评提供了来自建筑创作产业上游的崭新视角，成为建筑批评的又一传播途径。在新浪的博客与微博领域中，以潘石屹、王石等为代表的一批地产界名人的关注度始终位于前列，逐渐成为公众领域重要的意见领袖。

专业论坛走出的独立批评人

以回望的姿态来看，2000 年前后，以 ABBS、Far2000 为代表的一批专业网络论坛的出现，对于建筑批评的贡献是巨大的。网络论坛的出现为这些新生力量的观点表达提供了公共空间，也使一批足以挑战权威与传统势力的新声音得到声张，催生了新一代的批评力量。

这其中最具代表性的人物就是 2012 年获得“建筑评论奖”的朱涛。2001 年，尚在纽约攻读硕士学位的朱涛于 ABBS 上发表一篇题为《为什么我们的世界现代建筑史研究仍一片贫瘠——读王受之的〈世界现代建筑史〉有感》的建筑评论。作为国内学生普遍在学术中引用的“经典”之作，朱涛以无名之辈对著名学者的批判与挑战，引起国内建筑界的广泛关注，也给沉寂的中国建筑批评与理论以当头棒喝。而后他的另一篇文章《“背时”的成都“天府广场”？》则通过深入的历史和现实调查，对成都市市中心天府广场的低劣设计和破坏性开发提出批评（该文合作者为邓敬，鉴于当时的政治气候，为保护合作者，该文联合署名为“徐忘川”），引起强烈反响。

以此为开端，在 2002—2006 年间，朱涛创作出一批重要的建筑批评文章，在建筑专业解读和空间社会关怀两个维度上都对中国建筑界构成强烈冲击。他的多篇文章对中国建筑的理论与批评都具有重要的意义，如《建构的许诺与虚设》（2002）为当时国内兴起的“建构”讨论立下了理论新标杆；而《近期西方“批评”之争与当代中国建筑状况》（2006）则对中国建筑批评的现状做出了总结性评述，虽然本是对朱剑飞《批评的演化》一文的回应，但实际论述范围远远超过原话题，不仅概括了西方现代建筑批评文化的演变，以及在全球化语境中中国与西方建筑之间的关系，更从本体语言批评性和社会性实践批评性两方面入手，深入剖析中国当代建筑与批评状况，并呼吁中国建筑师对自己的实践进行批判性反思。这也是当代中国建筑界少有的建筑评论的扛鼎之作。

此外，朱涛以社会关怀的立场对中国建筑现状进行批评，2003 年他以《大跃进》（2003）一文，将刚中标的央视新总部大楼设计纳入 20 世纪现代建筑与政治、经济发展的脉络中，批判该项目内含的深意和荒谬之处；《八步走向非常建筑》（2004）则是对张永和十年建筑探索的综合性评论；《是中国式居住，还是中国式投机 + 犬儒？》（2005）突显出作者对居住空间的人文思考。最引人注目的是，朱涛近期写作开始呈现出一个新维度，即越来越强调历史经验对判断当下和思考未来的重要性。比如他呼吁建筑界进行历史性反思、有效整合中国现代建筑历史经验的一系列文章，如《实验需要语境》

（2009）《反思需要语境》（2010）等，以及他综合考察中国建筑发展与政治经济变迁关系的作品，如《“摸着石头过河”：改革时代的中国建筑和政治经济学》（2009）等。

朱涛在10多年的建筑批评写作中，始终体现着对中国建筑批判性检视与对中国实践中深刻的职业伦理危机的揭露，将中国建筑学中“批评家的工作仅在于重复建筑师的言说”，陷入了“一种建筑师和‘建筑表扬家’之间的双向‘按摩—催眠’的游戏中”，导致“无所适从或沉溺于吹捧和盲从的建筑批评的窘境”给与了深刻揭示，以清醒的批评立场体现着独立批评人的价值。2013年，朱涛联合史建（策展人、建筑评论家）、赵磊（媒体人，中国建筑传媒奖、中国建筑思想论坛总策划人）共同创立了“有方空间”独立机构，致力于建筑批评与大众传播，令自己的建筑批评之路又向前迈进了一步。

在从专业网络论坛中走出来的这批批评者中，朱涛与方振宁可以说是真正意义上的独立批评人。其中，朱涛以建筑的专业解读和空间的社会关怀的批评线索，调查翔实充分、理论基础坚实、分析鞭辟入里、言辞犀利有力的批评风格，扭转了长期以来中国建筑批评界空洞、理论化、隔靴搔痒式的批评状况。方振宁则横跨艺术与建筑两个领域，从事评论工作。他们长期的海外经历、中西兼并的评论立场、敢于批判的勇气，都彰显着新一代批评人的特质。他们与新兴媒体的密切关联，也使他们摆脱了主流与专业传媒的束缚，在以网络为中心的媒介中广泛传播，获得了强大的生命力与感染力，成为关注建筑界现状的指针力量。而柳亦春等人虽然倾向于建筑实践，并未集中于批评工作，但是对建筑的独特立场与优秀的建筑实践，也使他们一直发挥着重要的话语功能。而这一阵地是从专业网络论坛中开辟出来的。

豆瓣上的“城市笔记人”

“城市笔记人”真名刘东洋，同济大学城市规划专业毕业，1986年留学加拿大，先后就读于UBC和UM，1994年获城市规划及人类学双博士学位，由于长期在豆瓣网上撰写相关评论文章而被人关注。2010年在“走向公民建筑——第二届中国建筑传媒奖”的建筑评论奖提名中，“城市笔记人”入围，提名理由如下：

“‘城市笔记人’刘东洋，是网络上非常活跃的探讨建筑与城市问题的学者。他在网络上的写作在受到专业和大众的广泛关注，从理论发展到当下现实都是其关注的方面，并且以一种学术探讨的方式表达，其影响是观念上的。他是城市规划和人类学的双博士，他重视前人智慧和实地调研，他的文字应该有助于有志于建筑与城市问题的探索者回到真实世界，冷静地思考学科的知识体系并探索之。了解他的论述可到‘城市笔记人’的豆瓣日记中去寻找，《建筑师》杂志每期都有他的评论文章。”

作为社交网站中走出的独立批评人，“城市笔记人”的豆瓣帖子上的文章，多为文风平易近人、篇幅较长、见解深刻的评论，让人印象深刻。与朱涛不同，刘东洋并未热衷于主流建筑话题的争论，而更多的体现着对小众的非主流话题的关注。也正是这样的陌生感，使其成为建筑批评中的意见领袖。

其建筑批评的内容特征

从 2010 年 3 月 17 日至 2014 年 2 月 6 日之间的 250 篇帖子看，“城市笔记人”的建筑批评主要分为评论性文章、建筑对谈、书评、杂感琐记四类，其中评论性文章最能体现他的立场，约占全部帖子的 50%。他的评论性文章在内容上有着明显的个人倾向与特定风格，多从平日熟悉的事物或概念入手，逐条分析，层层深入，从简单事物中见大道理，可谓是“见微知著”。

正如他自己在第二届中国建筑传媒奖的自我介绍中所写：“我的博客与文章，因此，基本不评论伟大或是宏伟的建筑，也不会只讨论形象。我写作的重点是日常生活、小建筑，关怀普通人的街道以及相关学术的学理。我不会刻意去做一种俯瞰式的社会评论，我所书写的故事与案例多是我熟悉的、调查过的或是正在体验着的身边事。我希望通过这种往复——在我和读者之间的往复、在历史经验和现实条件之间的往复、在学理辨析与实践案例之间的往复——去激发同学们对于城市与建筑的生命兴趣，就是对建筑从构思、到设计、到施工、到使用、到老去甚至到消亡的过程的兴趣。当然，我还在意与读者讨论我们改善普通人生命质量所能提供的对策和应答方式。这样，我想通过我的文字去呈现的，不只是眼前世界的一张新闻立面或是美学效果图，而是一种相对冷静且具有一定距离的剖面。”

“城市笔记人”此类帖子涉及的话题比较广泛，并大都配图进行讲解。有对设计思维的解读如《萨沃伊别墅设计过程中间的那一通折腾》（2013 年 2 月 10 日）《效果图表现与建筑场地环围的设计》（2011 年 6 月 14 日）《闲话“轴线”》（2011 年 3 月 20 日）《有关探访建筑作品的 3 点建议》（2010 年 9 月 20 日）等；也有针对相关建筑作品与建筑师的评论，如《王澍的一个思想性项目：他从阿尔多·罗西〈城市建筑学〉那里学到了什么》（2013 年 6 月 27 日）《中规奇谭》（2011 年 7 月）等。

建筑对谈在“城市笔记人”的帖子中所占比例较大，也是很个人化的一种评论方式。评论文章多采用两人（或多人）对话的形式，表达自己对建筑细节的理解。如《存档：与庄慎的一段闲谈》（2013 年 9 月 3 日）《3 段对话》（2013 年 2 月 21 日）《与 T 同学一起吐槽柯布》（2013 年 2 月 15 日）《与一村老师的长谈（正式稿）》（2013 年 8 月 4 日）《一路问答》（2012 年 11 月 8 日）《现代建筑也有叙述能力：与 Kenney 同学的一段对话》（2011 年 10 月 3 日）等。这样的对谈像极了平时的拉家常，对谈对象往往又是广大学生无法平时接触到的建筑人士，所以是广大建筑专业学生最喜欢看的。

“城市笔记人”的书评包括经典书籍书单推荐，新书、好书的介绍，以及对于某些思想性专著和话题的综述与辨析，如《文献资料：桢文彦 1960 年的两篇论文》（2013 年 8 月 14 日）《后现代构造学说中的对立》（2011 年 5 月 25 日）等。他推荐的论文文图质量皆高，论点、论据、论证三部分结构清晰。有些文章还涉及当前建筑行业的前沿概念与理念、行业最新的动态和研究成果。像杜斯伯格讨论的风格派对造型设计的教程，就是被中国建筑教育一直忽略却重要的现代建筑教育文本之一。他的此类文章点击率和转发率也较高。

在杂感琐记类主题中，“城市笔记人”多从自己参加会议或者外出的所见所闻出发，以日记的口吻触碰相关建筑批评的内容。如在《上海七日琐记》系列（2011 年 11 月 9 日至 2011 年 11 月 10 日）中，就评论了 kirk\wj 两位建筑师正在建造的公厕建筑。《小建筑速记之二：备忘录》则对九间堂的规划进行了评说。此外还有《K 城夜话》系列（2011 年 6 月 15 日至 2011 年 7 月 5 日）《杂感：蛔虫奖》（2011 年 4 月 24 日）《杂感：刻入身体的图志》

（2011 年 1 月 24 日）等。这种生活化内容的论述方式，通常都会使关注者引起极大的共鸣。

对日常、小建筑的关注和针对建筑专业学生的议题讨论与受众定位，使“城市笔记人”的建筑批评明显区别于专业主流建筑批评的宏大叙事，也完全不同于主流大众传媒中的俯瞰式叙事。这些专业的观点与讨论，是微小的、细碎的，在主流媒介的文章中显得过于随便，在平时的交流中，有无法保持其可贵的逻辑性。由此意义上而言，这种“微内容”的搭建，填补了建筑批评传播中的灰色地带。

其建筑批评的受众特征

事实上,“城市笔记人”以自己的评论形成了豆瓣上建筑批评中的一个“强中心”。他以普通从业者的身份，担当起“意见领袖”的角色，其中具有深度、持续的原创式批评凸显着批评主体的主动性与话语权，这又有别于 ABBS 中以频繁的话题互动而形成的“话题领袖”。

对“城市笔记人”的发帖进行统计可知：2010 年 3 月 17 日至 2014 年 2 月 6 日之间的 1412 天中，城市笔记人共发了 250 条不重复的帖子，平均每十天发 1.77 篇，平均每篇帖子均有 30.1 人次进行留言回复、153.3 人次点击了喜欢键、128.5 人次将文章推荐给他人阅读。他的主页中所推荐的书，他写的日记、评论，推介的电影、博客文章甚至音乐，都会引起众人的转载或回复。从这样频繁互动的传播效果来看，“城市笔记人”的专业影响开辟出了专业批评主体中的中间层级，而由此激发起专业领域“草根”一族的批评热情。

（1）专业性强

笔者对给“城市笔记人”2010 年 3 月 17 日至 2014 年 2 月 6 日的帖子留言的人员进行了统计，并选出留言次数最多的前 10 位“典型留言者”[1]进行分析。

从注册用户的信息看，“城市笔记人”的粉丝数量不算多，但是关注他

1 其中的“典型留言者”是指既关注了“城市笔记人”，同时又在其所发的日记中经常留言且留言数超过 5 条以上的“粉丝”受众。

的人有其自身的特点：首先，稳定性高、豆龄基本在4年以上。彼时豆瓣刚成立不久，知名度还不是很高，他们应该是热衷于新媒体、易于接受新鲜事物、热爱交流之人。其次，专业性强。无论是关注小站、话题，还是常去小组都集中在建筑专业内部，粉丝也以建筑爱好者或者是以建筑为专业的学生或职业人士为主。此外，其中受众关注度最高的“宇宙中心建筑工坊”则是一个讨论建筑系教学与实践的小站，这恰恰说明在“城市笔记人”的受众圈中，年轻学生的活跃度非常的高。

（2）互为网络性

“城市笔记人”的社交圈与活动网络则是另外一条潜在的线索，生发出另外一个以他为中心的立体、综合的建筑交叉讨论与批评空间。在他关注的小站、常去的豆瓣小组中，有主流和民间专业传媒机构，如“时代建筑的朋友们”“有方空间”；有著名的建筑事务所，如大舍；有专门的建筑话题小组，如建筑史讨论、造园等。其中涉及的圈层是有所重叠亦相互扩展的体系。这种传播网络一方面加强了建筑批评主体的网络交往；另一方面，在网络社区上，用户并不是以专业而是以兴趣爱好来分类的，这样，知识的获取和经验的分享就不仅限于某个专业领域，而能扩展到一些其他专业领域。如“SHAW的黏土碑”的专业可能是绘画，关注的书籍是绘画领域的，然而同样关注绘画书籍的还有学建筑学的“木土—muto”、学摄影的“建筑民工”，他们可能基于对摄影的热爱成为朋友。同样的，“SHAW 的黏土碑”也许偶尔会关注“木土—muto”相册中上传的关于各地建筑特色的图片，因此相应地扩展了其建筑批评的知识渠道。尽管通过这种渠道获取的知识比较表面、单薄，但仍然是对知识链条新建构的一种有益尝试，并提供了更多知识发散的可能。从某种程度上说，也扩展了新的建筑批评知识链渠道。

尽管豆瓣上的“城市笔记人”只是国内众多社交网络中建筑批评者的一员，然而对他的分析仍能让我们“以管窥豹”，发现诸多建筑批评在此媒介形式中的传播特质。其中“城市笔记人”建筑批评所涉及的微小、日常的批评主体定位，随性直白的交流语汇和错综，使得建筑批评的“微话语”得以公开展现和言说。而多线索交织的传播模式，则为建筑批评的横向传播提供了契机。这些都是建筑批评在社交网站中的传播特征体现。

同时社交网站以 20—29 岁的青年为主要用户，并以学生为主要群体[1]，这意味着建筑批评势力在年轻学生中间的传播得到加强，并使“圈子”内部以青年人为主的亚文化体系，真实地投射在对建筑的批评中。在这样的新型媒体特征下，建筑批评在 SNS 网络版图中逐渐培育出对抗专业期刊、传统媒体等主流话语的新势力，并企图发出自己的声音，影响更多的人群。

建筑批评进入网络之后，其明显的演变就是向社会敞开了大门，打破了专业的壁垒，增强了批评的尖锐性、时效性和社会反应度，还可以让我们在网络上清晰地看出批评带来的各方面影响。网络为建筑批评开辟了巨大的公共平台，并以不同于传统媒介的传播特性，将建筑批评传播到更广阔的群体与个人视野。

网络将自身所笼络的庞大受众扩充到建筑评论的队伍中，催生了一批活跃的独立批评人，也激活了批评的年轻势力。网络增加了评论的容量，使得建筑批评拥有了相当于期刊、图书等几十倍受众的关注度，且专业受众比例占多。“一个人 = N 本杂志”，媒体时代引起的变化，使得建筑批评的传播与传统媒介相比，不是在一个数量级上战斗。而同时，以追求抢眼成为目的的注意力经济、无门槛的准入制度也减弱了批评的理性分量，使成熟公允的批评常常沦入网络的犄角旮旯，门庭冷落车马稀，很难产生影响力。然而对于垄断批评版图的传统媒体势力而言，网络势力的崛起标志着新时期的到来。

奥运建筑：建筑批评的公共言说

1999 年 8 月，法新社与法国《世界报》先后报道了安德鲁在北京国家大剧院的设计方案竞赛中取胜。2000 年 1 月 1 日，《中国新闻周刊》首次在国内报道安德鲁方案“中选”的消息。同一天，中国建筑工业出版社出版《中国国家大剧院建筑设计国际竞赛方案集》，至此安德鲁的国家大剧院方案正式面世，引发了学术和公众领域长达十余年的建筑批评狂潮。

做为新世纪第一个国家级标志性建筑事件，对国家大剧院的批评持续时

1　中国社会科学院新闻与传播研究所．中国新媒体发展报告（2010）[M]．北京：社会科学文献出版社，2010：85．

间长、引起关注广，前所未有。这一批评事件完整经历了从传统媒体到网络媒体、再到新媒体的传媒参与过程，自上而下的议题引领式传统批评模式与自下而上的民众自发批评模式相互交织、彼此推进。无论是批评模式、传播特征或是议题设定、现实影响等都极具代表性，甚至有人认为之后的奥运工程、中央电视台总部大楼（CCTV 大楼）等事件都是其延续。从这一意义上讲，国家大剧院事件开启了中国当代建筑批评的公民时代。

以国家大剧院为始，建筑成为批评事件并得以广泛传播，这标志着对建筑的讨论随着媒体的关注，被引领到了传播语境下广义的公共空间中。对于中国建筑而言，这样的情景在 2000 年之前是不存在的。专业语境所赋予建筑批评的特质、功能、权力都被新的语境瓦解，原来拘泥于专业批评的原则也随之失效，取而代之的是一系列新的特征。下文将以国家大剧院和 CCTV 大楼这两个典型为例，对这种新的特征进行诠释。

批评过程的事件特征

无论国家大剧院还是 CCTV 大楼，其批评过程都表现出明显的事件特征。而在长达数年甚至数十年的事件批评过程中，二者均形成若干个重要的事件节点贯穿其中。

国家大剧院经历了安德鲁方案出台阶段的专业热议（1998 年 1 月—2000 年 5 月）、“院士上书”导致的工程停工（2000 年 6 月—2003 年 12 月）、戴高乐机场坍塌事件引发安全争议（2004 年 5 月—2004 年 12 月）、顺利竣工之后的民众赞誉以及奥运工程与北京十大建筑评选的争论。同样，CCTV 大楼也先后经历了竞赛阶段的讨论、大楼建设开始阶段的报道、元宵节配楼火灾事件、“色情门”事件、落选北京当代十大建筑、大楼投入使用的议论、斩获全球最佳高层奖等多个跌宕起伏的事件传播过程。此时的建筑批评都不再局限于某一个节点的争论，而是真正成为一种贯穿始终的监督力量嵌入到建筑事件的全过程。从全过程的媒体分布来看，专业批评与专业力量也只是事件全批评过程的一个阶段，是批评各方力量中的一部分。这在以往的专业批评甚至是非专业报刊的建筑批评中是不可能存在的。

多种批评主体力量的并置

在典型事件的整个批评过程中，随着批评主体力量的增多，建筑的专业批评从绝对的主导变为一个和声，不再集中于专业的讨论，而成为各方力量兴趣点的集合，被赋予了更多元的批评内容。其中专业、大众、非专业传媒三者的兴趣分布也是比较明显的。

专业力量的批评话语权更多集中在事件前期及建筑设计阶段，如关于国家大剧院的建筑批评，首先由专业领域人士在竞赛结果出台和“院士上书”阶段的口水战引发，并吸引了媒体的关注，使得普通公众开始关注事件并产生一定的认知；在戴高乐机场坍塌事件引发安全争议、配楼着火事件等环节中，专业力量也以提供专业证据的功能参与其中。

而非专业传媒则参与到了事件批评的全过程，并在如国家大剧院的戴高乐机场坍塌事件引发安全争议、奥运工程等这样戏剧化、事件化的讨论中表现突出，掌握了话语的主动权。在批评的议程设置中，非专业传媒往往结合自身的媒体立场和大众的审美喜恶进行议题的选择，如戴高乐机场坍塌事件引发安全

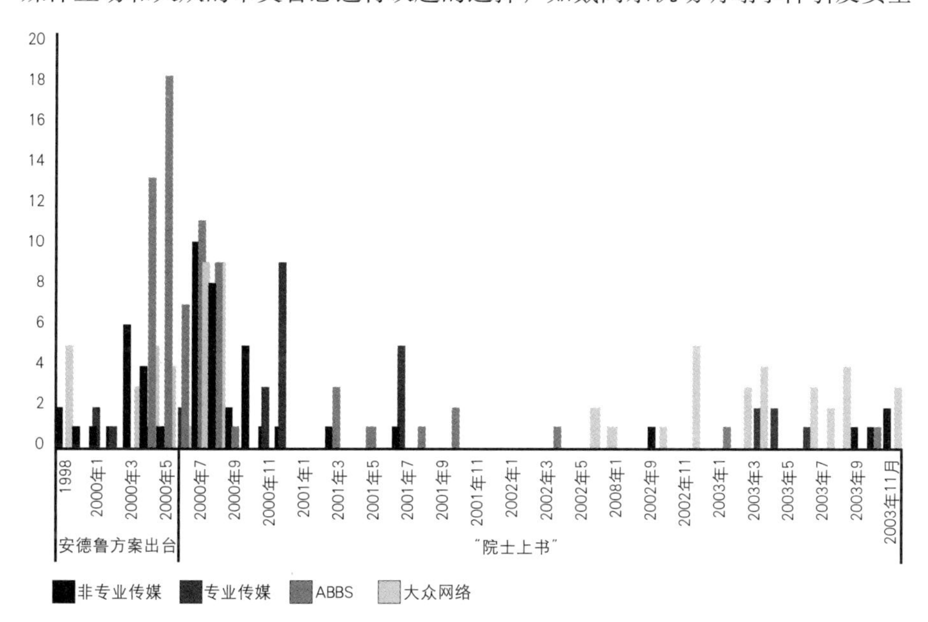

图 3.9 国家大剧院事件中安德鲁方案出台和“院士上书”两个阶段的传媒报道分布

争议，主流媒体将评论的重点放在“肇事者”安德鲁的疏忽和决策者对建筑师的盲目信赖，而网络媒体自发爆料安德鲁项目当年的行贿丑闻等往事。

大众传媒不仅可以进行现在的议程设置，同时还能进行潜在的议程设置，也就是说它可以在人们的大脑中构筑知识和观念体系，形成一定的潜在记忆，

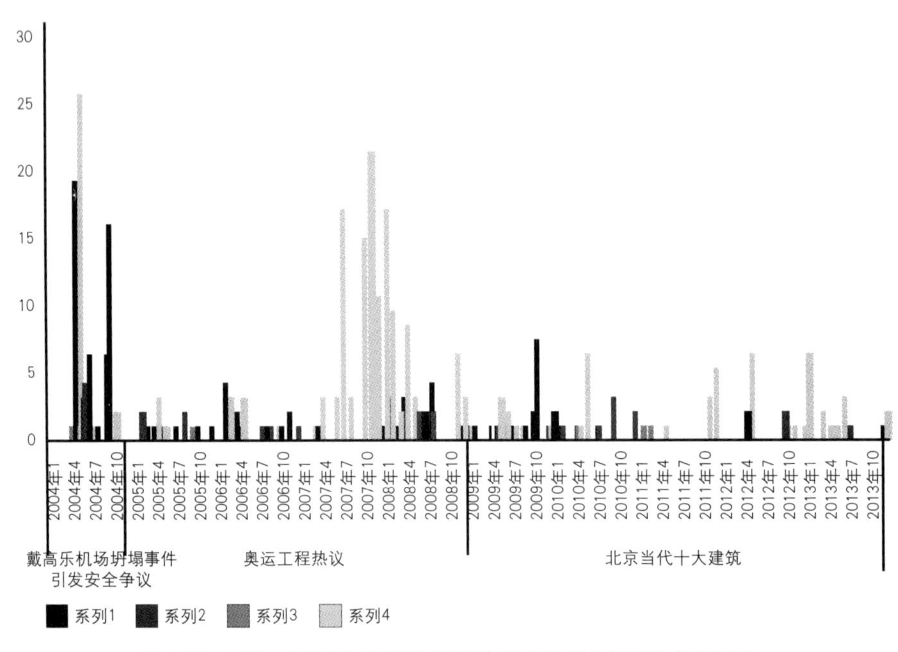

图 3.10　国家大剧院戴高乐机场坍塌事件引发安全争议和奥运工程、北京当代十大建筑评选阶段的传媒报道分布

这些记忆一旦被某些诱因所刺激便将潜在的记忆重新激活。如大众对 CCTV 大楼的关注，由于“色情门”事件这样的戏剧性节点得到了极大的联想式扩散。事件起因于一篇名为《大裤衩设计师公开承认：央视大楼是色情玩笑》的博客文章，文章还附图说明 CCTV 附楼与主楼存在着情色意味的关系。[1]

此文一出便被人不断转发，网络一片哗然。2009 年 8 月 24 日，浙江大学艺术系教授黄河清撰写文章《央视新大楼——淫邪的建筑应当拆除》，再次批评该建筑的不良寓意，他甚至称“这何止是文化自卑，而是彻底的文化

1　张薇．央视大楼的“色情门”假象 [J]．北京青年报，2009-8-30．

自虐。花钱让人家来糟蹋自己”。[1]此文在大众媒体中掀起了追寻真相的求证风潮，媒体的论战则引发了对于库哈斯的巨大质疑，声讨之声让建筑界一片哗然。迫于巨大压力，深陷漩涡之中的 OMA 在官方网站上发表声明辟谣，而作为事件受害者的中央电视台一直没有正面回应这一事件。

喧闹一时的“色情门”事件虽被很多专业人士认为是大众的无聊联想，却切实地把另一种社会、文化的考量维度拉入了建筑批评的框架中来，引起社会的反响。从与“色情门”事件相关的典型传媒文本中我们可以看到，非专业传媒特别是网络传媒在其中占有了极大的话语优势。

在这样一种多方主体与观点并存的事件批评架构中，专业观点与大众言说重点由于各自的偏好，有时是南辕北辙的，然而专业媒体与非专业媒体之间并非完全封闭的两种群体。非专业媒体的介入打破了专业媒体内部批评的循环，使学术评论得以流向公众领域，虽然过程中由于非专业媒体对于文本的重新筛选和重组，使原有的专业价值取向可能会有所扭曲或迷失，但非专业主流媒体的渠道往往能使专业言论得以向大众转译与传播，这是专业力量嵌入公众领域的通道。

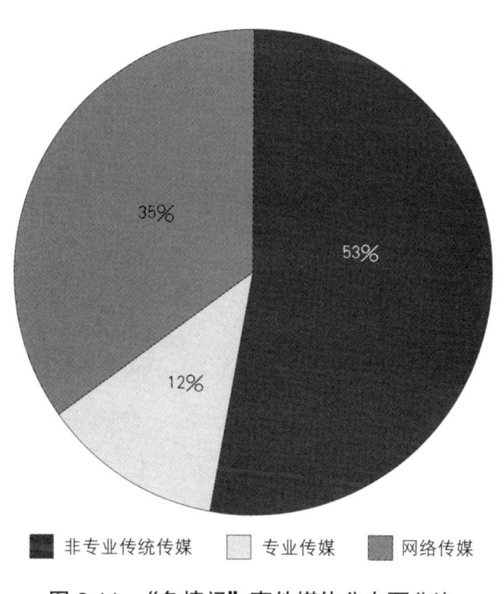

图 3.11 “色情门”事件媒体分布百分比

1 黄河清．央视新大楼——邪淫的建筑应当拆除 [J]．联合早报，2009-8-24．

被策略化的建筑批评

反观由国家大剧院事件叩开的这一全民批评的时代，我们会清楚地发现，建筑批评被传媒引入了一个比之前的专业领域扩大成千上万倍的媒体公共空间之中，加以讨论。这意味着专业批评赖以生存的微小语境，在传媒的传播原则冲击下已消失殆尽，转而进入一个专业人士所陌生的、庞大的新生态环境。

同样是奥运时代的典型建筑事件，发生在国家大剧院、鸟巢、水立方、CCTV 大楼、世博会中国馆这些建筑上，其传播效果与事件特征是完全不同的：鸟巢作为奥运标志、国家形象取得了极大成功；CCTV 大楼作为国企势力的宣扬则遭到了极大的贬斥；而世博会中国馆则以波澜不惊告终。为什么？

事实上，大众的偏好和议题的设置在建筑的作用是不同的，这就是传媒公共空间的传播策略，而建筑及其批评在这样的空间中都被策略化了。这种隐形的巨大力量在很多时候，都是专业人士不愿意看到或是看到也不愿承认的。然而如果希望重新建立或是改善专业声音的弱势地位，了解其后潜在的力量是非常必要的。

准确地说，应该以 2003 年为界，把 1998—2007 年这 8 年分为两个阶段。2003 年之前，传统媒体在自身的改革道路上作了很多尝试，使得建筑批评的主流话语得到了一定的强化。而 2003 年之后开始的 web 2.0 时代，在以网络为基础的新媒体之路上，又为建筑批评开启了一个全新的时代。其间建筑事件不断涌现，建筑批评在新旧两种力量的交织中，谱写了全民时代的高潮。

这是中国当代建筑批评的一个活跃期。与前两个 10 年相比，建筑专业批评的心智在快速成长，观点、词语和范畴方面都发生了很大的变化。建筑事件的不断涌现，使得参与建筑批评的范围、领域得到极大的扩展与深入。网络与新媒体的发展为建筑批评的公众表达提供了便利的平台，公共话语权的争夺也随之而来。如果说这一时期民众的建筑聚焦还是在追随专业的视野，或是与之不谋而合，那么在接下来的阶段里，他们似乎迅速地成为话语的导引者，反过来影响着专业领域。

这是一个凸显公共传媒对建筑批评巨大塑性力量的时期，全民时代所彰显的不是众声喧哗的嘈杂、纷乱无章的闲言碎语，而是以高出专业分贝极大的数极向我们昭示：建筑批评已经进入一个前所未有的公共领域，只有了解全新的法则，才能够不被迷惑。

第 4 章　新媒体时代的建筑批评微传播（2008 至今）

这不是一个嫌贫爱富的时代，
规则正在取代关系。这是一个普通人的黄金时代。
——王国斌[1]

新媒体时代的来临

什么是新媒体？

2010 年的《中国新媒体发展报告》中，将新媒体定义为“区别于传统媒体的新型传媒，主要包括被称为第四媒体的互联网（以电脑为终端的计算机信息网络）和第五媒体的移动网络（以手机等移动通信工具为终端，基于移动通信技术的移动互联网服务以及电信网络增值服务等传播媒介形式），这两种新媒体又可统称为网络媒体”[2]。报告将新媒体的具体媒介形态分为以下几种：新闻网站、网络论坛社区、博客、社交网站、网络即时通信（包括微博、微信、手机 APP 等形态）、IPTV 与数字电视、手机报和手机电视、电子纸等。

中国互联网络信息中心（CNNIC）调查显示，截至 2008 年 6 月底，中国网民数量达到 2.53 亿，网民规模跃居世界第一位，普通网民平均每周上网时长达到 19 个小时。而到 2016 年底，中国网民规模激增至 7.31 亿，互联网普及率达到 53.2%。[3] 从 2012 年的传媒产业各行业市场结构图看，网络

1　东方证券资产管理有限公司董事长王国斌先生在 2014 年 11 月“互联网如何改变投资管理行业”论坛上对互联网时代的规则描述。

2　2010 年的《中国新媒体发展报告》中，对“新媒体”作出了狭义和广义两种定义：“狭义新媒体仅指区别于传统媒体的新型传媒，主要包括被称为第四媒体的互联网（以电脑为终端的计算机信息网络）和第五媒体的移动网络（以手机等移动通信工具为终端，基于移动通信技术的移动互联网服务以及电信网络增值服务等传播媒介形式），这两种新媒体又可统称为网络媒体。广义的新媒体则包括大量的新兴媒体，指依托于互联网、移动通信、数字技术等新电子信息技术而兴起的媒介形式，既包括网络媒体，也包括传统媒体运用新技术以及和新媒体融合而产生或发展出来的新媒体形式，例如电子书、电子纸、数字报、IPTV 等。本书采用了其狭义的定义解释。详见中国社会科学院新闻与传播研究所．中国新媒体发展报告（2010）[M]．社会科学文献出版社，2010．

3　崔保国．中国传媒产业报告 2017[M]．北京：社会科学文献出版社，2017．

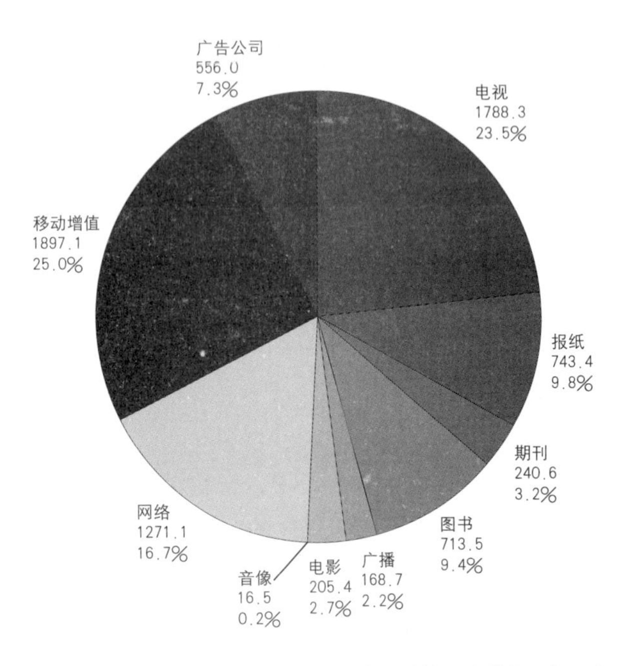

图 4.1 2012 年中国传媒产业各行业市场结构图（单位：亿元）

和移动增值类新媒体的分额占到了传媒总量的 41%，形成绝对优势。新媒体从即时通信、休闲娱乐、饮食起居、工作学习扩展到人们生活的所有领域，从而使人们进入了全媒介化状态。[1] 这标志着以网络为依托的新媒体已强势逆袭，成为主要的媒介形态。这也从根本上改变了中国传媒行业的原有格局。正如崔保国教授认为的："今天的传媒产业主要由三大板块构成：传统媒体、网络媒体与移动媒体。这三大板块就像传媒的三原色，它们相互交叉融合、演变出无数的新媒体形态，并最终形成新的媒体行业。"[2]

媒介即内容。移动互联网技术所引发的传播领域的革命，标志着新媒体时代的到来。根据《中国新媒体发展报告（2014）》显示，微传播成为主流传播方式。"基于移动互联网的微博、微信、微视频、客户端大行其道，微传播急剧改变着中国的传播生态和舆论格局。新媒体的社会化属性增强。随

1 相德宝．中国新媒体研究的三个阶段 [J]．今传媒，2010:4．
2 崔保国．大传媒时代的"变"与"势"——2013 年中国传媒发展报告 [J]．传媒，2013，05:13-17．

着新媒体功能的不断拓展，其在政治、经济、社会、文化各领域的作用也不断延伸。微交往、微文化正在推动社会结构变革和文化发展。”[1]

个性化、去中心化与互动性是新媒体根本区别于传统媒体的传播特质。正如美国《连线》杂志对新媒体的定义：“新媒体就是所有人对所有人的传播。”传播的每一个环节既是传者又是受者，充分互动、充分发声，体现自己的传播诉求。这样的“基因”使得人们的需求开始受到前所未有的发动与尊重，信息的权利重新回到“人”的手中。

微博：140 字的批评方式

微博，亦称微博客，译自英文单词 micro—blog，是博客的一种变体，用户可以通过互联网向个人微博客发布短消息。与传统博客不同的是，微博的文本内容限制在 140 字之内，因此也被称为“一句话博客”。

微博的传播方式并不是传统的点对点、点对面，而是与生物裂变相类似的一种特殊传播方式。以新浪微博为例，它有两种传播路径：“一个是‘粉丝路径’，A 发布信息后，A 的粉丝甲乙丙丁……直到无限，都可以实时接收信息；一个是‘转发路径’，如果甲觉得 A 的某条微博不错，他可以‘一键’转发，这条信息立即同步到甲的微博里，同时，甲的粉丝 1234……（直到无限）都可以实时接收信息，然后以此类推，实现几何级的极速传播。”[2]其信息发布者、接收者以及信息的转发者之间的地位是平等的。每一个独立用户都能全权处理收发信息，实现公平的交流。

而微博 140 个字“微小”简短话语消息的形式，在人际交流中实现了信息的异步即时呈现，极大地适应了现代人生活快节奏的特点，使其成为继 BBS 论坛博客和社交网站之后集大成的创新者。这种极速并且影响广泛的信息传播，是其他任何形式的媒介无法比拟的。

微信：潜在的批评阵地

2012 年可以称得上是“微信元年”。相比之前的新媒介，微信是一款更

1 唐绪军．中国新媒体发展报告（2014）[M]．北京：社会科学文献出版社，2014:6．

2 孟波．新浪微博：一场正在发生的信息传播变革 [A]．南方传媒研究．

加具有互动性与双向性的媒体平台。在累计经过 40 余个版本升级后，微信自身形成了一个三维沟通矩阵：X 坐标是语音、文字、图片、视频；Y 坐标是手机通讯录、智能手机客户端、QQ、微博、邮箱；Z 坐标是 LBS 定位、漂流瓶、摇一摇、二维码识别。纵横交错立体化的社交链，覆盖了工作、生活的多层次需求面，并且在这个三维空间里，各沟通链条完全交叉、各平台互通共享。这使得微信具有噪音干扰较少的传播过程、真实且实时接收的受众、受众筛选的准确性、强大的信息扩散能力等几个方面的特征[1]，完全塑造了全新的生活与交往模式。

微信便捷强大的传播特性为自己积攒了庞大的用户群。2012—2016 年，微信用户以每年 1.5 亿以上、每季度环比 4000 万以上的速度增长；2016 年，微信用户群体达到 6 亿人，成为继 Facebook 之后用户群最庞大的社交网络媒体之一。在微信平台上，已开通的公众账号超过 200 万个，公众账号日均注册量为 8000 个，其中经认证的公众账号超过 5 万个。[2] 截至 2014 年 4 月，在搜索引擎中输入“建筑”，能够搜索到 174 个公众平台，包括公司类、民间组织类、网站类、专业期刊类、教育机构类等。当然不以“建筑”名称统计而与之相关的公众号则不计其数。

此外，微信朋友圈的病毒式传播模式[3]，使其批评内容的传播速度与广度呈倍数复制、几何形增长，对于批评话题的集聚度更大。而且微信依托的是朋友圈的熟人式、“六度空间”式[4]的传播特性，这也使得微信的传播过程更具有针对性、也具有更为精准的传播效果。

依附于手机和个人社交圈的信息推送方式，批评主体的圈层性更为明显，使得建筑批评的获取更便捷、快速，其内容也更加丰富，成为真正的“微事件”。

1　王艳丽．从功能论角度探析微信的属性 [J]．中国报业，2013，14:27–28.

2　唐绪军．新媒体蓝皮书：中国新媒体发展报告（2014）[M]．北京：社会科学文献出版社，2016:6.

3　国内学者对“病毒式传播”并没有一个统一的界定。刘文勇较早对“病毒式传播”进行了界定：病毒式传播是使受众可以在参与信息制作和传播过程中受益，让信息接收者同时成为信息的发布者和转发者，利用大众的力量，以人际圈席卷的模式携带信息迅速蔓延的传播方式。

4　“六度空间理论”又称“六度分割理论”，即指一个人和任何一个陌生人之间所间隔的人不会超过 6 个，也就是说，任何地方的 2 个人只要通过 6 个人就可以互相联系。这其实说明，任何两个互不相识的人，总能通过一定的方式产生联系。微信作为社会化媒体，实现了一个人的虚拟社交空间和现实社交空间的相互交叠，使“六度空间理论”中人与人之间的弱链接关系得以强化。

同时，个人的建筑批评与言论获得合法性和被关注的可能，勾勒了一个“众声喧哗”与“自言自语”同置的批评场域。这是一个巨大的、潜在的批评阵地。

微传播：建筑批评的新空间

新媒体的迅猛发展为建筑批评的传播构建出一个前所未有的广阔平台，也顺其自然地深刻影响着建筑批评场域。建筑批评在这样的广泛转发中形成了强大的舆论场与空前的影响力。

2012 年著名的“王澍获普利兹克奖”事件由“中国建筑传媒奖”总策划人赵东山的微博开启，引发微博领域以小时计的疯狂转载与评论，并迅速蔓延至豆瓣、论坛、各大新闻网站与主流报刊，引起了全社会的广泛关注与讨论，连向来对建筑关注较少的电视媒介也对王澍进行了多次采访与报道。由此，王澍与他的建筑与创作理念在长达一年多的热切讨论中被最广大的人群所知。

同年，“秋裤楼”“大铁圈”等一批“绰号建筑”在微博中兴起，并被多种新媒体融合式大量传播，成为网络热门话题。新闻网站、论坛、报纸、杂志等诸多媒体形式都被裹挟其中。其间普通民众成为事件的发起人与主导者，以自下而上的草根模式掀起了历时持久的民众建筑批评狂潮。与此同时，“央视大火”“胶州路大火”“楼歪歪”“楼倒倒”等建筑事件，无一不在微博、微信等新媒体的关照下令人熟知，并引发评论。

在“人人皆可成传媒”的个人电脑与手机中，建筑批评成为真正的“微事件”，随时随地都在发生。草根书写与批评参与成为现实，批评空间被迅速成数量级放大，建筑批评场域由此发生了革命性的新变。场域结构在新力量的挑战下动荡重组，更丰富的批评主体进入建筑批评场域，出现了新的位置与新的“行动者”（agent），场域内部位置、批评惯习等都发生了巨大的变化。考察当代建筑批评的传播与特征，新媒介所带来的空前变革，是绕不过去的存在。

新媒体的影响力更多出自它的瞬时性、规模性，而非深度。一条微博信息到底能在电脑屏幕上停留多长时间？据相关统计显示，仅新浪微博平均每天发布的微博数就达 8600 多万条，也就是说，每小时更新的微博数接近 360 万。以目前每人每天使用新郎微博的时间约为一个小时、每个人有 100 个关注者计算，这意味着每个人在一小时内平均就有 3 万多条的信息浏览。[1]

正如著名决策理论大师赫伯特 · 西蒙（Herbert A. Simon）提出的，注意力是影响人们做出决策的重要基础，也局限着人们的理性建立。而新媒体涵盖的主题与信息容量，已大大超出人每秒只能处理大约 50 比特的信息量极限。这样庞大延伸的信息，使新媒体几乎变成了汇聚各类信息的垃圾场，很多信息在发送过程中未经加工，粗制滥造，内容松散，多是一些闲言碎语。由于注意力有限，在这样的信息流中，受众对建筑批评的锁定几率有限，快速更新的巨大数量的信息不断覆盖已有信息，速度的追赶也意味着用户很难去注意到那些没有吸引眼球字眼的思想性、辩证性的批评。大量有价值的、高质量的建筑批评因此被淹没在信息的海洋中，那些激进、更可能是耸人听闻、富于冲击力的言论则因更具吸引力而获得广泛的传播。建筑批评更加追求表象化的解读，理性内容更容易被稀释，评论厚度与高度开始被摊薄、削平。

但不可否认，传媒的发展对建筑批评的建构作用，在这一时期被淋漓尽致地表现出来。它将建筑批评可能出现的版图深挖到每一个细小的角落。批评圈层的金字塔底部被快速聚集，话题的选择极度自由。微圈层、微话题像活跃的细胞一样运动着，激活了与时代特征紧密相接的建筑批评。

虽然新媒体自身存在信息载量过多、自身过滤缺失、注意力决策阅读等诸多制约，新的建筑批评特质还是初露端倪，活跃度与接受度都很高，渴望个性话语权的更年轻、更宽泛的主体与受众群已经茁壮成长起来，所有在传统传播时代被忽略、被屏蔽的“微内容”“微价值”开始在数字化网络平台上通过自主选择与个性化组织，表现其聚合后的革命性力量。这预示着一个新批评特征的形成，并且不会提早结束。

微力量：建筑批评主体的新结构

崛起的新媒体成为传统媒体越来越强大的竞争力量，它不只是作为一种传媒形态要与传统的媒介形式并存，更重要的是，它已经实实在在地侵入了传统媒体所占据的蛋糕，并随时在颠覆传统介质的传播效果，改变了传统的

1　以上数据均来自《新浪官方微博：微博用户日均使用时间达 1 小时》，中文互联网数据研究咨讯中心。

信息产生和存在方式，深刻地影响着社会、政府、公民的组织和行为方式。

以纸媒为代表的传统媒介铸造的传统建筑批评场域，有严格的准入、发表机制，通过设置严格的空间界限与隔墙，强化了一种“分离的假定”。建筑批评场域中的话语权被具有强势学理资源的专家、学者占据，建筑批评的生产依赖于持有不同建筑理念的批评主体之间“小圈层”的对立与斗争，“作者”“专业人士”等批评主体的权威由此被树立起来。这种场域特征有效地将广大的草根群体隔离在建筑批评之外。

相比之下，Anytime、Anywhere、Anyway、Anyone 这个现代传播学中的“4A”标准，正是新媒体最大的优势体现。它的移动便捷性、零准入门槛催生了一个空前公共开放的言说平台，打通了“上”与“下”的壁垒，一个庞大的草根群体参与建筑的相关讨论与批评行为中，将自己最直观、最瞬时的评论发布出来。借助新媒体，传统大众传播时代的“把关人”模式被打破，资讯的传播和话语的表达已经不再是组织化的传媒机构的专利，并将原来“沉默的大多数”激活，提供了被支配人群进入建筑批评话语中心的广场与平台，造成了距离的消亡、地理的终结，也带来了建筑批评场域原有权力分配的脱域效果。“人人皆可成传媒”的图景已经开始初步浮现，并深刻地改变着建筑批评的边界、话语方式、力量对比以及游戏规则。这是一场由传播的技术革命引发的从传媒到社会的“语法革命”。

意见领袖的崛起

“意见领袖”[1]，准确勾勒了新媒体传播中的话语权特殊性。传播学者丁未认为：“话语权并不是指能提供的自言自语式的表达和展示权，而是在公共空间的意义上，博主们的声音能否被听见、被多少人听见、能否引起共鸣

1 20 世纪 40 年代，拉扎斯菲尔德等人在《人民的选择》一书中正式提出“意见领袖”概念，他们认为，大众传播并不是直接“流”向一般受众，而是要经过意见领袖这个中间环节，即“大众传播—意见领袖—一般受众”。随着网络媒体的兴起与主流化，“意见领袖”的概念被用来描述活跃在网络媒体上，通常积极主动传播观点或转发评论信息的、拥有众多追随者且具有较强话语影响力的个人或者团队。在新媒体时代，“意见领袖的民主化”成为一个突出的变化，即凡是持续提供信息和意见的个人都在某种程度上扮演着意见领袖的角色。网络意见领袖的确定，主要是基于两个维度：粉丝量的多少、转发及评论数的多少与话语权的强弱。前者是判断意见领袖的显性标准，后者是判断意见领袖的隐性标准。

并产生社会影响的问题。”[1]

这种话语权的不平等，同样出现在新媒体的传播中。从表面看新媒体之上人人拥有批评话筒，但事实是，关注度带来的是不平等，一个拥有千万人关注的意见领袖，其话语权力是那些普通用户无法相比的。中山大学新闻与传播学院的曾繁旭等在以微博事件“宜黄拆迁”为例研究网络意见领袖社区的生成时，其统计结果显示，“在这一网络意见领袖群体社区中，媒体记者、媒体编辑和时评员／专栏作家所占比重排在前三位，占56%，比例过半。若将电视节目主持人囊括进来，媒体人的比重高达63%”。[2]传统媒体时代的主持人、编辑、记者、时评员、专栏作家、学者和律师等话语精英在意见领袖的组成中占了总体的大多数。

在此话语组织方式之上，新媒体对建筑批评的最大贡献就是将明星、著名媒体人、文化名人、官方媒体等普遍意义上的这些话语精英引入了建筑批评场域，并被广大草根所觉察。他们往往因为参与相关建筑话题而成为建筑批评中的意见领袖，建筑批评也由此获得更大的关注。

名人

名人往往以其知名度虏获广大民众的目光，进而成为建筑批评传播中的意见聚集点。这一点从新浪微博用户中，热门评论前三的用户均为名人就可看出。房地产界的名人如潘石屹、王石，在大众视野中备受关注，堪称建筑界影响最大的人物。这种关注使其成为重要的建筑批评意见领袖。两人的新浪微博均拥有1700万左右的庞大粉丝群，其微博发表建筑批评的内容也被广泛转载。在热点建筑事件中的观点，更是容易成为大众意见的依附源头。

如王石2014年9月18日转发了杨锦麟的微博：“这作品是朝鲜画家对中国的解读和想象！学习文艺工作座谈会精神要旨时，忽然间想请教一下，这裤衩算是奇奇怪怪的建筑物吗？”并发表评论：“朝鲜艺术家脑海中的中

---

1 丁未．从博客传播看中国话语权的再分配——以新浪博客排行榜为个案[J]．同济大学学报（社会科学版），2006，06:53-58+87．

2 曾繁旭，黄广生．网络意见领袖社区的构成、联动及其政策影响：以微博为例[J]．开放时代，2012，04:115-131．

国还是 58 年大跃进时代的宣传画，只是天安门换成了大裤衩。”即引来转发 288 人、评论 123 人，点赞 329 人。

而 20 世纪 90 年代以纸媒为阵地关注与发表建筑评论的媒体人，如冯骥才、王军、曾一智等，也在微博的阵地上继续发挥着建筑评论意见领袖的作用。

此外，著名建筑人士、专业传统媒体是微博中参与建筑批评最密集与最稳定的群体。从对新浪微博[1]的建筑类微博统计来看，全球建筑最前沿（粉丝数 169230 万）、雪花中国古建筑（粉丝数 195 万）、筑龙网建筑师圈（粉丝数 15 万）、世界建筑杂志官方微博（粉丝数 14 万）、建筑中国俱乐部（粉丝数 8 万）、建筑中国网（粉丝数 4 万）等专业类传媒或机构往往拥有较高的关注度，成为日常状态下进行建筑批评的重要主体。

此外，方振宁（93 万粉丝）、张永和（14 万粉丝）、马清运（11 万粉丝）等著名建筑师与活跃的建筑批评者也拥有庞大的网络关注。“这里，是他们撒欢的自留地，也是万众瞩目的大广场；这里，是猛料频出的是非地，也是抢镜争艳的斗秀场。”在微博之前他们就是建筑批评的重要主体构成，当评论的阵地转移到了微博，他们的评论更集中、及时，且简短、幽默、极具生活场景感，完全不同于传统媒体上的批评风格，让人耳目一新。

主流媒体官微

广大主流媒体由于长期积累了深厚广泛的受众群体，影响力巨大，其官方微博也是建筑批评的重要发布主体。据《2011—2012 年媒体微博运维白皮书》统计，截至 2012 年 11 月 18 日，新浪微博媒体机构账号总数增至 1.8 万左右，这些媒体机构账号的“粉丝”数量已经突破两亿，接近于新浪微博用户总数的 1/2。

这些媒体微博中，报纸类媒体微博有 747 家，且研究显示，纸质媒体（含

1　新浪微博是新浪公司在 2009 年 8 月份建立的微型博客网站。根据新浪统计，微博每日有数百万条信息被发布，并且是以每月 2000 万新注册用户的速度增加到现有的 1.4 亿用户军团。根据 iResearch 统计，以有效用户量统计，新浪微博瓜分了 56.5%的中国微型博客市场。如果以浏览时间统计的话，新浪的市场占有率高达 86.6%。新浪微博拥有 6 万列检定影星、体育人物等用户。新浪宣布在中国本土内，有 5000 多个企业与 2700 多个媒体机构有效使用微博。目前，微博网站有简体与繁体汉字两种字体选择。新浪还出台了香港、台湾和马来西亚 3 种网站版本。

报纸、杂志）的原创率相对较高，其运营维护水平和影响力也普遍高于其他类型媒体微博。以新浪微博为例，《2016年新浪用户媒体价值报告》指出，由2000+国内外主流媒体，以传统媒体的品质为新浪微博打造强大内容生产力与传播力，提供专业性和公信力的保证。

报纸类官微中排名前三分别为《南方都市报》《新闻晨报》《人民日报》。其中《南方都市报》向来有关注建筑的传统，并拥有超过1352万（截至2018年4月）粉丝量。在我们统计的2010—2014年7月的《南方都市报》微博中，"建筑"内容共243条，对建筑物、城市、建筑事件的评论约占到1/3。可见从纸媒到官微，《南方都市报》仍然延续了其对建筑批评传播的特征。

名人与传统传媒官微，是微博中为建筑批评贡献最多关注度的群体，也是重要的建筑批评意见领袖。受众对其建筑批评的关注，往往更像博主媒介影响力的副产品。从这种视角来看，脱离专业范围的建筑批评更加依附于传播者的影响力而非内容关联度。

草根主体走上前台

新媒体的公共平台，一方面为原有建筑批评主体增添了一条便捷的发言渠道，评论家和专业学者纷纷开微博发文，使得更原始、真实的建筑评论得以发表、交流；另一方面，也催生了名人、意见领袖、名人群体等多层级主体圈，打破了专业的壁垒，增强了批评的尖锐性、时效性和社会反应度，提高了建筑批评的影响力，增加了评论的容量。

最重要的是，草根批评势力的走向前台，使建筑批评向最广阔范围的公众敞开了大门，将"草根批评"（以草根群体为主体）推送至与"学院批评"（以专业批评者为主体）、"媒体批评"（以媒体机构及其从业人员为主体）平行的建筑批评群体高度，改变了原有批评主体与受众间的支配与被支配关系，批评话语权由此得到了前所未有的扩散。可以说这是建筑批评权力的一次重大调整与"返还"。

草根群体的参与，成就了空前的建筑批评素材采集器，为批评提供最及时、最新鲜的信息，是建筑新媒体事件的主要发起者。草根不仅能够真实准确地反映民意，传达各阶层声音，同时也能够通过媒体平台获得大众的认可。

无论是王澍获奖，或是“秋裤楼”“大铁圈”“比基尼”等建筑花名事件，点燃事件热点的往往都是草根群体。以“秋裤楼”事件为例，在事件爆发期，参与者几乎是清一色的普通民众，他们通过起绰号、发表言论、PS 图片创作等方式掀起了对“秋裤楼”的批评高潮。

事件中草根一族在议题引领、话语表达方式以及语态设置中的强势表现，在很大层面上打破了传统媒介生态中的话语垄断态势，使得公众的话语得到正名，成为专业与主流媒介的重要批评依据，体现出强大的批评力量。而更多的时候，草根群体担当着批评的跟随者、传递者、围观者角色。他们以频繁的转发、点赞、短评将建筑批评的话语权向意见领袖集中，由此确定批评的传播方向。

草根群体的加入，使得那些过去被埋没、压抑、忽略的非主流、非正统、非专业、异端、另类、少数派的，甚至纯然出自民间草泽的人所构成的群体的声音，得以在建筑批评中彰显，而区别于主流文化、精英文化。这一点，从豆瓣诸多建筑小组的讨论话题中可以明显看出。

在豆瓣建筑小组中排名第二的“建筑八卦”，拥有近 30000 人的庞大粉丝团。小组的宣言中这样写道：“我们管理员们坚定地相信，只有深厚的学术底蕴才能八得一手好卦，而八卦的最终目的还是更好地学习。可能八卦不靠谱，但是希望让大师可以更易解读……”

在这个小组中，“建筑师个人八卦”是最热门话题，国内外各位建筑大师和知名学者都被逐一评论，尤其董豫赣、王澍、马岩松等明星建筑师更是讨论的重点。而其对建筑师设计过程、思考方式、相关案例讨论的内容与角度，在专业期刊中则是完全看不到的，它们更贴近在读建筑类学生和年轻一代的话题，从而获得专业年轻一代的追捧。

这种草根的讨论完全打开了专业期刊、图书等媒介之外的新天地，打破了中坚学术权力群体代替大家发声的状况。而在 CCTV 大楼配楼着火事件的批评中，草根群体通过新媒体对实践过程的全方位报道，彻底打破了央视企图瞒天过海的阴谋，并将批评延伸到建筑的安全讨论、施工等方面，迫使专家力量介入对大楼进行安全监测。这种强大的监督力量，使得建筑批评获得了贴近社会与生活的另一种理性。

蔚蓝曾在《因特网与文学批评》中较早总结了草根批评的特点：文本的流动性、无序性、变异性；批评的无功利性；直率真实；理论化品格的减弱；文体的简短与自由；主体制是结构的复合化等。[1]尽管这一主体群的公共言论的发展还处于一种无序、零散化状态，但已成为一股不容忽视的新力量，并且一旦形成舆论场之后，往往可以产生其他主体圈层批评所无法达到的影响力。

当然，在新媒体的天地里，建筑批评的主体往往是明星、意见领袖而不是专业评论家。他们以知名度决定话语权，靠粉丝赢得拥护，这种“秀”批评远远超过真正的建筑批评。当他们以反批评来对付建筑批评时，其先天强势更是建筑批评的劲敌。而庞大的草根群体也带来网络空间中恶搞、讽刺、调侃、戏谑话语的频现，成为对有效批评捕捉过程中的最大障碍。

“围观就是力量”，当大家都热中于微博引发的刺激、轰动、对立、名人效应时，充满深度与理想的建筑批评尤显重要。

微立场：建筑批评场域的价值转向

2008年注定是不平凡的一年。中国改革之路走过了30年，对任何一个与时代结伴而来的行业而言，既意味着成就，也意味着转变。对于中国建筑而言，两级之势明显：一头是奥运时代引发的标志建筑狂潮，将建筑学的胜利刻画至国家叙述的层面；一头是汶川地震中大量学校的损毁与众多学生的遇难带来的迫在眉睫的专业自省和建筑师与居民共建新居的真实体验。它既是对中国经济建设伟大成就的欢呼，亦是对以牺牲社会公义为代价的经济发展模式的强烈谴责。

而随即而来的“央视大火”“胶州路大火”“北京水灾”“楼歪歪”“楼倒倒”，更是在新媒体的快速传播下，不断重描着深深植根于当代中国社会中的建筑矛盾。两种语境的并置，极大彰显了建筑批评公众立场的缺失与对脱离历史语境、回避社会问题、无价值判断、无深度探索的建筑形式趋之若鹜的无力现实，以及“无视广大公众生活现实，仅仅专注特殊内容”的现实状态。

1 蔚蓝．因特网与文学批评[J]．湖北大学成人教育学院学报，2000，6:41-44．

非专业媒体此时强势挺进，联合专业媒体与人士，担当起建筑检视官角色。2008 年，《南方都市报》以“中国建筑传媒奖”的方式呼唤“走向公民的建筑”，“建筑的社会意义和人文关怀”成为其关心的问题。2011 年倡言网发起“中国十大丑陋建筑评选”，联合 50 多位业内专家，针对当前蔓延的求大、求洋、求怪建筑之风开始中国当代建筑大审。在这场运动中媒体不再是批评者、传播者，而是身体力行的倡导者、参与者，也使建筑批评迅速转向了建筑高速发展背后所凸显的诸多问题，以及对建筑实质的思考。

走向公民建筑：中国建筑传媒奖

中国建筑传媒奖

2008 年 10 月 21 日，在奥运建筑与汶川地震的并置关注下，首届“中国建筑传媒奖”应运而生，引起强烈反响。评奖活动由南方都市报报系发起，《南方都市报》《南都周刊》主办，并联合了《世界建筑》《建筑师》《时代建筑》《新建筑》《世界建筑导报》《DOMUS》（国际中文版）等重要建筑媒体，通过独立的评审机制，从专业、社会和文化层面，表彰两岸三地具有突出社会意义和人文关怀的优秀建筑作品。评奖名称延续了华语文学传媒奖、华语电影传媒奖等由《南方都市报》主办的华语传媒系列大奖的称谓，意在表明该奖项是一个由媒体（大众媒体及专业媒体）为建筑颁发的奖项，而不是严格意义上的专业奖项，体现的是媒体的视角。评奖提出了“走向公民建筑”的有力口号，确定了以专业建筑师为主，联合建筑史学家、建筑评论家、艺术评论家、公众知识分子在内的评审团队，更首度设立公开的网络投票环节。

这个新的奖项在业界也受到广泛关注，特别是“公民建筑”的提出，成为评论建筑的新标准。同年的《时代建筑》《新建筑》《DOMUS》（国际中文版）等专业传媒都对这次评奖进行了报道和讨论。周榕、史建、朱涛等一批活跃的建筑评论学者更是认为评奖为中国建筑提供了一个难能可贵的审视机会。

而 2010 年 12 月举办的第二届中国建筑传媒奖，与两年前的第一届相比，出现了质的转变：参评作品的数量和质量都有质的飞跃。自行申报作品 100 多件，是 2008 年的 5 倍；提名作品 130 余件，是 2008 年的 3 倍；其中香港、台湾地区参评作品超过 50 件，是 2008 年的 5 倍；竞争最为激烈的最佳建筑奖，更是在 60 余件提名作品中评出。从某种意义上说，第二届中国建筑传媒奖，是 2009 年、2010 年两岸三地优秀建筑的一次全面普查。

而就是在这一届评选中，“最佳建筑奖”空缺。这成为主流媒体对中国建筑的当头棒喝，亦是对当代中国建筑的一次伦理大拷问，其下建筑界的惭愧与困窘昭然若揭。正如清华大学周榕教授所说的：“全程模仿奥斯卡颁奖礼的第二届中国建筑传媒奖颁奖礼终于被一个好莱坞式的戏剧性情节推向了高潮：最佳建筑奖空缺。这意味着，在 2009 年和 2010 年整整两年间两岸三地落成的海量建筑中，竟没有一个能被评委会认可为‘公民建筑’的典范，从这个意义上说，中国建筑集体失败了。”[1]

虽然“最佳建筑奖”的空缺或多或少存在媒体爱炒作的痼疾影响，然而听不见红歌的鸟巢与无人溜冰的国家大剧院之类丢掉公民立场的建筑现实却不可否认。以这样的定义衡量，普遍而言，中国当代建筑还远未能达到最低端的“公民建筑”标准。而奖项本身也是在这样的反复质疑、拷问中，促使学者反思媒体与建筑的关系、建筑与社会的关系以及建筑师的社会责任等问题。

而中国建筑传媒奖也更像是《南方都市报》的评论内核投射到建筑特征现实中的水到渠成般的集中体现。事实上，早在 2006 年，《南方都市报》就创立了“建筑评论”栏目，并一直以培养普通民众的对建筑的兴趣、引导建筑审美为己任，坚持刊发千字左右的短小文章，鼓励建筑师对身边的建筑进行评述，也鼓励普通民众参与建筑评论的写作。

随后《南方都市报》创办了“中国建筑思想论坛”，以大众化视角、社会层面参与到相对“封闭”的中国当代建筑文化中。2007 年，首届中国建筑思想论坛的主题为“中国当代建筑实验与反思”，邀请了文化学者、传媒人梁文道主持，马清运、饶小军、王明贤、史建、王昀、马岩松、朱锫、王澍、刘晓都、汤桦、刘国沧（台湾）、顾大庆（香港）、孟建民、刘家琨等 14 位建筑师、学者出席。论坛除讨论相对严肃的学术问题外，还设立了“二十世纪最不该遗忘的十大建筑”“二十世纪最不该遗忘的十大建筑师”“中国

1　周榕．被公民的中国建筑与被传媒的中国建筑奖 [J]．《DOMUS》国际中文版，2011:1/2．

十大最人性化城市”“深圳人最喜欢的十大公共空间”等4个榜单，引起了《新周刊》等媒体的相继报道。某种程度上让建筑业界感受到了大众传播的力量。

中国建筑思想论坛虽也有诸多不足，但其重视思想、强调批评和反思的基调已经形成，并直接促进了中国建筑传媒奖的设立。

传媒的理性

《南方都市报》的一系列建筑干预与“公民”立场的确立，并非是偶然的。它是以《南方都市报》《南方周末》为代表的一批评论类报纸媒体在演进过程中的“社会守望”角色强化的结果。

1993年中央电视台“东方时空”栏目的开播，“焦点时刻”“焦点访谈”“新闻调查”等一系列新闻节目的创办，标志着新闻的社会守望功能第一次被实际地上升为大众传播媒介的首要功能。大众传媒的功能和角色体系得到了系统性的恢复和重建。[1] 而这样的强化，是随着20世纪90年代中后期的传媒变革中开始的，并在2000年后集中反映在了建筑领域。

谈到建筑批评中传媒的理性，就不能不提到《南方周末》这一被称为“中国第一大报纸”的建筑关注。《南方周末》素以深度报道和评论被人称道，被誉为“道德的化身”“媒体的指针”“政治的评判符号”。2000年前后，他们认识到今后一段时间内城市与建筑的重要性，由此从对“古城保护”的关注开始介入建筑批评，并影响了央视在内的诸多媒体介入此领域的报道。在这一时期《南方周末》开办了城市版及“建筑评论”专栏等，并在2005年推出《评选 · 建筑》。在前言中，他们这样写道：

“建筑理应被关注。如今中国，每个城市的天际线都是崭新的楼群勾勒出来的。那些陡升陡降的曲线，是欲望、是创造、是权力，是财富……股市曲线与一部分人直接相关，而城市的天际线与所有人直接相关。……盘点的标准应当取决于建筑界的衡量标准，而目前建筑界最缺乏的就是公认的衡量标准：该有一些结论了。这些结论不是大楼带给我们的，而是讨论带给我们的。”

从这样的宣言中可以看出在关注建筑与城市领域时，以报纸为代表的非

1 喻国明. 中国传媒业30年：发展逻辑与现实走势[J]. 编辑之友，2008，06:74-79.

专业传媒一开始就拥有了理性的批评立场与思考范式。这直接成就了 2011 年《南方周末》推出的对中国城市化 30 年的深度审视——“城悟”的深度报道。

而同样的理性思考也贯穿在《南方都市报》多年的建筑大众之路的摸索中，正如赵磊所言：“除却符号和话语的塑造，媒体还能扮演什么角色？是更在乎的是报道的对象是否有噱头，报道是否能引起大众的关注？是对独特的外观、明星建筑师的作品的追捧，还是对“公民”立场的关注？”

从上述中可以看到，以《南方都市报》《南方周末》为代表，甚至连同新闻周刊类的建筑与城市批评中所具有的传媒理性，是非专业传统媒体在近 30 年持续的社会观察、媒体变革、受众适应的多重形塑中得到的，带着深深植根于中国社会与文化的真实感与使命感。由此，当他们将这样的特质带入建筑批评时，建筑批评的理性复活了。同时，与建筑的深度接触，也让这批媒体人看到了中国建筑批评的窘迫：

“而对于中国当下的建筑师群体，我们的感觉是，中国的建筑师从业的社会态度异常消极和被动。作为狭义的职业工作者，大量建筑师甚至都无暇关心自己产品的社会后果，更不要说还持有通过建筑实践来改善社会状况的信念；作为广义的知识分子，他们很少有眼力透彻地观察自己身处其中的空间政治经济的运作，更少有勇气站出来批评该运作过程中的不合理。”[1]

中国建筑传媒奖的举办，以媒体的力量让非专业传媒的这种批评理性，如一剂强心针，成功地引发了建筑业界的注视与讨论，并直接扭转了建筑批评的立场与导向。《南方都市报》以此开始对建筑的深层次关注并“干预”，也将建筑批评的立场转向了社会大众一边。其后，赵磊、朱涛等业内外批评主体的协作努力，发挥了重要的发酵效力，并直接导致了“有方”这一独立机构的创立。

将建筑的大众与批评之路引向新的方向，继续探索建筑批评与传播的广阔可能性，这不得不算作新世纪以来建筑批评的新胜利，而引导胜利的是接近社会、大众，有着强大媒体理性与正义守望的非专业传媒。同时《南方都

1　赵磊．从“尖叫建筑”到“公民建筑”——大众媒体的建筑观及建筑“干预”之路 [J]．新建筑，2012，01:61-62.

市报》对“公民建筑”理念展开的传播，也可视为媒体的公共传播内核与精神在建筑领域的一次充分实验，它以建筑批评的形式为启发公众利用公共传播在更广泛的社会领域介入对更多社会事务的讨论和管理提供了新鲜的视野和鉴戒。

中国十大丑陋建筑评选

2010 年 11 月 1 日，畅言网联合文化界、建筑界的学者、专家、艺术家、建筑师等 50 多位业内专家，发起第一届“中国十大丑陋建筑评选”活动，针对当前蔓延的求大、求洋、求怪建筑之风开始中国当代建筑大审。

“从专业角度抨击恶俗”“促进建筑行业健康理性发展”成为这一活动的宗旨，直接对抗当今建筑行业中求奇求怪、恶意媚俗的设计价值导向，设定了“使用功能极不合理，与周围环境和自然条件极不和谐，抄袭、山寨，盲目崇洋仿古，折中拼凑，盲目仿生，刻意象征隐喻，体态怪异恶俗，明知丑陋一意孤行”等 9 条评选标准。参与评选建筑经过网友提名、线下调研、网络投票，最后由王明贤、顾孟潮、布正伟等强大的专业团队形成专家评审小组进行反复评审。

由于评选的“审丑“视角，从一开始就吸引了众多网友的注意与广泛参与，成为网络热点话题。2011 年 1 月 21 日，“中国十大丑陋建筑”最终出炉，北京盘古大观、沈阳方圆大厦、安徽阜阳市颍泉区政府办公楼、重庆忠县黄金镇政府办公楼、邯郸元宝亭、四川宜宾五粮液酒瓶楼、河北燕郊北京天子大酒店、潍坊市民文化艺术中心、江苏阜宁天鹅港湾酒店、深圳大中华国际交易广场等十座建筑不幸列选。

迄今为止，“中国十大丑陋建筑“的评选已成功举办 4 届，CCTV 大楼、人民日报社大楼等标志建筑纷纷上榜，越来越多的丑陋建筑进入公众视野。每年的许多上榜建筑总能不负众望地“雷翻”大众，不断挑战人们的审美底线，这让专业人员惭愧汗颜。评选规模、范围、问题的严重程度也完全出乎发起者的预料，其丑陋表演的花样和危害也远超出了评选之初的 9 条标准。

通过评选凸显出的建筑业与建筑创作中的问题，也引发了诸多媒体的争相讨论。新浪网发表时评《“最丑建筑”泛滥　“癖痪”的岂止是审美观？》[1]，认为这些丑陋建筑现象折射出一些地方扭曲的建筑观，更应该加强监管、听取民意。华夏经纬网的《丑陋建筑，长官意志“弱智”设计师》[2]一文认为官员或投资商的权力意志主导建筑创作的不合理体制，是建筑师“弱智化”早已成为家常便饭的主要原因，可谓扣住了中国建筑创作现状的命脉。《中华建筑报》则认为这些丑陋建筑的出现，虽可归咎于中国的快速城市化，更与当下中国建筑缺失足够的城市主题文化意识有关系。只有具备城市文化和审美意识，尊重历史和文化传统，才能在城市化进程中造就真正具有文化灵魂的建筑。

由此建筑“审丑”蔚然成风：“老外评中国十大丑建筑”，各地方、各城市“最丑建筑”评选等活动相继展开。在公众的集体目光下，高速城市化进程中积累的建筑垃圾深厚资源，被逐一挖掘，成为互联网上常习常新的热门话题。评选的“审丑”设定虽有一定的刻意迎合新媒体话题思维、夺眼球意味，但其对于当前中国建筑界的警醒作用还是非常明显的。建筑专家顾孟潮《回归公民建筑——评选丑陋建筑活动好》一文，大力支持媒体对建筑创作进行理解、参与、支持、尊重，特别是监督和批评。在这场运动中媒体不再是批评者、传播者，而是身体力行的倡导者、参与者。

建筑，作为这场“国家实验”中的主体标本之一，得到最大范围的消费，这势必引起承负社会监控器职责的大众媒体对此进行关注、释读与批评。拥有广泛受众面和公共话语权的传媒，向来都是建筑批评传播的中坚力量。媒体理性在建筑的“国家叙述”中被强烈召唤。无论是倡导以社会意义评判建筑的中国建筑传媒奖，还是以“最丑”评比揭示建筑实践的中国十大丑陋建筑评选，都体现出主流媒体对建筑的省审立场。

媒体审视的背后，是广大普通民众进入建筑批评场域带来的占位关系的改变，以及由此引发的关注点及立场的转移。传媒在强大新势力的支撑下，成为最灵活的代言人。传媒视角的改变、省审姿态的打开、大众立场的引入，

1 “最丑建筑”泛滥“癖痪”的岂止是审美观？[A]. 新浪网. http://www.archcy.com/point/gdbl/f145afd494c68039.

2 丑陋建筑，长官意志“弱智”设计师[A]. 华夏经纬网. http://www.archcy.com/point/gdbl/60966e2b087c5333.

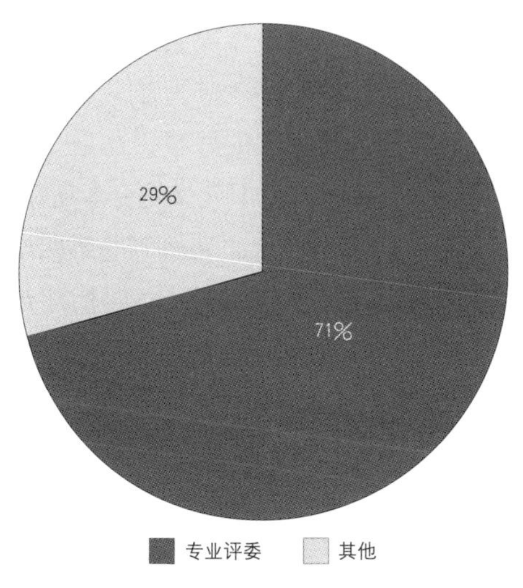

图 4.2 中国建筑传媒奖评委会构成

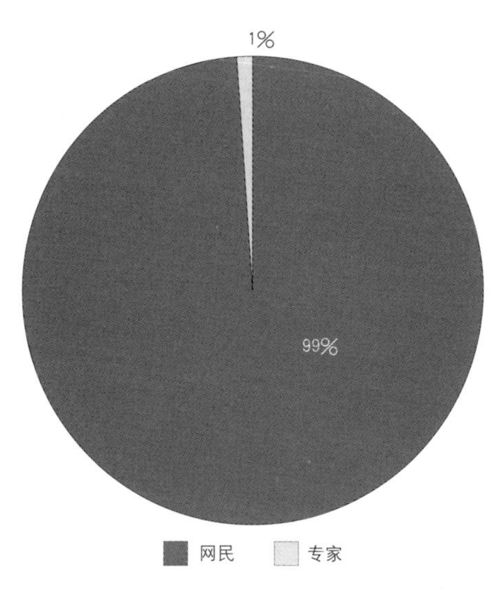

图 4.3 中国十大丑陋建筑评选人员构成

这是微时代建筑批评的转折。

由非专业传媒发起的专业内外的合作，从社会分级来看并不是平等的。从某种程度上说，这一时期的批评话题与走向更多来自民间、来自专业之外的声音。专业力量与传媒，更多充当着智库与权威话题的作用，而其后是重要批评中坚人物的协作努力。中国建筑传媒奖之后“有方”空间在专业内外的大受追捧，就证明了这种力量的发酵效应。非专业媒体对建筑批评的引领对贫瘠失语中的专业批评而言，是天大的好事。这是一种批评的崛起，亦是一种回归，建筑批评从来就不需要、也不应该受专业所限定。

而同一时期，2009 年“北京当代十大建筑”的第四次评选中，官方的迟缓与传统批评模式与力量的存在，也构成了这一时期建筑批评的客观图景，提醒我们建筑批评的演进之路总是新旧势力与特征的交织。可喜的是，新的趋势与声音总是更有生命力。

微话语：建筑批评场域的新惯习

海德格尔曾说“词语破碎处，无物可存在”[1]，一切事物的存在和意义都开始于语言说话，终止于语言说话的结束。在新媒体所缔造的建筑批评场域惯习话语生产体系之上，一切关于批评的尺度都得以重新建立。

建筑新媒体事件[2]作为建筑批评传播过程中的一种特殊形态，集中反映了建筑批评在新媒体中获得的新场域特质。这种特质不仅仅表现在批评途径的丰富性、批评模式的即时性与交互性，批评主体圈层的多样化、分众化等方面。新媒体以自身建筑批评话语的强大构建力，催生了新建筑批评场域中的新惯习——建筑批评“微话语”。在以“秋裤楼”为代表的一系列建筑批评事件中，为建筑起花名的“微话语”模式，超越建筑本体成为事件的焦点，并在议题设置、表达方式、批评语态、话语权争夺等诸多方面，都凸显出了对新媒体的建筑批评话语惯习的构建作用。

批评议题的偏好：娱乐性、对抗性

在新媒体推动下的建筑批评场域中，媒介所带来的新特质，带给建筑批

---

1 海德格尔在《通向语言的途中》一书中所引用的 20 世纪著名德国诗人盖奥尔格《词语》一诗。

2 这里姑且给“新媒体事件”作出这样的界定：由网络、手机等新媒体引发，或因新媒体的重点参与和传播，使之产生重大社会影响的新闻事件。相对于传统的媒体事件，新媒体事件具有传播速度快、受众参与程度高、社会轰动效应强等方面的特点。而建筑新媒体事件是指主要集中讨论与建筑相关的内容的事件。

评前所未有的“在场”氛围。批评由个体壁垒转为群体的交互，批评话语由传统的艰深、晦涩走向了口语化、具象化。这种话语上的改变是场域中各种势力在占位、惯习等方面进行争夺、妥协所引发的。其间“有价值的不是信息，而是注意力”[1]，因此具有“震惊”特征的议题往往更容易受到关注。这种议题的特征强调了参与性，使广大受众不只可以看，还可以成为事件的主角，体验到事件的运作，形成心理上的接近感。

2012 年 8 月 27 日，苏州网友“常想一二 02”用其微博上传了苏州金鸡湖畔新建筑东方之门的一组图片，这条微博在短时间内被大量转发，引发大批网民吐槽，东方之门也因此获得了“秋裤楼”的绰号，成为媒体和大众关注的焦点。民间各路高手纷纷现身，通过微博、微信、网站等载体对“秋裤楼”进行 PS 再创作，将这场建筑的全民批评事件推向高潮。以此为始，“大铁圈”“比基尼”“靴子楼”等一批“绰号建筑”也陆续被网民挖掘出来，在以微博为中心的新媒体中广泛传播，并迅速漫延至各大新闻网站、主流报刊等媒介。一场历时近 2 年的建筑批评狂潮由此掀起，形成广泛影响。

在以上事件中，其娱乐化的议题倾向是通过“审丑”实现的。公众对“秋裤楼”的建筑命名方式，为事件设定了反讽的批评语态，赋予事件新奇性、幽默性、瞬时性的语言特质，同时也提供了公众参与建筑批评的空间。如网友许如壁发表的评论：“北京有大裤衩，苏州有牛仔裤，多么标新立异的建筑，人生终于完整了！”网友张伯康 2011 发表的评论：“东方之门秋裤将引领中国建筑进入下半身时代，裤子家族来了！”事实上，因为“丑”比“美”的议题中往往多了更多的新元素和变量，更容易让公众引发讨论、形成关注。

其后推动“秋裤楼”事件不断发酵的“方头鞋”“老子吐舌像”等新的议题，都体现了一定的“审丑”意味，为批评的持续提供了娱乐性的冲动。而同时期的建筑新媒体事件如“大铁圈”“比基尼”“靴子楼”等，也都是通过“审丑”的娱乐化议题将批评推向高潮，同时激发出受众的创作灵感。

对抗性议题由于可使新媒体受众立场与话语权得以彰显，受到新媒体批评主体的偏爱。而同时，新媒体对议题娱乐性、对抗性的追求，使其主动回

1 这是著名诺贝尔奖获得者赫伯特 · 西蒙在对当今经济发展趋势进行预测时提出的著名论断。

避着无法承担这种功能的议题。如“秋裤楼”事件中，主流媒体关于工程质量、建设进度等议题的设置，并未引起受众的关注。而事件一旦没有了新的诱发因子，批评也就随即连同事件本身一起进入低谷。从这样的“热点刺激”模式看，新媒体中的议题设置体系是开放的、随机的、无法预知的。

新媒体对娱乐性、对抗性的追求，激发了建筑作为新闻事件和矛盾载体的批评内容特质，其议题的偶发性选择，也使建筑批评成为人们构建日常的关注手段。也正因如此，在“秋裤门”事件之后，“大铁圈”“比基尼”“靴子楼”等一系列不曾在专业与主流传媒上露过面的普通作品，被公众借助新媒体的平台推到了舆论的前台，引发了人们对“奇奇怪怪建筑”现象的普遍思考与批评，凸显了受众的主体性在新媒体建筑批评中的一个前所未有的高度。

话语表达方式：碎片化、日常化

在过往的建筑批评中，无论是专业媒体或是官方媒体，规范的行文与提炼式的观点解读成为批评话语的主要方式。建筑批评在这样的惯有方式中维持着话语背后主体的特殊性与阶层性。而新媒体特别是微信、微博等“微媒介”，以其技术上的支持，将网络碎片化言说作为自身的重要特征，而这种全新的言说方式，表现出不同于以往的建筑批评新特质。

首先，建筑批评的微话语最突出的特征就是其碎片化。这是由于网络与社会化媒体对人造成的集体分解而引发的，每一个人在新媒体世界中都是单一的、孤独的存在。其次，微博140字的限制、微信小屏800字左右的最佳阅读容量，都使得其评论以片段式出现：转瞬即逝的评论随时随地以毫无连贯性可言的撞击、震惊、蒙太奇式的拼贴、语言的瓦砾甚至是垃圾的形式表现出来。这就要求批评要一针见血、一语中的，也使得其落点较为明确，但层层递进的逻辑性较差。

在这样的破碎中，诉求的是人对建筑此刻的、当下的批评状态，而非有前因后果、有时间纵深和来龙去脉的批评模式。这正是平民智慧的存在与表达方式，是对历史构建的连续叙事的反驳。正如利奥塔尔所说：“‘原子化’的后现代社会，一切宏大叙事都失去可信性，系统——主体的设想是一个失败。”[1] 并非所有的碎片都有意义，也并非所有的碎片都转瞬即逝。在残垣断壁、瓦砾砖头当中，某一片断或者得以延续，甚至镶嵌于那些传统的、学院派的批评当中，改变着精英们的建筑批评言说而浑然不觉。

其次，建筑批评的微话语往往体现出与日常生活的密切关联。碎片化的言说是基于个人的日常体验，一饭一蔬、衣食住行、朴素经验。如“秋裤楼”事件中网友把建筑与“秋裤”“方头鞋”等日常物品的强势关联：“央视的大裤衩终于不再孤单，话说这是 memorecool 吗？”“大头皮鞋还不是尖头的，一点也不时髦！最好刷上鞋油，有点反光才好看呢！”……在洋光摄客的评论：“想想，当节日庆典时，一根根彩色布条从楼顶上垂下，那是何等壮观的一幕……”，将“秋裤楼”放置到特殊场景中加以想象。这种关联派生出了想象的空间，从而形成寓言式、意向式的批评指向。碎片化的评论在广泛的层面使批评意图得以明确，并获得了多层次的、细碎的注解。

在碎片化、日常化的新型话语模式下，一种新的建筑批评理性——“交往理性”被建立起来：即批评共识的形成是在具有亲和力的、多方的、即时的、碎片化信息的沟通中建立起来的，此间，受众个体的主体性得以强调。而在传统的自上由下的权威性批评方式中，批评的灵性与受众主体长期缺席。

在此话语形式之下，权威被颠覆、传统被蔑视、身份被消解，民众以“起绰号”的形式表达着自身对地标建筑的亲切、调侃和嘲讽，对当前城市与建筑发展模式的不满，以及对社会与时代话题的参与意愿。借此，有着同样语言样式、情感倾向的群体，在集体语言的狂欢中获得了与精英话语、权力话语分庭抗礼的力量与短暂的身份认同。

同时，极富个性、情感化、日常化的建筑批评话语表达，也弥补了传统建筑批评话语当中具体受众无所指的不足。在遭遇矛盾性灌顶冲突时，会形成有效的“出色辩论能量”，以此推动批评理性的群体效应，建立起不同人群指向与个性化的批评尺度，实现了开放性与私密性的统一。

从某种程度而言，新媒体碎片化、日常化的语言表达方式引发的建筑批

---

1 [M] 利奥塔尔．后现代状态：关于知识的报告 [M]．槿山，译．北京：生活 · 读书 · 新知三联书店，1997．

评是对意义的消解，是对一元论的传统建筑批评与理性的失望、反思与消解，是顺应新媒体塑造的新型公共属性的话语类型。从话语表达方式看，新媒体的传播手段在某种程度上形成了新的语言经验，这种新的语言经验如果长期与主流话语保持疏离的态度，势必会形成一股对抗传统主流意识形态的强大力量。而这正是新一代受众在消解中心、对抗权威方面的重要策略。

态度式的舆论导向

对于大众媒介的影响力资源而言，最重要的就是形成舆论的能力。在新媒体技术平台之上，社会文化意义上的草根文化的兴起，使得新媒体舆论的本体成为“态度”而非“具体意见”。这种生根于新媒体受众中的态度，如对于特定事件的同情、不满、愤怒等，使建筑批评在其中的批判能力明显加强，成为公众参与建筑批评最重要的方式，并以此形成与权威话语相抗衡的舆论基础。在“秋裤楼”事件中，这种基本的舆论态度倾向往往通过“反讽”“拼贴”等具体方式得以实现。

方式之一：反讽

与传统媒体的模式化倾向以及专业批评刻意维持的专业性形象相比，新媒体中的建筑批评往往更浅表、更直接，理性色彩较弱。如“秋裤楼”事件中，反讽语态的设定通过形象化、生活化、立体化的全通道传播方式，使人们的情感得到了较大程度的调动和激活。公众对“秋裤楼”的想象式批评被激发出来，PS 图片、文字、漫画、视频等，并将建筑与日常体验相对接，消除了认识上的距离感，也获得了批评场域的心理优越感。反讽在将事件不断推入舆论中心的同时，奠定了批评与事件的情感基调。

而这一反讽的语态设定，体现着媒体传播背后平民意识的崛起。这一时期的批评场域体现着强烈的广场性质。众多无权势的网民正是由此“释放道德紧张，舒缓怨恨情绪”，彰显着大众对建筑不合理现象的抵抗，借以完成一次“想象的报复”，表达着自身的批评诉求，进而创造了在场感。

而事件报道中，快速跟进的新闻网站与传统媒体，多数直接套用和移植了微博中公众评论的反讽语态设定和批判基调，甚至使用了相似的标题：《苏州

“东方之门”像秋裤？网友欢乐 PS》（大楚网，2012 年 9 月 4 日）《东方之门遭网友 ps 恶搞 霓虹夜景为“秋裤”穿网袜》（华商网，2012 年 9 月 4 日）等。这种平民语态的设置与延用，框定了事件中批评的阶级立场，彰显着新批评主体对参与到建筑批评中的渴望与批评渠道缺失的抵抗。

方式之二：拼贴

拼贴，即把事物重新进行排列和语境重组来产生新的意义，是“一种即兴或改编的文化过程，客体、符号或行为由此被移植到不同的意义系统与文化背景中，从而获得新的意味”。[1] 这种表达使得在表层文本意义系统中的符号被去历史化、去语境化，实现时间的空间化，从而缔结出新的语境关系，建立起一种新的意义和价值，是新媒体表达其舆论态度的另一个越来越明显的趋势。

“秋裤楼”事件中，民众对建筑图片进行的 ps 创作就体现了强烈的拼贴性质，并超越话语的表达方式，变成该事件的重要内容。“轻松家朱时毛”给东方之门这条“秋裤”安了上身，有强壮的男子，也有曼妙身材的女郎。不仅如此，绿巨人、奥特曼、变形金刚也被拼接了一通。网友们惊奇地发现，“秋裤楼”具有深厚的时装潜力，不管是淑女装还是文艺范儿、小清新，都能完美搭配……这些 PS 图片在新媒体提供的各种平台上被“转发”被“分享”，其活跃程度远远超出传统媒体所能掌控的范围。为此中国新闻网不禁发出评论《大神 PS 苏州东方之门 “秋裤楼”你就是为了 PS 建的啊》[2]，文中张贴了多幅令人忍俊不禁的 PS 照片，奥巴马和希拉里两位美国国家高层也穿上了“秋裤”高兴挥手致意。

这些恶搞都非原创，而是一种拼贴的大众文本。它们盗用与改写原文本中的诸多元素，按照自己的意志拼贴起来，生产出一种新文本和新意义。声音、文字、图像和视频，不同媒介融合在一起，共同组成新的媒介景观。一方面

---

1 胡疆锋．亚文化 [M]// 陶东风、周线主编．文化研究（第 6 辑）．广西：广西师范大学出版社，2006．

2 王思翔．大神 PS 苏州东方之门 “秋裤楼”你就是为了 PS 建的啊 [A]．中国新闻网，2012 年 9 月 5 日．http://www.ce.cn/cysc/newmain/yc/jsxw/201209/05/t20120905_21245838.shtml．

不断加速与强化“秋裤楼”的外形特征，加快建筑内核与讨论议题的脱离；另一方面通过拼贴创作得以与日常和社会的热点事件相连接，由此吸引注意力，取得良好的传播效果。

无论是反讽还是拼贴，新媒体中的建筑批评遭遇了一套新的话语模式，其明确的舆论批评态度的确立，成为蓬勃崛起的草根实力抵抗主流文化的捷径。新媒体受众以“荒诞”“惊奇”等吸引注意力的表达方式对抗学院派与精英式批评的“宏大叙事”以及由此引发的思想禁锢，从而彰显自己的“存在感”——避让却不逃离。

正如赫伯迪格在《亚文化：风格的意义》中所强调的：“当拼贴者使用相同的符号体系，再次将不同形式中的表意物体定位于那一套话语的不同位置中，或当这个物体被安置在另外一套不同的集合中，一种新的话语形式就形成了，同时传递出一种不同的信息。”“在他们的场所内部，凭借他们的场所，建构我们的空间，并用他们的语言，言传我们的意义。

话语权的争夺

新媒体所开辟的话语平台为大众提供了更为便捷和丰富的表达元素和传播途径，这使得消隐于传媒格局中的庞大草根评论群体走上前台，原来处于新闻制造和传播边缘的公众成为批评话语权的拥有者。过去传统建筑批评中“一家”或“多家”之言的点状话语版图，在新媒体开辟的虚拟空间里，繁衍为寻找“同声相求、同气相求”、相互拥趸、多元言论的“部落格”。批评话语权也逐渐发生分化和转移，成为各方力量博弈的权力场。

在“秋裤楼”事件的传播过程中，虽然主流传媒也扮演了重要的意见领袖角色，但是在“方头鞋”“老子吐舌像”等事件的关键转折点，新媒体代表的草根力量影响并改变着事件的议题设置与转向，并发挥出强大的联想与关联能力，最终将这一单一事件扩大为“绰号建筑”的群体事件。其议题引领中的灵活性以及话语表达方式及语态设置中的强势表现，在很大层面上打破了传统建筑批评生态中的话语垄断态势，使得公众的话语得到正名，并引发与精英圈层、专业人士的批评对话，成为平衡专业和其他建筑批评的“屋脊”话语。

然而，虽然微媒介理论上使人人都成为话语中心成为可能，但在新媒体塑造的公共空间中，多元的、差异性的批评主体由于各自身份地位、职业阶层、联系能力、交往能力、受关注程度等的不同，其占有的话语资源与话语权也不同。因此新媒体的传播系统仍带有天然的阶级性。在“秋裤楼”的微博传播中，也凸显着意见领袖的话语权引领作用，广大的草根阶层更多充当着意见跟随者的作用。

正如学者李彪指出的，在 web 2.0 时代，最大的变化是意见领袖在整个信息传播网络中的位置被极大地“前置化”，部分地介入信息早期的发现、挖掘阶段，进而可以左右信息的流动方向和流动模式。这使得新媒体中的意见领袖成为具备了大众媒体特征与作用的社会角色，并且在一定程度上整合了社会信息流和意见流，进而改变了传统话语权力的图景。

在这样的话语权场域中，建筑批评议题的关注度与意见领袖息息相关。议题能否受到关注，关键在于互联网上的表达是否嵌入意见领袖社区中。也就是说，新媒体上的“喃喃自语”，只有进入意见领袖的社区之中，才能上升为公共表达，进而引起公共舆论的关注，凸显出批评效用。而随着新媒体中意见领袖性质的多样化改变，建筑批评议题更依赖于话题的“吸引力”。以新浪微博中搜索到的 2239905 条建筑类内容来看，热点话题均集中在新闻性强的事件上。这也是“秋裤楼”“王澍获普利兹克奖”这样的娱乐化、冲突化、标志化的偶发性提议能掀起批评高潮的重要原因。

同时，由于微博、微信等是基于信任的一种传播，依靠实名制、转发等传播手段，因此新媒体场域中不可避免地映射着传统现实生活中的话语权分布，具有一定话语权和权威的话语精英仍旧能够脱颖而出。从对新浪微博的建筑类内容分布来看，王石、潘石屹等名人的被关注度大大超越了建筑类官刊微博、建筑类名人等意见领袖类别。

而批评主体身份的不确定性及流动性彻底改变了建筑批评话语主体的固定圈层概念，话语权的分配也由此走向动态平衡。传统媒体，无论是报纸、图书还是杂志，都会以某种媒介方式作为始点，在某个中心之下形成社会舆论与批评，传递信息、概念、思想、品位以及价值观。而在新媒体形成的散点式批评格局中，主体呈现出不稳定的、动态的组成方式，相比阶层的属性，他们更关注个体话语权是否得到了张扬。

以草根批评群体为代表的建筑批评新力量，构建了一种参与性极高的批评模式，在一定程度上内蕴着对文化权力的诉求，并由此带来了“新文本”“新文化”“新社群”的生产。这种小众文化具有坚挺的独特性质，不再追求将自己的趣味普泛化和大众化，同时也拒绝任何的同化和指导，也使建筑批评更清晰地指向自身的目标群体，而这种独立的批判性正是原有传统建筑批评所缺乏的。

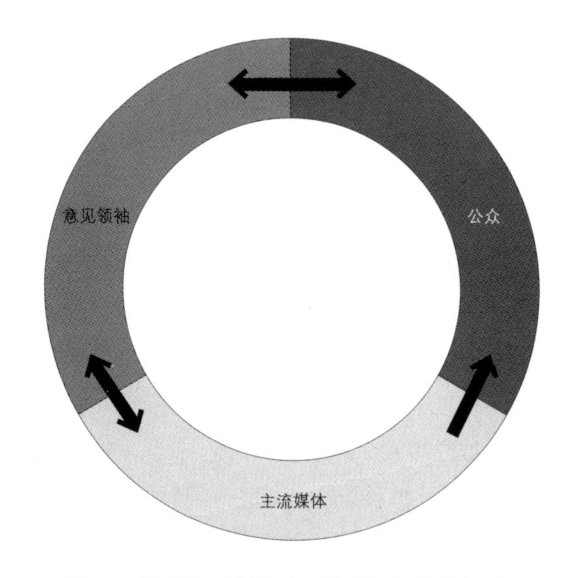

图 4.4　微时代建筑批评场域与话语权的动态特征

“秋裤门”事件中新媒体对建筑批评的建构力量，引领我们看到了全媒体时代建筑批评生存的新模式，以及由此牵扯出的建筑批评新场域中的批评主体、内容以及传播模式的全方位改变。将建筑批评纳入整个传媒的发展进程中——其实这样的构建过程从来也未曾停止，正因如此我们才收获着今天建筑批评的传播图景。

电视批评场域的构型

作为受众数量占绝对优势的大众媒介——电视在我国的综合人口覆盖率一直高达93%以上，并保持持续增长。2008年，这一指标达到了96.95%。在多媒体环境下，虽然受众对于传统电视的消费渐趋减少，仍然不能撼动电视作为最主要媒体的地位，并且每日观看市场近 10 年来均保持在 160 分钟以上[1]。在受众方面，电视的受众在向青少年与老年观众两极分化，15—34 岁的观众收视时长明显萎缩，高学历观众收视率减少[2]。

在这样的优势传媒视野中，对建筑的关注一直以来却比在其他媒介中要少。这与电视的传媒特性有着密切的关系。

2012 年王澍获得普利兹克奖，作为获此殊荣的第一个中国人，立刻引起了上到国家领导人、下到平民百姓的极大关注。诸多电视媒体也将视野转到了这位年轻建筑师身上，掀起了一次建筑的电视报道热潮。仅以《筑梦天下》一档节目而言，就曾以《王澍荣获 2012 年普利兹克建筑奖》（2012 年 3 月 17 日）《中国建筑师王澍被授予 2012 年普利兹克建筑奖》（2012 年 5 月 26 日）《普利兹克建筑奖》（2012 年 6 月 2 日）《王澍的花样年华》（2012 年 6 月 9 日）《普利兹克建筑奖花落中国》（2012 年 7 月 7 日）《普利兹克奖得主王澍作品走读》（2014 年 9 月 22 日）六期节目的长度，对王澍获普利兹克建筑奖进行了报道。王澍及其作品也在电视的这次大众转译中得到了极大的传播。

事实上，王澍事件的媒体关注是同时期建筑受到电视青睐的集中表现。随着中国城市化进程的推进，新世纪以来建筑与城市成为中国民众关心的事件与社会现象频发的集中区域。这使得建筑的新闻性、大众性都得到很大提升，也快速拉近了建筑与电视传媒特性的距离。电视媒体中建筑内容的出现与增多，标志着建筑批评范围波及最广泛的受众群体，也为建筑的言说提供了更多可能。

由于视频的强大描述与传播形式，以及制作人员的巧妙编排，电视往往能将看似枯燥的建筑内容变得生动易懂。可以说这是其他媒介形式所不能比拟的，极大地推动了建筑批评的传播。

电视中建筑批评的存在形式

新闻评论

建筑批评类电视报道更多集中在各种新闻报道与评论当中。这些新闻大

1　崔保国．2010 年：中国传媒产业发展报告 [M]．北京：社会科学文献出版社，2010，4:218-243．

2　崔保国．2010 年：中国传媒产业发展报告 [M]．北京：社会科学文献出版社，2010，4:249．

都出现在2010年之后。除与建筑事件的增多有关外，新闻／时事类节目在2009年后的改版也为建筑的新闻关注提供了很大的支持。以中央电视台新闻频道的改版为例，新闻量的加大、以新闻评论的空间与质量为核心目标的改进、从宣传本位到新闻本位的重大转变[1]，也使得新闻把能透视社会变迁、时代特征与发展矛盾的建筑领域作为报道的选择，并将建筑现象的解读，升级为与现象深度贴近的评论性解读等新闻。在这两种力量的交织之下，借助电视的渠道、新闻的形式，建筑批评被推送到更广阔的受众群体视野中。

电视新闻评论中的建筑批评往往观点明确、内容简短。建筑热点事件或现象多数是以关注民生的姿态进入电视新闻评论框架，这也是日常电视播报中频率最高的建筑批评内容。如“午间道”的《近乎疯狂的奇特建筑》（2013年12月5日）《“建筑癌症”：全国建筑渗漏率超过65%》（2013年7月10日）等。

随着新闻评论性的加强，建筑评论不仅仅停留在现象的罗列、事件的浅层次报道上，还表现出以权威专业的高度和水平，向新闻事件的原因、对策、结果进行深层次发掘的倾向。如2013年8月13日的“新闻观察”中播出了时长3分钟的评论性报道《公共建筑设计：中国建筑师夹缝中求生》，对中国建筑师在国际建筑界的地位、竞争力的弱势，以及生存的尴尬状况作出了评论。这种对中国建筑业的整体式评述，在电视的评论中还是比较少的。

而作为中央电视台王牌新闻评论类栏目的“焦点访谈”，体现出“以事实说话”的突出的评论性，担当着中国建筑的审视者与批评者的角色。栏目不仅对多个关乎民生的建筑事件与现象进行报道，如《“瘦”了钢筋“肥”了谁》（2014年6月25日）《居民楼为何碰了头》（2014年11月27日）等，都对出现的建筑质量问题进行了深度评论，并促进了相关建筑事件的后续跟进，更是体现着国家宏观评述与官方立场。又如2008年《焦点访谈》推出《新世纪新建筑》系列报道，对北京新建筑进行了逐一报道、点评，并与张永和、周榕等多位建筑专业人士对话，分析新时期新建筑的特点，以及由此透视出人们对建筑的包容与开放的趋势。

1 崔保国. 2010年：中国传媒产业发展报告[M]. 北京：社会科学文献出版社，2010，4:257.

电视新闻评论类节目在电视媒体中处于重要的位置，它既代表媒介的立场、态度、观点和声音，也代表公众的态度和声音。在网络新闻评论十分方便快捷并且呈现出纷繁杂乱的局面之下，电视的建筑新闻评论中体现着强烈的官方立场与正面的舆论导向，为建筑批评在大众中的正面传播起到了积极的作用。

专题节目

专题节目是指以文化、教育、艺术、科学、人物、事件等为表现中心的电视节目，有多种表现形式，如纯报道式、评论式、访谈式或综合式。相比一般的电视节目来说，专题节目的主题性更强，对题材的选择和报道的深入程度要求也更高。建筑类的专题电视节目并不多，但是在此类节目中，对建筑话题的讨论往往更加深刻与全面。

其中最具代表性的要数凤凰电视台于 2008 年 8 月开播的“筑梦天下”专题节目。节目每周播出一次，锁定于某个建筑、建筑话题、热点事件或是建筑师进行解读。其中有对标志性建筑的评论，如中国国家大剧院（2008 年 10 月 4 日）、首都机场（2008 年 9 月 13 日）等；相关建筑话题，如高层建筑、人居城市（2014 年 2 月 8 日）、因权而生的建筑（2012 年 6 月 23 日）等；热点现象与话题，如“建筑史上最牛钉子户”（2009 年 10 月 17 日）、“审丑”建筑（2013 年 1 月 5 日）、王澍获普利兹克建筑奖等。

这类专题节目对建筑的评论与讲述经过精心的策划与制作后的整体呈现，往往有着明确的议题，也激发出多种新鲜的评论视角。如《因权而生的建筑》中，就从希特勒的建筑狂热谈起，讨论了建筑与权力的深刻关系，视角新颖、独特。

另一种类型则是访谈类专题节目，采访对象通常为著名的建筑师或学者。如金牌节目“杨澜访谈录”也对王澍进行了专访，推出了《专访王澍：建筑的反思》（2012 年 6 月 22 日）；《可凡倾听》推出《建筑大师贝聿铭专访》（2011 年 4 月 24 日）《勇于挑战的日本建筑家——安藤忠雄专访》（2012 年 4 月 22 日）等。

这类专题节目往往将建筑师或专业人士请到现场，就特定的建筑话题进行交流。其中议题设置的主动权往往更多把握在媒体人的手中，对话题的讨论深度与方向，也更加依赖于采访者的主观因素。极具现场感的讨论形式，使得建筑批评的主体与受众能够近距离互动，也能使建筑批评更准确、直接地进行传播。

纪录片

2012年4月，央视纪录频道亮相法国戛纳电影节，在频道众多强势推介的原创纪录片中，展示当下中国建筑成就的《超级工程》华丽亮相，受到了国际片商的高度关注。其英文版预告片在戛纳电视节的官网上创造了中国题材纪录片最高点击率，甚至超过了国内大热的《舌尖上的中国》，成为中国纪录片国际化语境下的代表作。

事实上，在“奥运”“世博”等一系列中国大事件节奏的拍打下，随着电视台纪录片栏目的增多，特别是2011年央视纪录片频道的开播，《为中国而设计》《超级工程》等一批关于当代中国标志性建筑的纪录片集中涌现并先后播出。这一时期建筑题材的纪录片，多为时尚大气的主题风格，凸显着主流的观念、时代的选择，成为记录与评论时代转折时期建筑实践的另一种方式。

《为中国而设计》是央视“人物”栏目的专题节目，以纪录片的形式、18集的篇幅，向人们介绍了9位世界顶级的建筑大师与他们在中国设计完成的9座先锋建筑，包括保罗·安德鲁与国家大剧院、赫尔佐格·德默隆与鸟巢体育场、诺曼·福斯特与首都机场T3航站楼、PTW与水立方、贝聿铭与苏州新博物馆、SOM与金茂大厦，矶崎新、扎哈·哈迪德与广州歌剧院，以及雷姆·库哈斯与CCTV大楼。从内容看，这更像是对“奥运”时代中国建筑的记录，凸显着东西方建筑观点的碰撞与交流。

而2010年完成的纪录片《为世博而设计》，2011年5月10日在CCTV 10频道首播。它更像是《为中国而设计》的延续，同样将视角锁定中国建筑的大事件——上海世博会。节目分《寻找中的家园》《自然的呼唤》《共生的城市》《诗意建筑》《未来的启示》五个标题，以世博建筑为载体，以设计师为人物主线，通过纪录片表现形式，揭秘上海世博会建筑从无到有的历史过程，解读建筑与人、生活、时代的关系及其承载的文化内涵。

2010 年，国务院新闻办公室与 Discovery 探索频道签约，合作拍摄《神奇的中国》系列。其中《中国建筑奇观》的建筑系列通过 Discovery 频道向全球播出，讲述了上海虹桥枢纽、上海世博园、北京 T3 航站楼、新北京、上海都市更新等建筑内容。

《超级工程》这部针对中国最具野心的大型工程项目的纪录片，也展现了如上海中心大厦等工程的宏伟面貌，对建筑的解读更深入这些工程的建设背后、节点、细节。观众可以从中看到这些工程在建设过程中面临的种种挑战，其细致、翔实的报道深度甚至超过了专业媒介。它努力打破“宣传伟大经济建设”的框架，更极大弱化了建筑与城市的专业语境，尽可能客观地记录中国建筑的进程，在讲述中无论是解说词还是镜头运用都客观而中立。

此外，如《活力中国》中的专辑《女设计师》（2013 年 12 月 15 日）《外滩》《中国现代奇迹》等记录片，也从不同的角度表达了对中国当代建筑实践与现象的关注。

这一批建筑题材的纪录片，大多关注 2000 年以后的中国新建筑，并将建筑列为全球化语境中描述新型国家形象的组成部分。这样的关注，一方面是由于新时期中国建筑实践的巨大成就举世瞩目，成为很好的记录题材；另一方面国际化语境逐渐成为全球化浪潮中一个囊括了政治、经济、文化等各种合力而成的全新语义场面，对日益密切的国际交流所带来的机遇和挑战，中国纪录片担负着“文化走出去”的特殊使命。在这样的政治、文化诉求下，将建筑批评纳入纪录片的形式框架，使其获得了全新的传播方式。

正如《超级工程》纪录片主创所说：“我们的目的是让你了解可能永远不了解的领域，想让大家了解中国正在发生什么；用我们的眼睛，在重要的时间节点上帮大家一起见证。”[1] 这意味着，从一开始“业余”的评论角度就已被明确，并希望以容易沟通的话语与传播方式使建筑走向大众。这是一种偶然，也是媒体以不同形式捕捉时代特征的必然。在这样的背景之下，纪录片对建筑的表达与阐释被放置在严肃的语境中，而其引人入胜的故事化讲述结构、清晰丰富的建筑素材和准确详尽的专业表述，都正面推动着建筑批评的传播。

1 贺鸣明．纪录片的类型化趋势——从央视纪录片—超级工程谈起 [J]．声屏世界，2013，4:43-44．

电视中建筑批评的传播特质

故事化、形象化的叙事手法

电视面对类别丰富、领域广泛的受众，这与建筑题材的专业性之间是有冲突的。因此，专业题材的大众转化是电视媒介中建筑传播的重要课题。对于专业性内容的讲述，好的结构、故事化的叙述方式与形象化的建筑关联性解读，是比较常用的方式。这种特性在建筑题材的记录片中尤为明显。

2013年获得第19届上海电视节白玉兰国际纪录片评委会特别奖的《超级工程——上海中心大厦》，作为建筑工程类纪录片，就巧妙运用了科学纪录片常用的悬念引导式和逻辑推理式结构，使讲述更具故事性。片中对于许多建筑科学原理采用了现场的实验方法，例如用“大厦模型＋豆腐块”的形式展示了如何在上海软土上建造摩天大厦，使枯燥乏味的施工过程变得极其吸引人。而在解释上海中心大厦的内幕墙玻璃板块所接受的严格防火测试时，则全程拍摄记录，给观众以直观、形象的画面，弥补了语言的苍白无力。

而《中国建筑奇观》之《建筑奇观：国家体育场》中对鸟巢建筑的讲述，被放置在中国正在崛起的时代背景和全球体育场馆建设的维度中去观察、阐释。影片引用了3个欧美案例，包括1999年密尔沃基体育馆倒塌事故的失败案例，在鸟巢建设的每个关键点都设置了悬念，使观众和建设者同步处于不断发现困难、克服困难的疑问之中。讲述者则设置为外籍人员，通过他们的视角对鸟巢建设与前进中的中国社会进行了诠释。片中更使用了519秒的虚拟技术，着重描述打地基、活动顶棚的重新设计、混凝土结构的方案等细节，使抽象的设计和施工方案一目了然，成为一个亮点。

这种故事化、形象化的叙事手法，被广泛运用在建筑新闻评论与其他专题节目中，是实现建筑认知与传播评论观点的重要手段。在叙述过程中渲染细节、赋予思想和鲜活的故事，可以使建筑内容的传播更富感性化，更符合人们的审美需求和接受习惯。这也进一步决定了在建筑批评立场中人文深度挖掘的偏向。

表现手法的兼容性

电视最独特和最佳的特性应属电视的兼容性。电视内容从来就不是纯粹的，它的节目类别可以包容一切传播媒介。如纪录片中建筑批评内容的呈现方式，更像是绘画、雕塑、建筑、音乐、诗歌、舞蹈、戏剧、电影等多种艺术门类的集合。而新闻类节目可以有播音员的直播，又穿插影片、录像报道，有照片图表作衬景，并加入记者与被采访人的谈话，报纸、杂志、新闻片、照片、图表、漫画、文字——历史上所能有的一切新闻传播手段，电视新闻全用上了。

正如 . 麦克卢汉曾对这样的“混合能量”[1] 作出的阐释一样：“媒介的交叉或混合，如同分裂或融合一样，能释放出新的巨大能量”，“两种传播媒介的混合或会合是一个真理与启示的时刻。新形式就由此而诞生。因为，在两种传播媒介之间的兼用把我们投入两种形式的交界处，使我们从水仙少年式的沉醉中苏醒过来。传播媒介会合的时刻是一个自由的时刻，使我们从迷睡和知觉麻木中解放出来。”

电视媒介灵活、丰富、感性、易懂的表达方式，为建筑批评的大众言说提供了有力的支持，也为建筑批评在最广大人群中的传播提供了极大的便利。其中受众是沉默而隐身的，彰显的是节目制作者对建筑主题与议题的绝对掌控。

事实上，电视媒介中很多建筑议题的讨论与生发，多是以专业或是主流媒体的观点为基础，并显示出一定的延迟性。如王澍获普利兹克建筑奖后，电视的集中报道跟在微博、网络之后；“审丑”建筑事件中对专业人士观点的依赖等。电视在此时，更像是一个多元、丰富的编辑器，而非评论观点的生发器。这又是受电视媒介浅薄化的属性所制约的。

曼纽尔 · 卡斯特在《网络社会的崛起》[2] 中说：“我们的媒介是我们的隐喻，我们的隐喻创造了我们的文化内容。”新媒体的传播模式模糊了人际传播与大众传播之间、公共交流与私人交流之间的差别，也在根本上对抗与消解着群体与权威观念。

在专业建筑批评失语与沉寂之后，媒介的变革带来了新的契机：大众的崛起、批评话题的微小走向、话题范围的扩大与深入、批评主体的专业与圈

1 马歇尔 · 麦克卢汉在他的代表作《了解传播媒介》一书的第五章提到了传播媒介“混合能量”的概念。
2 ［美］曼纽尔 · 卡斯特. 网络社会的崛起 [M]. 夏铸九等，译. 北京：社会科学文献出版社，2006:9.

层跨越、话语权威的消解，将建筑批评的格局推到了新的水平线。

新媒体开辟了更多的意见领袖阶层，其分布不再以专业为关联度，而是以社会关联度为标准。新媒体受众用自己创建的新话语方式，对传统的核心话语进行修正与纠偏，由此为建筑批评开辟了新的话语表达方式。媒介话语权也在“任何人与任何人的交流”时空参数中进行着重设，逐渐发生分化和转移，成为各方力量博弈的权力场。多样的话语主体以原子式或群体式的方式相互构建、互动传播，随着议题不同而呈现出话语资源与权力场域争夺的动态平衡，成为形塑建筑批评话语体系的重要源头。

新媒体的日新月异将建筑批评可能出现的版图深挖到每一个细小的角落。批评圈层的金字塔底端被快速聚集。微圈层、微话题像活跃的细胞一样运动着，激活了与时代特征紧密相接的建筑批评。在这场由传播的技术革命引发的“语法革命”中，建筑批评领域的边界、话语方式、力量对比以及规则都深刻地改变着。媒体与批评之间的天然联系，没有一个时期比现在诠释得更为透彻。

下篇

错位与对接：建筑批评传播图景的偏向与反思

第 5 章　传媒视角下的批评图景偏向

一种新媒介的长处，将导致一种新文明的产生。[1]

——英尼斯

场域理论提供给我们一种连接宏观—社会与微观—组织的分析路径与框架。将建筑批评场域放置在与更大权力场域的关联中，可以之解释外部力量是如何转化并影响到建筑批评场域的半自主逻辑。

传媒作为生成和理解建筑批评的重要渠道，通过媒介塑造的巨大而宽阔的关系链接、信息，引导着社会公众的注意和兴趣，改变着建筑批评场域中各社会阶层的力量对比，并在一定程度上支配着社会发展趋势。再分化来看，传媒以自身为网络，将人类社会中的各种关系、力量相互连接，在将影响建筑批评场域的力量逐一展现的同时，也赋予自身独特而重要的权力，进而衍化出建筑批评场域演进的新合力。

正如梅尔文·德佛勒和桑德拉·鲍尔—洛基奇所认为的："各个时代人们的日常生活深受他们一生中存在的传播系统的影响。因此需要懂得一个重要原理：一个社会的传播过程的性质实际上与该社会人们日常生活的每个方面都关系重大。这一原理既适用于电视时代，亦适用于我们史前祖先沿着大冰川用梭捕猎猛犸的时代。"[2]

从大众传媒中追溯建筑批评的图景是繁复且细碎的。其中，事件与特征无疑是描述的最好途径。然而，每一种特征的出现在媒体传播中都会有一定的反复和延迟，各种媒介的出现对于建筑批评场域作用进而形成特征，往往在时间上是相互交叠的，而建筑、社会、文化等对建筑批评所起的作用也会在与传媒力量的交织中彼此影响，这又是时间维度之外的理所当然。

1 [加]哈罗德·英尼斯. 传播的偏向[M]. 何道宽，译. 北京：中国人民大学出版社，2003:6.

2 [美]梅尔文·德佛勒、桑德拉·鲍尔—洛基奇. 大众传播学诸论[M]. 北京：新华出版社，1990:11.

事实上，本书上篇以时间为轴的阐述，旨在证明一种策略：建筑批评的大众传播图景，是以社会、政治经济、文化、建筑实践等诸多要素为外在塑形力，以合力作用于建筑批评场域，并反映于传媒之中的结果。其上的各种力量并非均质的，作用于建筑批评传播中的位置、层位、方式均有不同。它们彼此博弈、相互牵连，使建筑批评场域及传播图景在不同的时期呈现出不同的特色与走向。

最典型的就是 20 世纪 80 年代的建筑批评，当宏观意识形态所掌管的社会力量占绝对优势时，专业、传媒、文化显示的作用都相对微弱。而在新媒体飞速发展的当下，传媒力量则成为这一合力体系中最为灵活与敏感的一股，以自身特征的绝对彰显将其他力量融合，占据强大的支配地位。

如果将建筑批评的传媒图景看作是某种生产机制的运行结果，那么探究这一机制的构成与运作方式是解释图景来源与动力的途径。其中，建筑批评场域演进的驱动力、媒介机构生产方式、批评内容的选择、批评主体的构建、批评传播的策略等，都能从不同的剖面为我们提供参照。

当我们以传媒为视角，对建筑批评的传播进行描述时，我们也就无法逃脱以传媒为线索，对其背后的各种元素、力量进行剥离考察。这种合力机制会更清楚地得以展现，这有助于我们更清楚地解释建筑批评在大众传媒中的呈现方式。

传播视角下的建筑批评场域生成逻辑

审视大众传媒中诸多此起彼伏的建筑批评传播图景及其演变脉络，会发现其中存在着两条清晰的线索：一条线索是媒介自身的发展史，从 20 世纪 80 年代的书刊、报纸、广播、电视的逐渐恢复、步入正轨，到互联网、微信、微博、社交网络等的持续演进，传媒以技术变革实现着自身传播方式的变化；另一条线索则是建筑批评场域自身的演进史，身处各种不同力量作用下，在运用媒介传播技术参与社会文化交流、回应当下建筑实践的过程中，形成了自身的发展轨迹与特征。建筑批评的传播图景就是这两条线索的并存、交织而形成的。

正如任何一种研究视角的切入都会形成一定的图景偏向一样，从传媒视角观察建筑批评尤其如此。媒介作为信息的载体、人类思想演进的物化标志，本身就存在着不可避免的内在偏向性。这种特征早在多伦多传播学派学理论家哈德罗·英尼斯的《传播的偏向》(1951)一书中就被详尽论述，并得到公认。

英尼斯认为，任何一种媒介“都对于在时间或空间范畴内传播知识发挥着重要的作用……若某种媒介本身很重、不易腐坏，那么它更适宜在时间的延续中保存与传递知识；若某种媒介很轻且方便运输，则它更适宜在空间范围内散播知识。[1] 这可以理解为：偏向时间的媒介便于小范围区域垄断和对时间跨度的控制，有助于对权威的敬仰和崇拜，形成森严的等级制度；偏向空间的媒介便于对空间跨度的控制，有利于权力的开展和分散，可以协助在广大范围内形成有效的中央集权。

在这样的定义之下，英尼斯以“时间—空间”为坐标轴来区分与定义单个媒介乃至多种媒介聚合的差异，以此“为勾勒与分析纠结于历史中、错综复杂的传播媒介设立了一套行之有效的标准体系，对传播系统、社会及传播中的文化都产生了影响”[2]。英尼斯之前的学者查尔斯·霍顿·库利[3] 更是以表达性、持久性（“对时间的征服”）、讯散性和扩散性（将空间范围作为衡量受众群大小的标准）使时间与空间正式构成传播矩阵中的基本变量。他们都认为，传媒的力量是通过时间与空间的占有、争夺、并存、循环而影响社会文明的其他方面。

“若一种传播媒介在相当漫长的时期内被人们持续使用，那么这种媒介便可以于很大程度上决定知识在传播中的属性。最终，宰制性的媒介技术让自己的影响力遍布整个社会，从而使人类的生命力和适应力渐渐在当下的社会文明中变得难以为继。到了这个时候，一种新的媒介会横空出世，其身上势必具备某些旧媒介无法企及的优点，并可以将人类引领至一个崭新的文明之中。”[4]

传媒以自身的时间与空间属性，影响着其嵌入的社会文化传播形态。以此来重新审视 20 世纪 80 年代以来的中国大众传媒与建筑批评的双重发展轨迹，可以清楚地看到，当代中国建筑批评事实上是在经历了两种不同偏向的媒介发展、交织、抗衡力量之下，谱写了自身的当代传播图景：1994 年之前，纸媒

1 [加]哈罗德·英尼斯. 传播的偏向[M]. 何道宽，译. 北京：中国人民大学出版社，2003:6.

2 伊莱修·卡茨（Elihu Katz）、约翰·杜伦·彼得斯（John Durham Peters）、泰玛·利比斯（Tamar Liebes）、艾薇儿·奥尔洛夫（Avril Orloff）. 媒介研究经典文本解读[M]. 常江，译. 北京：北京大学出版社，2011.

3 查尔斯·霍顿·库利(Charles Horton Cooley)，美国社会学家和社会心理学家，美国传播学研究先驱。

4 同上。

的绝对宰制地位决定着中国建筑批评的特有传播形象，在这一区间里，传媒的作用力是相对平稳的，更多的是社会、文化、建筑等因素的合力映射于传媒而发挥着作用；1994 年之后，当互联网与新媒体等以空间为特征的媒介持续涌现，纸媒这种以时间为特征的媒介及其所塑造、主宰的平衡的社会传播体系就被瞬间打破，建筑批评的空间维度随着新媒体的出现而急速扩张。在新旧两种性质、多种形式的媒介更替中，建筑批评实现着最多元、最有意义的空间维度的转变。

时间维度：延迟与等级

上篇的论述是以时间为主轴来组织的。这不是论述的唯一方式，却可以让我们看到不同时期各种特征的出现与交替，也更易于描述。从整体上看，传媒自身技术形式的产生、作用于建筑批评之上并引发诸多特征的出现及其之后的演变、高潮之间往往不是同步的，而是在时间维度上呈现出延迟、交叠等多种特征。这种时间上的不同步，很大程度上决定了普通大众何时、以何种传播方式与语境、由哪些群体对建筑批评进行关注与传播，也直接影响着建筑批评的发展进程。

从媒体明确形成自身特征，到关注建筑领域，再到对建筑批评形成效力、出现特征，往往有一定延迟，并在时间属性突出的纸媒身上表现明显。比如我国大众报刊普遍的评论功能的重启，最早是在 20 世纪 80 年代末，源于深度报道的崛起。这时的中国传媒界刚刚经历曲折的传媒功能恢复阶段，开始关注社会、取得独立存在的地位。这一时期传媒的批判性首先解决的是打破“非表扬即批评的报道模式”[1]，树立“对事情要有不同诠释”[2]的新的批判与报道立场。因此，社会热点是现有的好题材，而当时建筑专业与实践所关注的民族形式、建筑创作、中西交流等诸多问题，显然与其不相符。这也决定着 80 年代建筑批评的开展更多地是在《读书》《中国美术报》等学术性媒体中，而不具备公众效用。

到了 20 世纪 90 年代中期，随着市场化初潮的来临，报纸、图书、期刊均进入急速变革时期。传媒的分级、品种、关注度大大丰富与扩展，“大众”“中

1 李春．当代中国传媒史（上册）[M]．广西：漓江出版社，2014，6:268.
2 同上。

产阶级”等新受众群体的陆续出现，使得建筑、城市等与生活密切相关的话题走入传媒视野。特别是 1993 年《东方时空》的开播，标志着传媒舆论监督功能正式得以回归。批判性特质的建筑深度报道开始在《南方周末》《三联生活周刊》等主要传媒中显现。然而将建筑命题作为深度报道的对象，并引起建筑批评反应，在构建中产阶级受众的建筑批评话语与立场方面起到重要的作用，是在 1996 年之后了。

《三联生活周刊》1996 年总 19 期主题报道《房改 17 年，住房还是梦》，成为新闻周刊类媒介参与建筑批评的起点；1999 年总第 96 期又刊发《谁不说我的房子好》。2000 年后，《新周刊》《瞭望》等新闻周刊类媒介均开始对建筑话题进行关注，2003 年形成了第一个高潮；2005 年之后随着“奥运”时代的到来与城市化进程的推进，形成了对建筑的集体式关注，并各自体现出不同的批评视角与主题配置。至此，新闻周刊类媒介作为一种具有影响力的媒介视角与方式，成为对建筑批评参与的特征性力量。

当然，这其中内涵着两种力量的交织：一是中国建筑与城市化实践的不断推进，使建筑成为社会关注的焦点命题；另一个则是新闻类周刊在自身的传媒竞争中走出了平衡知识分子立场与市场力量的“第三条道路”，这种新的定位使得新闻类周刊对建筑批评的参与带有着强烈而鲜明的新视角，因此对于建筑批评的特征塑造形成了冲击性的效果。从时间上考量，新闻类周刊从开始介入建筑批评到形成集体性关注力并引发建筑批评出现新特质，之间存在 7 年的时间差。

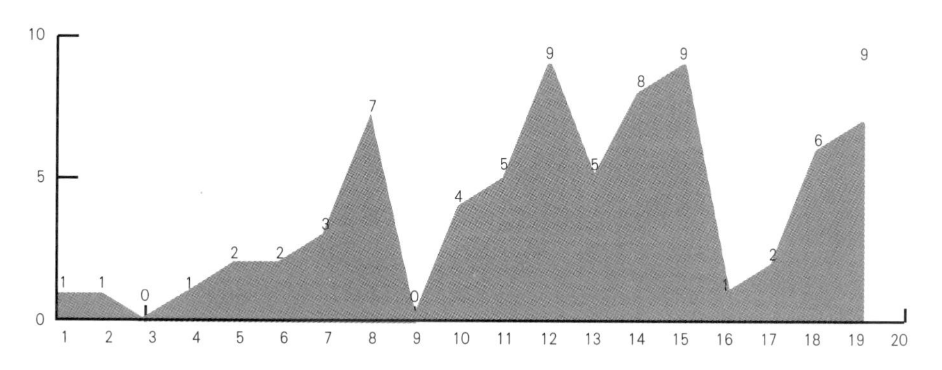

图 5.1　新闻周刊类媒介的建筑类封面报道统计

同样的延迟特征也表现在空间属性的媒介类型中，但这种延迟由于空间的偏向而在时间上被大大缩短：从 1994 年互联网的出现，到 2000 年形成对国家大剧院事件的建筑批评热潮，用了不到 6 年的时间；从 2010 年的“微博元年”到 2012 年 8 月的“秋裤楼”事件，微博的批评力量被公众知晓，并由此发展到高潮，用了近 2 年的时间。最夸张的表现在电视的建筑关注之上：电视从 20 世纪 90 年代开始作为最重要的大众传媒形式进入人们视野，但在 2008 年之前的十多年中，对建筑的关注十分稀少，直到“奥运”时代的到来。

媒介在建筑批评上形成的延迟特质，尤以纸媒最为突出。纸媒长时间地占据了建筑批评的主要传播路径，为它提供了一条狭窄、稳定又等级森严的通道，确立了以专业人士、公知分子等精英群体为主的主体结构。这使得建筑批评的发展带上了强烈的精英立场：“在对人类最重要的诸多事情中，重中之重是支配那些有意志的人的意志。”这种精英阶层的固有支配与组织关系是根深蒂固的，改变它的只能是外部的社会与文化力量，或强大的媒介技术革新，如 20 世纪 80 年代国家政治环境的大变化、1992 年市场化初潮的来袭，或 80 年代知识分子群体重新获得自身地位带来专业批评的兴旺、90 年代公知分子群体的大众参与造成建筑批评中社会立场的切入等，传媒的作用力才会改变。另一方面，这也是由建筑在大众传播内容中的边缘定位决定的，只有当建筑成为社会发展的主要命题、特别是与国家形象的构建相关联时，才会引起媒体的关注、进入大众视野。

然而在时间偏向的纸媒垄断的传播通道中，建筑批评还是以理性、精英的姿态，牢固地捍卫着它作为一种拥有独立边界的文化经验的属性，就连专业人群内部，建筑批评的传播权力也集中在专业媒介与和其密切相关的核心圈层当中，建筑批评的社会属性则被很大程度地掩盖了。

空间维度：并置与扩展

互联网、新媒体等空间偏向媒介的出现，使得建筑批评的传播空间维度被疾速扩展，时间维度则快速收窄。这类媒介强调对广袤空间的控制，从网站到博客、微博、微信……新媒介相互并置、重叠，为建筑批评的传播开创了一个又一个前所未有的新阵地。其上传媒所引发的前一个新特征的兴盛，总是与后一个新特征的出现相互交叠，即每一时期，建筑批评的特质描述总是由不同的媒介类型所引发，这在 20 世纪 90 年代后期逐渐明显。在这一时期，传媒超越其他因素成为影响建筑批评发展的主要力量，推动其进行最剧烈的变革。

与时间偏向的纸质媒介更倾向于传播复杂、深度的知识，体现一种对时间、文化的永恒追求，维持文化的高水准传播方式不同，空间偏向的网络与新媒体媒介为了获得空间和数量上的影响力，采用了一种便捷的、快速的传播方式。这种媒介在传播时，往往采用降低知识难度、形成事件热点的方式来获得数量的普及，而这种特征正契合建筑批评走向大众的传播逻辑。

因此，在 1994 年互联网媒介出现后，特别是 90 年代中后期，作为两种媒介初次交锋的敏感阶段，被纸媒边缘化的“弱势群体”得以被激活，逐渐参与到社会文化议题的讨论中来。建筑批评话题与现实生活及公众感受紧密相连，使建筑批评中原有的精英意识遭遇挑战。两种力量的交锋集中作用于 1998 年的国家大剧院批评事件。在该事件中，新媒介完全主导了戴高乐机场坍塌事件、奥运工程热议等重要节点的空间战场，使整个批评过程第一次拥有了明确的事件特质。

同样，在 CCTV 新大楼的批评事件中，新媒介以放置更多与大众关联的议题的方式，构筑了该建筑复杂而有争议的传播形象。其中，“大裤衩”的命名，彰显了被新媒体推到批评前台的草根势力的“冒犯式”攻击；配楼大火事件，则反映了民众对国家权力机构的监督与评判，以及对信息不透明的强烈不满；到“色情门”事件，则在中西不平等交流、建筑庸俗化理念等诸多方面触痛了民众的批评点，增加了大众关联，这正是空间偏向类媒介最典型的特点。

新媒体越来越快的更迭速度，无限延展了建筑批评所对应的空间维度，使其获得诸多崭新特征。在这个公共空间中，批评内容与话语的塑造不再是单一的专业属性，而是由传媒权力、话语主体与生成的不同处境共同决定的。由于信息传播要接受政治、经济、意识形态等的控制，各种政治、经济、文化关系也自行设置入话语之中，来应付复杂的评论情景的需要。从而使得建筑批评往往从专业话语出发，却在面向大众的传播中收获着完全不同的内容、意义、评判标准与走向。也相应导致建筑批评的传统模式、重载方式被迅速打破，而新特征的出现也随着传播方式、阵地的改变发生快速更新。这就是空间性媒介主导的传媒力量赋予建筑批评的特征。

而 2008 年之后的微传播中，短短三四年时间里，媒介技术的飞速发展、更替，更是全方位占领了我们熟知的建筑批评，使其发生了改变。因此，与纸质媒体纵向延伸的逻辑不同，空间性媒介使整个建筑批评遭遇了新的传播逻辑。这种特征曾被清华大学的周榕副教授精准概括为以下原则：一、创新原则已让位于迭代原则，即更注重空间的扩张而非深度的缔造。二、相关关系取代因果关系，即内容的能否被搜索和注意，成为批评得以在新媒体中持续传播的唯一标准。这两个原则在前述“秋裤楼”事件中得到了显著体现。

媒介偏向下的建筑批评场域

在英尼斯的理论中，多种媒介力量的交锋、并置是必然的。“在文明转变的关键时间点，有些媒介的出现便是为了调和由上一种媒介所带来的偏向，从而扭转这种不平衡。然而在调和过程中，已获得既得利益媒介所形成的阶级却不那么容易被改变。”这也决定了，在之后很长的时间内，建筑批评场域中的新旧价值趋向仍然会并行。

从以往的经验中我们亦能得到佐证。最典型的事例就是 4 次北京当代十大建筑评选。这个由官方组织的评选，从 20 世纪 80 年代末期开始，连贯了 30 多年的时间。尽管其间建筑批评的内容与方式受到媒介影响不断更新，自上而下的官方模式依然稳当地存在着。

而新旧媒介引发的双重尺度、逻辑、特性的交锋，为建筑批评赢得了最好的沟通时机。不同力量、立场、群体在这种混乱中得到喘息，相互否定、尝试后产生新的认同与平衡——这将为建筑批评的传播带来全新的起点与大众接受基础。

建筑批评演进的传媒空间结构

传媒发展历程本身就是一个从精英向社会不断延伸的过程，因为它的最本质使命就是“为人所知”。如果我们以历史的时间进程为横坐标，以大众主体直接参与社会性传播的程度作为纵坐标，我们正处于其 U 形传播轨迹的后半程。这个 U 形的底部就是文字垄断达到极致的古登堡时期。以此为始到网络时代，在大众传媒的助力之下，大众作为传播主体参与社会传播的向前跃进的基本趋势是不可阻挡的。这也就证明，当我们不断以专业为立足点，论述非专业传媒在建筑批评空间中的“前台”位置以及由此产生的影响时，实际上是在构筑一种“以专业批评为本位”的对抗性构想。这种构想在凸显建筑批评存在问题的同时，也使专业建筑批评以获得道义上同情的方式显示其优越和尊严。

然而，当我们充分注意到非专业传媒为建筑批评提供的空间以及它与其他领域之间的交往与联系时，就会发现这种简单的确认“二维论”在大众传媒的概念与特征下，被统一到一种一体性的空间构建中来，这也正是我们透视大众传播对当代建筑批评产生结构性影响的基础。同样，尽管本书已将专业传媒纳入传媒的普遍含义中加以论述，却仍然将专业建筑批评与其他非专业建筑批评进行了区分。这是为了顺应一直根深蒂固的专业本位的思维模式，也是为了更直观地解释在建筑批评传播及演变进程中的专业及大众力量的博弈，以探究专业力量在建筑批评演进中的真实地位与作用。

以传媒为中心进行考察，建筑批评的传播空间呈现出一个多层的结构。第一类空间，是离中心最远的代表着学术空间层次的学术期刊。这是一个由时间属性的纸质媒介长期垄断的，接近封闭、拥有超稳定运转机制的系统。这些期刊大都登载建筑批评和研究类文章，受众是专家、学者、同行，发行量极少、覆盖面有限、传播渠道狭窄、等级森严，然而潜伏着巨大的学理资源和专家资源。这种资源在必要的时候，会向大众范畴流动，达到传媒系统与专家系统的“嫁接”。

第二类空间，是各种主流传媒上所设的评论类栏目，建筑评论在这里虽然是“配料”，但无疑更接近建筑的现场。这里成为专业批评者与媒体人共同活动的地带，也直接在专业媒体人的参与下进行着建筑批评的大众议题设置。

第三类空间，则是各种媒体直接针对建筑的相关主题性报道，专业成分几乎消失，传媒所反映的大众取向成为主导。

我们将这个多层的空间结构看作一个以大众传媒主导的第三类空间为中心的向心结构，来解释建筑批评的传播图景的生成。整个空间体系包含着方向相反的两股力量，即向心力和离心力。其余两个空间每一个都具有作用于原点的离心力，如果其离心力大于原点的向心力，那么它就会从结构中逃逸，向心结构就会崩解。如果离心力和向心力相等，那么合力为零，它们会处在相对静止的状态，多层结构的空间区隔分明，虽相安无事但也因毫无生机而陷入死寂之中。

在建筑事件与热点现象的报道中，处在原点的大众传媒的运作不断吸纳着其他层次的资源，强化着指向自身的向心力，确保着大众传媒系统的加速运转。这时的建筑批评体系是活跃且喧嚣的。一旦这样的动力缺失，系统停滞，建筑批评就会退回到相关专栏或是完全的专业讨论领域，形成弱势话语。

事实上，空间结构中的各个层次都在试图向原点借力，从而维系着这个空间。即便是离原点最远的学术空间层次，如果它真的与大众传媒系统处于隔绝状态，那么它就会从这个向心结构中摆脱出来。而实际上，学术的空间层次则表现出对大众传媒的趋赴，专业批评领域的专家学者、权威人士的确立，在很大程度上离不开大众传媒的“身份授予”，即便是来自学术界的激烈批判和否定大众传媒的“斗士”，也往往需要通过大众传媒确立其形象。

因为正如汤林森在论述文化帝国主义问题时指出的：“媒介是最明显的一个目标，因此也就最为公众所熟知。”而我们对大众传媒格局下不断演进、扩张的建筑批评空间的描述，也正是对更为深层结构的文化转移过程的描述。

媒介机构的批评生产桎梏

对于解读中国建筑批评在传媒中的传播图景的形成机制而言，将媒介视为建筑批评这一具体内容的生产机构，这一角度是不可忽略的。它可以帮助我们理解建筑批评是在怎样的复杂力量与因素的作用下被生产出来，并以一定的形式在大众媒体中传播。事实上，传媒界已经普遍意识到“新闻是一种文化形式，是被结构了的、制造公共意义的一种或一系列类型。然而，这并不意味着它可以漂浮在符号的太空中。新闻还是一件物质产品，它是如何生产、如何分配以及如何为受众所用，应该从政治经济的、社会组织的和文化的向度去理解”[1]。

1 [英]詹姆斯·库兰、[美]米切尔·古尔维奇. 大众媒介与社会[M]. 杨击，译. 北京：华夏出版社，2006，6:167.

依照这一脉络，我们可以从三个角度对媒介机构进行考察：一是政治经济学的角度，即把媒介传播内容的生产与社会变迁中的国家传媒制度和媒介机构的经济基础联系起来，以分析建筑批评传播中的某种内在必然性；二是文化向度上的分析，强调广泛的文化传统和符号系统的约束力对建筑批评的传播所形成的影响；三是社会组织的角度，则是对媒介机构进行社会组织、行当或职业以及意识形态的社会建构的研究，以试图理解媒介工作者与编辑如何受制于组织和行业的要求，而对建筑批评进行传播与影响。以这三个层次对建筑批评的媒介机构生产进行考察，会大大推进我们对建筑批评大众传播图景形成机制的理解。

在进入问题之前，首先需要了解当前中国建筑批评所依靠的主要大众媒介的形式。以下三种类型是目前主要的建筑批评传播渠道：一是专业媒介，即以建筑专业期刊、行业报纸为主的媒介，是建筑批评最重要的专业传播阵地；二是主流非专业纸媒：各大主流报刊中的相关建筑栏目与评论专刊及建筑主题报道，是非专业领域的批评产生的主要媒介形态，包括新媒体形式；三是新媒介：各种网络论坛与新媒体是建筑批评几年来发展迅速的、最广阔的公共言说平台。这三种媒介机构类型，在政治经济、文化向度及社会组织等方面均存在不同的特征。

政治经济对建筑批评场域的影响

我们读到的仅仅是我们能读到的，这就是由政治经济学角度所折射的媒介所传播的图景形成的必然与偶然。以大众传媒为视角对建筑批评的解读，其中一个很重要的因素，就是对媒介产业的政策、组织机构、生产过程等的考察，以此揭示媒介生产中的权利运作，及其对形成传播内容的作用。正如乔治·索罗斯[1]所说："我们比较感兴趣的是广阔社会、经济及政治因素在时机成熟时怎样改变一个行业的命运。"

政治经济学角度的考量，避免了把传播研究孤立于社会情境，而是把传

1 乔治·索罗斯（George Soros），本名捷尔吉·施瓦茨（Gyoumlrgy Schwartz），1930 年 8 月 12 日生于匈牙利布达佩斯，犹太裔美国商人，著名慈善家、货币投机家、股票投资者和政治行动主义分子。

播放置于具体化的社会历史进程与历史变迁之中。“离开政治经济学来理解传播就像是戴着拳击手套弹钢琴”，这提醒人们对人类传播活动的研究，只有充分考虑了社会政治经济文化等因素的影响，特别是传播组织与社会政治经济权利机构深层的关系，才能透彻理解其传播过程与意义。而传媒制度，作为社会政治经济直接作用于媒介的产物，成为影响专业与非专业传媒的重要因素，并将这种制度的影响深深的折射于媒介的传播行径之上。建筑批评的大众传播之路也是沿着这样的轨迹而来。

政治的主导力量

1978 年以前，中国传媒处于单一性事业体制阶段。传媒机构基本上是单一的国家化新闻事业构成，党报占据了绝对的主体地位。这也决定了媒体传播向度上的一元化刚性控制，即传媒是党政的喉舌，甚至从 1953 年开始新闻事业皆被称为“党的新闻事业”。在这样的体制之下，传媒的批判性取向是被深刻打压的。即使是《建筑学报》这一最能容纳建筑批评话题的阵地，也一度成为政治斗争的舆论场，在其首要位置发表如《调整、巩固、充实、提高》（1961）《调整和精简全国建筑勘察设计机构》（1962）《工业学大庆、农业学大寨、全国学人民解放军》（1963）《投入群众性的设计革命运动中去》（1964）等社论文章，而极少真正专业类的建筑评论。

1978—1992 年 14 年，被历史学家萧功秦认为是“改革的前期”。市场化浪潮尚未全面冲击，局部的市场化改革又使得体制内暗潮涌动，不断冲击着原有的一体化传媒结构。1978 年，《人民日报》等中央级报刊联合要求实行“事业单位企业化管理”，原本“靠吃皇粮”的报社踏上了“自主经营、自负盈亏、自我积累、自我发展”的企业化之路。这一时期，地、市、县级的报纸快速增长，形成以机关党报为主导的多层次、多品种的报业结构，电视台的开设也从二级变为四级结构。一元化的传媒结构坚冰在政府体制内“放权让利”的改革方式下被打破。传媒制度中自上而下的垂直行政控制被弱化，而横向的市场取向与水平关系被加强。建筑批评的传播渠道与范围被有效扩大，在“一枝独秀”的官方媒介之外的高等院校、大型设计院等单位获得了生存的空间。当然，这种创新与同时期的改革一样，并未触及政治权利非传媒控制的基本权限，仅仅是适度引入了市场因素、传播效益、舆论反馈等调控因素，维持于边缘的突破。

这一历史时期可以清楚地看到政治因素对于建筑批评场域的深刻影响，也孕育出建筑批评最基本与核心的传播版图，快速奠定并极大强化着中国当代建筑批评的生存方式：建筑批评的传播中心，是以体制内官方与重点单位的简单两个层级为主的传媒机构；传播半径受到传播中心定位的局限，更多停留在专业学者与少数兼顾学术与行政属性的官员、精英知识分子与关注建筑的职业媒体人等层面；由传媒所属机构性质所限，建筑批评话语与关注主题都体现出强烈的主流特质与精英立场，传播模式僵化；批评意识被严重压抑。

专业媒介受制于官方、学院的经济基础，决定了其编辑部的内容生产既要直接受编辑部自身组织的管理，又要考虑到所在大学与组织的影响与立场、媒体自身独特的学术定位，同时还要满足专业读者的市场需求。因此更多的是以学理讨论代替建筑批评，很少有尖锐的批评出现。

这种特质也反映在同时期的其他媒介中。20 世纪 80 年代末中国人民大

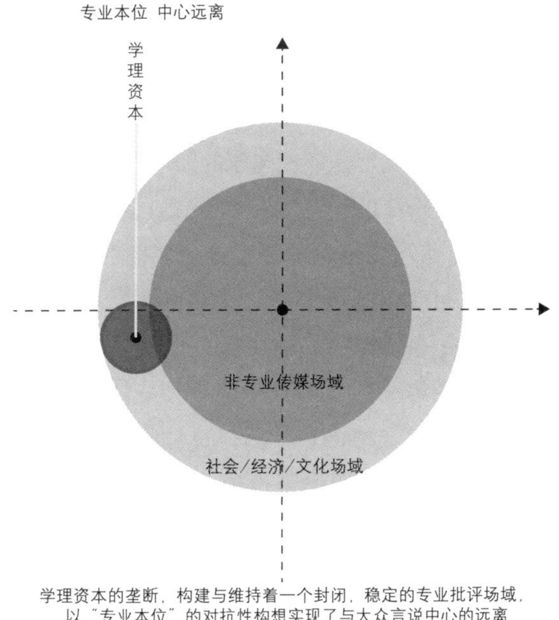

图 5.2　学理资本的垄断：1978—1990

学舆论研究所对全国新闻界人士进行的关于新闻改革的抽样调查结果显示[1]，新闻单位迫切要求扩大的权限中，排在第一位的是“批评权”。这样的社会大环境使得建筑批评失去了发展的社会语境。尽管后来不断受到市场经济浪潮的冲洗、技术发展外力的作用，这种根深蒂固的“体制内”影响仍然深深盘踞着把持各方建筑批评传播势力的、从这一时期走来的人群，这也成为左右建筑批评开放度、阻碍新生力量发挥效力的最重要障碍之一。

表 5.1 新闻单位迫切要求扩大的权限

序号	权力	比例（%）
1	批评权	71.5%
2	报道权	70.1%
3	人事权	46.5%
4	经营权	27.2%
5	财务权	24.8%
6	发行权	5.8%

市场力量的冲击

1992 年开始，市场这种与政府权力同样的制度性力量开始发挥效力，对传媒制度形成具有转折意义的影响。20 世纪 90 年代，国内“有 84.9%的媒介实现自主经营，其中有 67.7%的媒介完全不再依赖国家的财政拨款。只有不超过 6%的媒介，其资金来源一半以上是依赖国家的财政拨款，而且财政拨款的最高比例也不超过 70%。”[2]《广州日报》等大型报纸更是已经成为该地区的经济支撑。

随着 WTO 的加入，市场化进程的逐渐推进，特别是 2003 年 12 月 31 日，国务院颁发了《文化体制改革试点中支持文化产业发展的规定》和《文化体制改革试点中经营性文化事业单位转制为企业的规定》两个重要文件，意味着我国传媒体制改革已经过渡到“培育新型市场主体、完善投融资体制”的核心发展阶段，传媒产业化之路正式开启，也意味着传媒对国家依赖的剔除和与资本市场的深度融合，社会舆论与市场供求成为需要考量的重要因素。

1 喻国明．中国新闻业透视——中国新闻改革的现实动因和未来走向 [M]．河南：河南人民出版社，1993:121-141．

2 余丽丽．社会转型与媒介的社会控制 [D]．复旦大学，2003．

然而中国的市场经济是个逆向生成的过程，在它的催化下，这一时期政治权力与经济自由开放相并行。政治不再是铁板一块，但市场也不见得是远离政治的市场，“从原来的高度集中统一的计划经济到意欲逐步走向政府宏观调控的现代市场经济，不论是改革的启动、方案的设计、时序的选择，还是市场主体的培育、市场环境的营造，法律的规范化以及绩效的评定，都可以归结于政府行为”。[1]这种依据中国特有逻辑构造的公共选择而产生的内在秩序，成为新的权力分化器，形成了中国传媒身处党对媒体的控制、市场对媒体的诱惑和支配、专业服务意识对媒体自主的压力三个相互推拉的力量博弈之下的独特路径：既是市场化改革的急先锋，又是“半政治、半市场”格局的维护者。

尽管市场力量开放的背后，国家政治作为“隐形的手”仍然在场，但也由此为当代建筑批评开辟了新的广阔疆土。

首先，传媒业的蓬勃发展为建筑批评的传播贡献出了一批具有批判精神与时代敏感度的媒体人队伍，他们在加强建筑批评关注度的同时，也将其自身职业奉行的专业主义立场与社会人文关怀视角引入进来。

其次，市场的支配作用改变了建筑批评的地域版图，将原先以行政、学术为划分的建筑批评分布，逐步转换到以传媒经济活力为根基的分布原则上来。如以上海为中心的长三角城市带，已经发展成为与美国东北部大西洋沿岸城市带、北美五大湖城市带、日本太平洋沿岸城市带、欧洲西北部城市带和伦敦城市带并列的世界六大城市带之一。特别是对于建筑批评的传播而言，以上海为核心的长三角区域发达、强劲的经济与活力，庞大、高水平的建筑城市职业分布，敏感、新锐的文化思潮，成为其上大众媒介发展的丰富资源库与强大支撑，更是传播最敏感、最前沿建筑思想动态的桥头堡。《时代建筑》《城市中国》《设计新潮》《外滩画报》等诸多不同定位、类型的媒体均生发与此。

第三，建筑批评原先统一呆板的宏大视角，在市场需求与经济力量下，被拉伸、分化至与社会多元群体、需求、价值取向相对应的细致话题中去。

第四，这种视角的转变，也同时改变了原有专业力量作为建筑批评优势主体的格局，建筑批评成了大众传媒制度体系中的一个具体事件———这个

1 林尚立．权力与体制：中国政治发展的现实逻辑 [J]．学术月刊，2001:5．

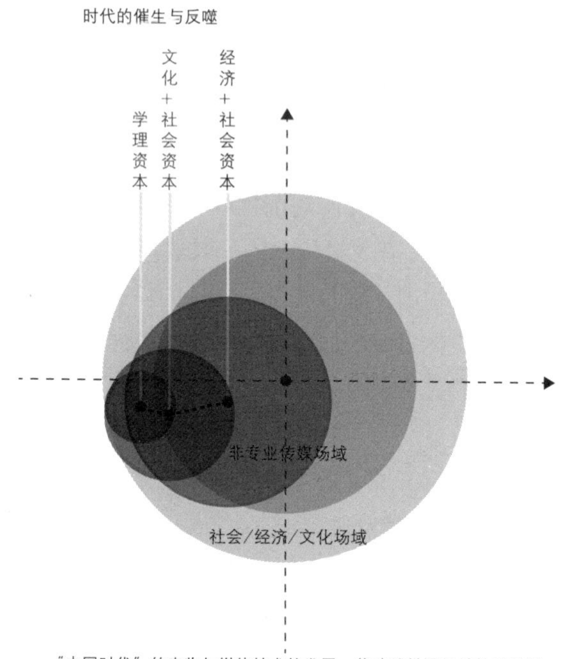

图 5.3 经济、技术资本的推动：1998—2007

事件的发生与结束，都不再由批评主体自己来决定，而通过传媒和传媒的运作来加以操纵。建筑批评的私人性已然为大众传媒的权力运作过程及其具体效应所拆毁。这也造成了专业主义者在逐渐成为大众媒体人笔下的“专家证据”与“解说人”的转变中，形成对建筑批评日益泛化的抵制与批评。

技术新话语的挑战

跨入新世纪，中国传媒体制在新媒体技术的挑战下酝酿着更为深刻的变革，宣传建制因为新媒体技术的新话语权的挑战，呈现出高度复杂的博弈局面；传媒行业之间的界限也被打破；新技术在旧有规制未及的新领域不断作着有突破性的尝试。[1] 特别是 2009 年以后，社交媒体的出现与迅速铺开，导

1 崔保国. 2010 年中国传媒产业发展报告 [M]. 北京：社会科学文献出版社，2010:4.

致多种媒介形式竞争已经渗入了最基本的传播单位个体，出现了传媒行业的时空压缩：事业单位性质的党报党媒和企业性质的经营性媒体同时出现在报业集团内部，出版业集体转企，官方重点网站与商业网站并存，传统媒介与新媒体在组织架构与产品形态上相融合，但是广电电信彼此业务不能交叉，社会性媒体的人口覆盖量超过了其他媒介的总和……所有的传媒行为主体在同一时空截面并立存在。从某种意义上说，这一时期的建筑生产被放置到了真正意义的“媒介社会”。

在网络媒介管理制度中，政治经济延伸与传媒制度的权利惯性仍然存在。虽然“我国政府从中央到地方都有专门的行政管理机构来负责网络新闻类信息传播行为，而且在立法上也有专门的规定”[1]，但与世界其他国家相比，“我国对此信息传播的管理是更为严格的。”[2]

然而这一时期媒介以领先的技术与传播优势所产生的巨大力量，创造了空前巨大的公共场所、数目巨大的碎片化信息、原子属性的个人，新媒介的运作方式使以往的政治管制出现软肋。在新媒介所达到的领地中，权力的控制仅仅只能采用过滤敏感词等简单的技术手段进行操作，对具有一对一传播关系特征的微博、微信等新媒介来说，它的作用非常有限，对使用者发送的信息进行检查控制需要付出巨大的经济政治方面的代价。这使得经济与政治的惯性权力发条得以松弛。

同时，微博微信等新媒介信息的共享和交流有益于群体共识的达成，有助于构建社会成员间互有勾连的圈子，消解群体极化现象。受众就有可能在政治生活的某一个领域内达成共识，从而为摆脱权力的控制创造可能。正如时代华纳新媒体部经理艾萨克森所说“技术站在无政府主义一边”。由此新媒介的参与更多地激活了社会事务的公众参与，公民权利在新媒介的作用下被提到媒介生产的作用力体系中来，并在个人、小群体、组织与社会的各个层面上通过不同方式得以体现。

建筑批评的社会链接也在新媒介的裹挟下达到了前所未有的高潮。首先，

1 尹韵公，吴信训，刘瑞生编．中国新媒体报告（2010）[M]．北京：社会科学文献出版社，2010:7．
2 同上。

网络空间中的民间意见领袖不断涌现，成为新时期建筑批评主体中的新力量；其次，网络媒体促进了公民社会和公共领域的成长，建筑成为社会公共议题被人重视，而不再是由专业与主流传媒权力垄断的议题，这为建筑批评延伸出了新的层面。当然，“广场式”的个人宣泄和娱乐化倾向，为建筑批评的理想传播构成了一定的威胁。然而新媒介这一政治经济权力相对宽松的领域，却为唤起全民的建筑关注、有效传递建筑批评理性精神、提升全民建筑与审美意识，提供了可贵的缺失已久的通道。

中国的传媒制度的变迁是经济市场化推动下我国国家与社会从合一到适度分离、权力领域逐步分化的由表及里、由浅入深的过程。建筑批评的媒介生产机构，也是在这样的与社会政治经济的深层互动中，实现着对建筑批评的媒介生产。政治经济导致的权利分化直接影响着传媒机制的嬗变，并以此改变着建筑批评主体间的互动关系，建构了建筑批评媒介生产与传播的轨迹与逻辑。

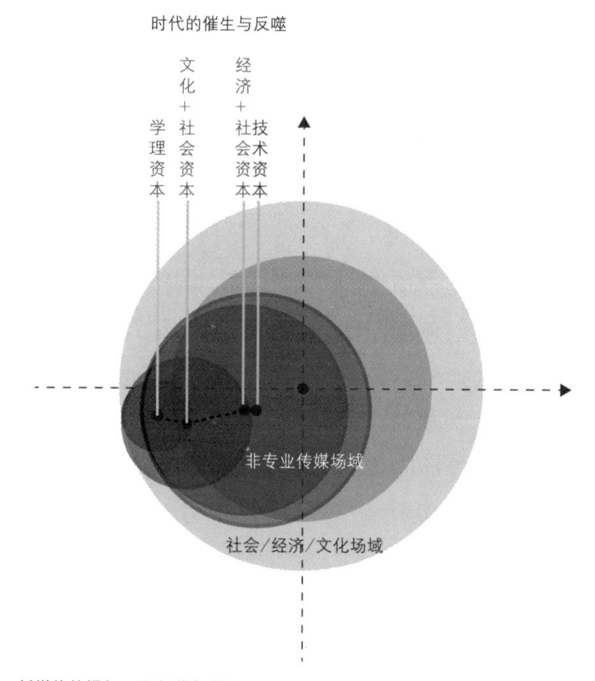

图 5.4 技术资本的冲击：2008 至今

文化塑造的批评场域生态

理查德·霍加特认为，新闻建构过程中最重要的过滤器，就是“我们所呼吸的文化空气，我们社会的整个仪式形态氛围，它们会告诉我们有些事情是可以说的，而另外一些是不能说的”。而那个“文化空气”有时是统治集团和霸权机构制造的，部分也是各种社会语境中自我发生的。在以传媒为主要基准维度的建筑批评传播图景的构建中，我们可以清楚看到传媒之外的社会文化、专业等力量对建筑批评场域所发挥的渗入影响，使得最为敏感的传媒在合力中呈现出非线性的演进特征。

社会文化发展与变迁带给建筑批评的塑性力量是深层和持续的。文化在不同时期显现出的不同特征，整体式地改造社会与媒介，在批评环境、批评议题、批评主体及批评方式等方面，形成对建筑批评强大的贯通效力。如 20 世纪 80 年代以国家本位为中心的文化取向，向人们输送的是一种非功利的价值观念。在这种文化影响下，人们更注重心灵世界的内部建设，关注和讨论诸多形而上学的命题，进而深刻地决定着建筑批评当时以民族形式、繁荣建筑创作等为主的批评主题，形成“只有大命题，没有小叙事”的批评形态。

而 20 世纪 90 年代大众文化的迅猛发展，则催生了完全不同的文化景观。“一方面，纯粹的‘审美’不断向普通‘文化’领域渗透，弥漫于其各个环节；而另一方面，普通‘文化’也日益向‘审美’靠近，有意无意地将审美规范当做自身的规范，这就形成了两者难以分辨的复杂局面。”[1] 审美意识形态向消费意识形态位移，加速了知识分子向公知分子的群体转化，催生了中产阶级这一新的建筑批评主体群。

在这种文化影响下，建筑批评主题也开始体现出大众文化的倾向，形成新的批评维度。而网络时代形成的草根文化，则完全将时代的宏大标题击碎，取而代之的是融于娱乐性、事件性的微小批评命题，而网民的影响力也以几乎与网速不相上下的迅捷之势，越来越多将现实生活的每个节点传递到建筑批评中，促使建筑批评与日常生活、普通民众得以勾连。而媒介最终在其中

1 王一川．审美文化概念简说 [J]．学术季刊，1994:4．

发挥着一种文化身份的翻译者或是作者的功能，以此作用于其上的建筑批评。

社会文化力量的建筑批评切入，更多体现在社会大语境的改变，并以此对媒介生产形成作用力。当这种改变与建筑紧密相关时，其力量是非常巨大的。2008 年奥运时代与城市化一起所开启的中国社会发展的新时期，就将建筑批评推到了前台。在这股大浪潮的冲击下，尽管媒介形式不断变革，建筑却由于社会发展力量的锁定始终未离开传媒的视线，甚至召唤了电视的回归。

当然，社会发展引发的文化特征不一定完全体现在建筑批评当中，如 20 世纪 90 年代商品经济社会的形成与大众文化的崛起，引发了传媒力量的极大扩张，形成了受众本位的传媒报道方式，催生出诸多的流行文化产品类型，然而并未使 80 年代建立起来的专业建筑批评发生本质的变化，而是局部改变了外围的格局。

作为社会组织的媒介

事实上政治经济学和文化对于建筑批评传播的效力有时过于宽泛。正如默多克所言，一个社会当中，宏观的政治经济结构与日常的新闻实践至今的联系，是“曲折而间接”的，不容易确定的。并且在公共诉求与商业诉求日益融合、互动的今天，这种考量变得越来越困难。

这使我们有必要将建筑批评的媒介生产放置在微观的社会组织视角进行切入，以更细微地观察到诸多特定的传播现实：选择什么内容作为建筑批评议题？如何报道这些议题？不同的媒介机构、媒体报道者、编辑，还有专业主义、市场和文化传统各自不同诉求之间的角力与协商，都会在这个关键点中展开。

媒介的社会组织关系

作为生产媒介内容的媒介组织，是一个社会与自我沟通过程中的必要的联接与中介系统。虽然它并不是时时出现在各种建筑批评议题中，但是这个以内容生产为机制的主体始终存在并组织着社会生活，与社会中广泛的机构单位产生联系，并处于一个较为固定的社会阶层分布中。

事实上，媒介机构在社会网络中与其他组织之间的关联特性，在一定程度上影响着它的媒介生产。马克·格兰诺维特[1]首次使用“弱连带优势”理论考察社会组织之间、社会组织与个人之间的连接关系。在他的理论中，“强连带就是同质性的讯息通路，而弱连带则是异质性的信息通路”[2]。相比较而言，异质性的信息通路具有更好的信息传播效果。与一个人的工作和事业关系最密切的社会关系并不是强连带，而常常是弱连带。弱连带虽然不如强连带金字塔那样坚固，却有着极快的、可能低成本和高效能的传播效率，在我们与外界交流时发挥了关键的作用。为了得到新的信息，我们必须充分发挥弱连带的作用。而相比之下强连带所产生的信息往往是重复的，容易自成一个封闭的系统。这为我们以机构为起点考察建筑批评的传播图景提供了很好的理论模型。

对于建筑批评而言，专业媒介组织的社会阶层分布是较为稳定的。目前建筑专业媒介基本以高校、设计机构、官方为主体，纯商业运作的占少数。

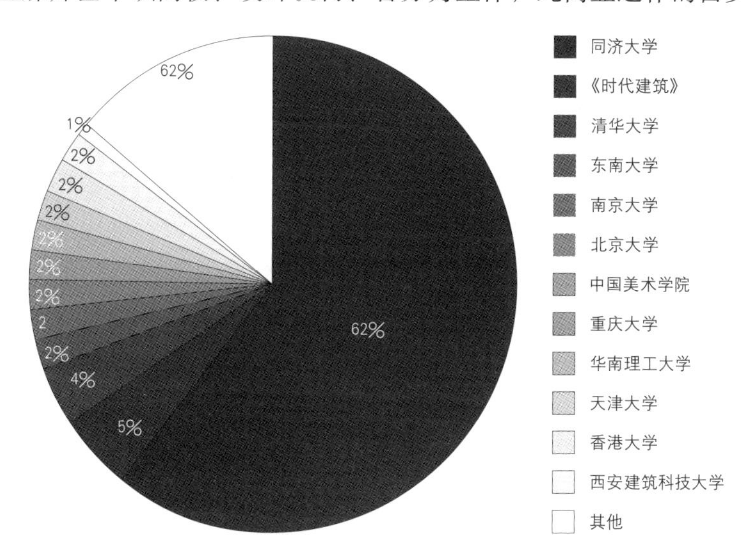

图 5.5　《时代建筑》高校作者分布图

1　马克·格兰诺维特（Mark Granovetter），美国斯坦福大学人文与科学学院教授，曾任该校社会学系主任，20 世纪 70 年代以来全球最知名的社会学家之一，主要研究领域为社会网络和经济社会学。他以论述社会网络、不平等与经济社会学的关系，特别是提出“弱连带”关系而闻名。

2　Burt，R.S（1992）. *Structure Holes：The Social Structure of Competition*. Cambridge：Harvard University Press.

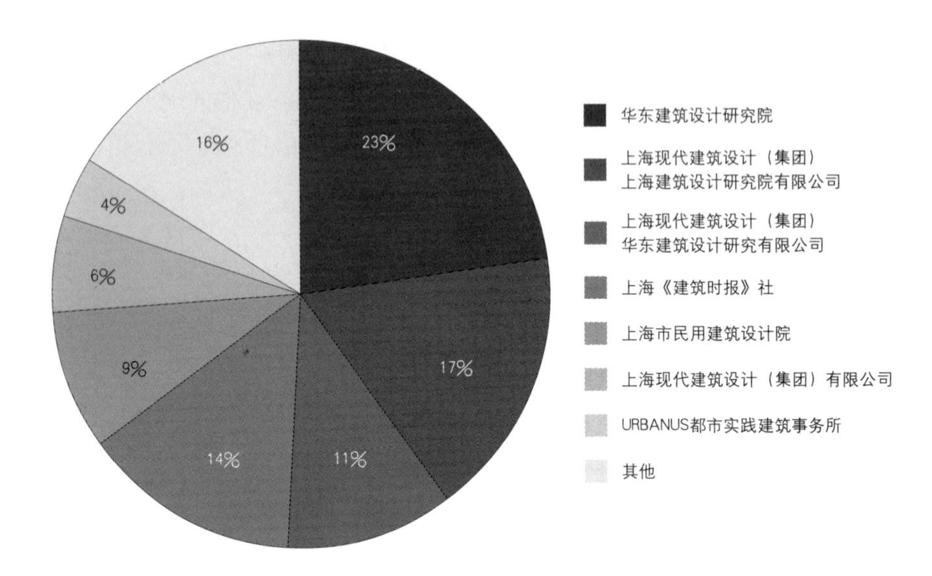

图 5.6 《时代建筑》设计机构作者分布图

这些媒介机构连接的社会资源，也基本以建筑行业、建筑产业内部为中心。以《时代建筑》为例，从与杂志关联最密切的作者群分布来看，《时代建筑》与科研院校的交流和合作最为密切，且同济大学自有作者的比重占到了61.76%；在占有很大比重的设计机构中，上海本地的设计机构高达92.11%。其“小圈子”特征明显，并在全国范围内形成以北京、天津、长三角、珠三角等明显的地域聚集。可见《时代建筑》这一专业媒介机构的强连带特征非常明显。而同样的情况也发生在大多数中国现有的专业期刊机构运作中。专业媒介的强连带使得专业建筑批评的传播呈现出诸多的固化与重复，造成了媒体对核心话题报道的圈定与强化。

以对建筑师这一特定主题的报道为例，笔者对《时代建筑》《UED》《建筑师》《DOMUS》《城市建筑》《华中建筑》这些国内以介绍建筑师为特色的专业期刊报道（2000 年至今）作了统计，可以看到对建筑师的报道基本被固化为以下几种方式：

表 5.2 国内主要建筑期刊对“建筑师”的报道角度

报导方式	主题内容	刊名	年	月	总期数
以建筑类型组织	20 位建筑师和他们的 37 个美术馆 / 博物馆：陈开宇，崔愷，朱锫，王辉，马岩松，崔彤，刘珩，彭乐乐，刘明骏，车飞，包泡	UED	2009	12	39
以设计院组织	艺术博物馆建筑讨论：李晓东，犬吠工作室，库哈斯	DOMUS	2012	4	63
	当代中国实验性建筑	时代建筑	2000	2	55
以年度总结组织	实验与先锋	时代建筑	2003	5	73
	北京院里的年轻人：李亦农，王戈，刘淼等	UED	2010	12	49
	“在中间”——中国院的年轻人	UED	2013	10	76
	我们这十年（1999–2009）：马达思班，都市实践，家琨事务所，维思平	UED	2010	2，3	41
	建筑师的 2012：崔愷，何镜堂，程泰宁，庄惟敏，胡越，李兴钢，大舍，王昀，庄慎，祁斌，章明，朱竞祥，谢英俊，刘珩，俞挺，祝晓峰，汤桦，马达思班等	UED	2013	3，4	70
	马达思班，都市实践，家琨设计工作室十周年纪念专辑	建筑师	2010	6	148
	变化的城市，我的 2008：李兴钢，曹晓昕，袁烽，李凯生，冯果川等	城市建筑	2008	12	
	与中国同行，我的 2009：魏皓严，朱亦民等	城市建筑	2009	12	
	与中国同行，我的 2010：冯果川，卢向东等	城市建筑	2010	12	
	我的 2012 ：俞挺，凌克戈	城市建筑	2012	12	
以地域组织	香港：大都会建筑师	UED	2013	8	74
	西安，本期专题内容包括西安建筑科技大学裴钊对西安世界园艺博览会概况的介绍，西安建筑科技大学建筑学院院长刘克成对西安城市发展的剖析，以及西安美院茹雷对张锦秋、刘克成、马清运三位建筑师的比较。莫瑞吉奥·卡特兰对话亚历山德罗·门蒂尼	DOMUS	2011	7	55
	三角四方 / 香港深圳广州澳门	DOMUS	2011	8	56
以中国建筑师群体组织	中国设计身份专题，先锋思考：戴春，朱涛，周燕珉，周榕，石大宇，张雷，胡如珊，马岩松，MVRDV，中国山水：与 / 或 / 非未来城市·“高楼驱逐平房”的应对方案	DOMUS	2013	7	77
	青年中国：徐千里，李麟学，董苛；金育华；练秀红，凌克戈等	城市建筑	2007	12	
	浙江青年建筑师	华中建筑	2005	2	
	中国年轻一代的建筑实践	时代建筑	2005	6	86
	观念与实践：中国年轻建筑师的设计探索	时代建筑	2011	2	118
	海归建筑师在当代中国的实践	时代建筑	2004	4	78
	中国建筑师在境外的当代实践	时代建筑	2010	1	111
	为中国而设计：境外建筑师的实践	时代建筑	2005	1	81
	承上启下：50 年代生中国建筑师	时代建筑	2012	4	126
	边走边唱：60 年代生中国建筑师	时代建筑	2013	1	129
	海阔天空：70 年代生中国建筑师	时代建筑	2013	4	132

而同样是在对以上期刊的报道统计中发现，专业期刊对建筑师的核心关注也出现了严重的重叠，基本集中在马达斯班、都市实践、家琨事务所、大舍、张永和、崔 、何静堂、程泰宁、冯纪忠、王澍、马岩松、王辉、庄慎、俞挺、张雷、李麟学、李兴刚、童明等 18 位核心建筑师的身上。这种报道的圈层属性已经远远无法涵盖拥有世界上最多数量建筑师的当代中国的专业现状。

专业媒介组织之间的强连带交往，以及以学术圈为核心的组织外拓形式，使得建筑批评的传播体现出更多的“内向强化”。专业期刊从 20 世纪 80 年代起就致力于维持建筑的学科性与建筑师职业的独立性，其策略就是与学院产生密切的关联，以专业权威学者与著名建筑师为中心，建立批评的学术场域。从上表可以看出，当代中国建筑期刊无论是国内主创还是外刊，绝大部分都驻扎在学院里，并依托学者的力量形成批评资源。20 世纪 80 年代以建筑批评为工具进行的专业理论与话题的重建，以及 90 年代建筑批评为了保持自身学术性特征形成的“理论化倾向”，都是这种企图的具体体现。

其中派系关系的存在更是让建筑批评在专业领域的“内卷化”趋势加深。在中国，建筑媒介与为其提供支持的学术与设计机构一道，形成了北京、天津、上海、珠三角、沈阳、武汉等诸多派系中心。各专业媒介之间是竞争与合作的关系。在大多数情况下，正式公布的靠近信息源的派系内积极分子总是会较派系其他成员或边缘分子更多地获知资源的分配信息，从而再次确立其在传播活动中的优势，在长期的博弈中，在专业媒介集团中获得了惯例式的利益分配制度：上海资源看《时代建筑》、京津地区以《建筑创作》《UED》《世界建筑》为主、官方资源以《建筑学报》《建筑师》为首。整体看来，这种专业圈层内部的和平共享与妥协，加速了建筑批评活力的消退与“小圈子”的属性。相比之下，非专业传媒的媒介机构、社会网络要宽泛、多样得多，特别是网络媒体，其弱连带属性更强。

专业批评固守其阵地，一方面彰显了作为知识分子所具有的独立批判精神，但另一方面往往可能滑向保守自闭的方向。学科性的追求使期刊承担了很大比重的职称指向的学术文章与作品推介文章，专业批评也渐渐被一系列体制性规定圈住，例如学位的攻读、职称的评定、课题的申请、学术奖项的争夺等。在不断提升学术成果的同时，也造成阻碍其发展的重要壁垒，离其批评本原和目的越来越远。

走到今天，这种维护已经沦为前进的最大障碍。专业批评的体制化最终造成的是如下局面：一部分批评者离开建筑特有的指向当下的鲜活性，退入学术圈或者学院做教授；另一部分批评者走向大众，走向媒体，然而在功利性和独立性中步步为营，走得也极为辛苦。甚至建筑专业的新一代力量与从业者，亦无法从专业期刊所推介的权威批评中汲取养分，而转身在专业论坛、豆瓣、人人网、微博等诸多媒介开辟了自己的批评空间。

因此，媒介的机构属性间接决定了它对建筑批评传播所能起的作用。事实上，无论是专业还是非专业媒体，以市场、公益等因素为基础的媒介机构，往往更能推动建筑批评新版图的扩充与新视角的产生。如建筑期刊《UED》《DOMUS》就要比体制内的其他期刊更容易实现批评报道的新形式；20 世纪 90 年代市场力量催生出来的城市画报与新闻类周刊等两种媒介形式，就给建筑批评的大众传播引入了崭新的社会批判视角。

互联网媒体则承载了非常活跃的群体，以意见领袖为最。意见领袖不仅关注网络，而且关注传统媒体；不仅关注社会，还非常关系政治，可以说是一个“全能”模式，甚至突破了媒介化社会的间接关系，直接与政府和社会互动。而互联网中的“中层”——自媒体则以其耐性与持久度，成为能与意见领袖保持强烈互动的“先知先觉的人”。这与罗杰斯对弱连带理论的更深入理解是一致的，“认为自我中心网是引爆趋势的关系形态”。[1]

罗杰斯在《创新的扩散》一书中将传播过程看作一个在社会网中的社会示范过程，分别有创新者、先知先觉者、早期多数、晚期多数以及后知后觉者。其中当新事物或新概念的传播被先知先觉者使用时，由于他们往往拥有较广的社会网，即丰富的弱连带，又在其中具有较强的影响力，会达到最优的效果。所以，内容传播能够引爆流行的一定是先知先觉者，而不是创新者。在这里其人际传播网络幅度的影响决定了其影响力。

某种程度上，自媒体群体才是互联网络上真正能推动建筑批评传播的人群，他们也正是在新媒体事件中追捧相关建筑批评议题，使批评事件的诸多

1 ［美］埃弗雷特 · M · 罗杰斯. 创新的扩散[M]. 北京：中央编译出版社，2002.

节点得到确认的人。而自媒体群体的建筑审美取向与批评理性的接受度，是提升建筑批评在大众层面质量的关键。

在专业媒介内部，媒体机构较为活跃、与专业外部勾连较多的组织，会对建筑批评的传播产生更多的影响。同样，在专业媒介内部，如果主编等具有决策权的人士富于开放性思维，其建筑批评传播的活性会较强。这也就是为何当建筑批评受到著名学者、作家、名人或是意见领袖、知名媒体及媒体人关注时，其建筑批评的传播效力会很大。而善用这种弱连带传播策略，也是推进建筑批评大众传播的很好途径。

媒介内部的日常运作

以媒介组织的日常运作来观察建筑批评的传媒生产，其实都是以个人和组织的实践活动作为理解建筑批评的传播体制及其结构的构成因素，由小至大、以微观构成宏观的分析过程。这个尺度也将新闻媒体人、编辑等把关人群体放置其内加以考察。事实上，选择哪些内容加以报道或摒弃哪些议题，做决定的往往是编辑部或媒介机构中的少数具有支配权力的人。而决定最终内容呈现的一些理由，往往并没有多少启发性，如“版面不够用了”，或涉及一些写作技巧的如“纯属宣传”或“与国家主流意识或新闻出版署规定不符”等。

以国内目前专业期刊状况来看，大多不同程度采用了“主题组稿”制度。责任编辑的阅历、对议题的偏向喜好，以责任编辑为中心形成的作者圈层，都在很大程度上决定了其建筑批评的议题设置及讨论范围。这种稳定的编辑团队，在形成顺畅快速的选题模式、话题的讨论深度、期刊的前沿性与批判性保持、集聚作者资源等方面优势明显，但也极大地阻碍了议题的范围拓展。专业批评也在这样的专业传媒机构现状下，一定程度上削弱了对建筑批评日益色彩纷呈现象的直接书写和批评能力。

也就是说，以期刊为阵地的专业批评，现有的状况下，在发挥其深厚的学术素养、重塑批评的公信力，并树立审美和人文的标尺、担负起把关人的责任、提高大众的审美意识和艺术品位方面，所能起到的作用也比较微小。

从媒介生产微观角度对建筑批评传播实践的观察，为我们触发了诸多对建筑批评传播起效力的作用点，也揭示出在媒介机构层面所形成的桎梏。建筑批评的大众传播机制是多种相互独立又可彼此制约的力量联合形成的共谋式的复杂生产过程，它的改善需要系统的，在各层面、关键点、关键人群上的重点突破。

建筑批评内容的生成

批评主体的议题倾向

从前文论述可知，不同时期建筑批评的议题呈现出明显的差异，如 20 世纪 80 年代专业批评的蓬勃兴起、90 年代保护话题的公知参与，20 世纪初奥运时代的全民参与、新媒体时代建筑事件中网络批评主体的激烈反应等。甚至同一时期同一事件，批评主体的议题倾向也有不同，这种特征从前文对国家大剧院和 CCTV 新大楼事件中的主题分析中亦可得到验证。

除了媒介发展所起的技术因素外，批评主体对于特定批评话题的倾向性选择，从根本上讲是由批评主体的精神向度所决定的。

市场迎合与责任自觉：媒体人的双重取向

20 世纪 90 年代，随着专业建筑批评的边缘走向与社会精英意识的弱化，专业媒体人群体的重要性正在不断显现。专业媒体人的身份介于精英与大众之间，他们既可以担负起社会精英与大众之间的桥梁作用，又可以强化两者之间的壁垒。

由媒体人执掌的建筑批评言说空间，在非专业传媒平台上，借助传媒的广泛性、时效性与其丰富的社会弱连带资源，抢夺建筑批评的话语权，并将其引领到更多、更广阔的言说领域中。对于大众甚至专业从业者而言，媒体人这一批评主体类型，虽然隐藏于显性的传媒内容背后，却成为不可忽视的意见领袖，是影响大众话语表达的重要力量。

然而媒体人对于批评话题的倾向，也因其职业特征，凸显出一种自相矛盾的逻辑。一方面作为传媒机构的重要组成，媒体人必须考量市场效益与受众的话题趣味之间的关系，这使得其笔下的建筑批评往往与社会最具新闻性、争议性的领域或最有经济号召力的议题设置相结合，呈现出强烈的兴趣导向。如新闻周刊类传媒对“城市”这一矛盾聚集领域的集体关注，成为其报道与讨论建筑的最主要议题。

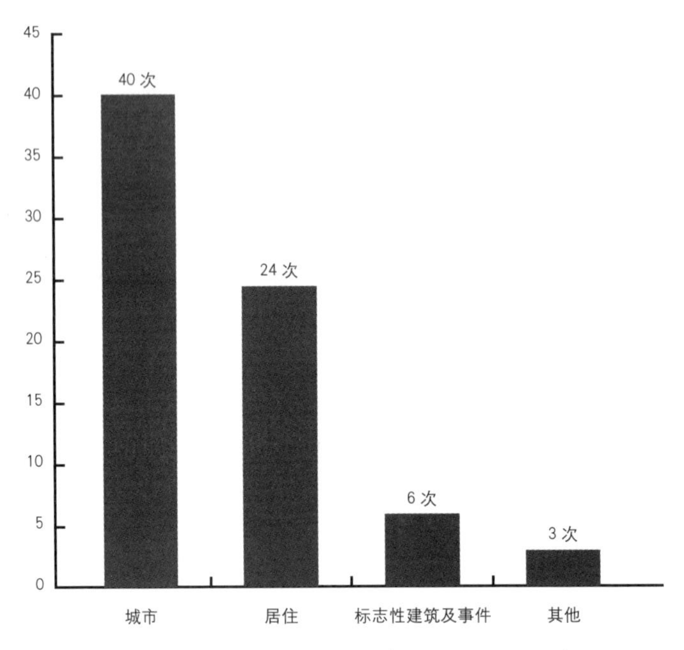

图 5.7　新闻类周刊建筑批评统计（1996—2015）

而媒介自身与之大相径庭的定位，在与建筑议题形成勾连的同时，也无意中细化了建筑批评的视角。如与新闻周刊类严肃的社会批判视角不同，《外滩画报》对建筑与建筑师的报道与评论，则呈现出浓厚的消费倾向。最明显的就是其标题的设置，如《重建中国楼的外国人——时尚建筑，由西往东》《专访美国著名建筑师斯蒂文 · 霍尔“建筑是勇敢者的游戏”》等，无不在经济与消费主题之下进行组织。

另一方面，媒体人所属的社会知识群体与其奉行的专业意识，使新闻从业者与其他职业一样，发展出关于公众服务的伦理准则，具有某种“责任自觉”，从而倾向于理性与中立的立场。如《新周刊》曾直言应担当“城市守望者”的角色，《外滩画报》在发刊词中则希望成为上海“探索和矛盾的记录者”。媒体人的这种自觉树立起建筑批评的理性，也往往能够真实对接专业批评的关注与困顿，是建筑批评传播中的希望所在。

媒体人的这种两重性，决定了其批评议题往往呈现出摇摆不定的倾向。当对市场的迎合与责任的自觉一致时，其批评就会产生极大的话语效应，甚至带来比专业批评更深刻的批判性立场。从 20 世纪 90 年代涌现出的王军、曾一智等媒体人的古建保护行动、《南方都市报》的“公民建筑”、《三联生活周刊》的知识分子坚守中，我们都能深刻体会到这一点。

而当对市场的迎合与责任自觉形成本质矛盾的时候，媒体人的建筑批评，会成为反击批评理性的利器，甚至陷入“说一套做一套”的困境。如之前所言《外滩画报》的部分充满精美图片与消费指向的建筑评论文章，读者往往会被其所描述的建筑幻像与陌生感所包围。

冒犯与躲避：网络批评主体的场域惯习

新兴媒体的飞速发展与信息的比特化存在，催生了建筑批评形式的即兴化、短小化、中心泛化等新特质，将刻板、严肃的建筑批评的言说方式向更高程度的口语化和幽默化转变，同时也使建筑批评的议题呈现出边缘化、情绪化与趣味化的特征。这种种变化，根本上都是由新兴媒体不断激活的网络批评主体的某种特定精神取向所决定的。

精神取向之一就是“冒犯”，即显示出与主流意识形态对立的态度，偏要对所谓的权威观点、权威人物发出嘲弄，偏要对几乎公认的传统说“不”。网络批评主体的草根性在这样的冒犯之下得到了正名与位置的合法化。也是在这样的精神向度指引下，公众的建筑批评议题更容易被集中到对各种权威人士和关乎国家重要权力的标志建筑的讨论之中。这方面最典型的例子就是“秋裤楼”事件和“十大丑陋建筑评选”事件。

精神取向之二就是“躲避”，即躲避中心话语，躲避主流意识、视角，躲避体制性、结构性、因袭性的话语形态，而一切以民众自己的快感和兴趣为转移。这种倾向使不存在于主流或专业传媒视野的建筑批评内容被广泛挖掘与讨论，再如之前的“秋裤楼”事件等。从积极的意义上讲，以自己的切身体验和生活经验乃至自己当下的感受和情绪为起点的躲避式倾向，为建筑批评深挖至最广阔领域起到了重要的作用。也正是在这样的倾向之下，建筑批评才真正作为一种监督力量而存在。

冒犯与躲避这两种精神取向，一是源于广大批评主体对长期占统治地位的“高贵”“主流”、教条僵化的事物的某种不敬甚至逆反心理，二则由于网络批评主体对建筑的关注总是从趣味和切身相关性出发的。在这样的双重向度之下，网络中的草根批评者整体处于一种高度同质化的群体性狂欢状态。在群体性的批评中，即便偶有独异之声，也会在铺天盖地的批评浪潮中被淹没，而同质性的意见则被加强而变得理直气壮。这种狂欢的、热烈的、夹杂着语言与生理因素的热烈参与，亦可视为其对传统强势批评势力进行抵抗的身体政治学。

回避与转变：专业批评主体的两种道路

由专业批评主体领衔的建筑批评在 20 世纪 80 年代获得发展至今，虽时间不可说短，然而成效有限，问题也不少。其中采用某种精英姿态，借以避开日常生活带来的意义上的单调和匮乏，并由此连同人们熟知的日常生活、作为对话基础的公众一并摒弃，继而产生出一个远离现实生活却自成体系的学术世界，是专业建筑批评最受抨击的核心所在。

这里有必要先探讨一下“专业”的意义。什么是专业？拉森（Larson）认为专业“就是把一系列稀缺资源——专门知识和技巧——转换成一定的社会和经济报偿的过程，而为保持稀缺性就必须保持市场的垄断和社会分层体系中的身份垄断”。[1] 弗莱德森（Freidson）称专业为“组织化的自治”，这种自治有效地防止外人的干涉和监督，但对于内部成员则没有正式的控制，仅仅依靠对不服从者的非正式放逐。

从权力视角来看，一个专业在与其他专业以及其他社会力量协商权限的过程中树立起来的一套信念体系，具有独立自主的精神素质，但同时也具有垄断排外的性质。事实上独立自主与垄断排外本来就是一枚硬币的两面。也就是说，专业的力量在本质上与建筑批评的大众需求是相悖的。前者是为了梳理某种区别，而后者则倚重于彼此的沟通。

当建筑批评被作为研究对象时，被批评的对象建筑不是作为具体或个别的建筑实例或现象进入视野，而是作为社会学意义上的“专业”而被分析与

1 谢静．媒介批评：专业权威的建构策略——从新闻专业主义解读美国的新闻媒介批评 [J]．新闻大学，2004．

研究的。这就在无意中为普通大众设立了准入门槛，也由此区分了专业与非专业的界限。

专业力量长期以来保持着稳定的社会身份定位，被公认为建筑批评中的学理来源，其自身也自觉地将建筑批评视为专业内容加以定义。专业批评者总是以上位者的姿态，担心公众被误导。这些知识精英多半相信自己具备一种独立自主的思考文化，以至于能在环境的错综影响中超然而出，不被麻痹。

这些似乎都指向一个结果，就是建筑专业力量在建筑批评的实践与传播中应该起到重要的作用。然而从整体来看，相比传媒与社会演进的作用力，专业力量的影响对建筑批评而言是相对薄弱的，它似乎只能承担社会与传媒力量之下的建筑批评的局部改观。如 20 世纪 80 年代建筑师的努力外拓，无法突破当时森严的意识形态控制与行业壁垒，也没有获得专业传媒之外的关注；90 年代建筑批评的理论化尝试，也未能阻止经济浪潮于大众文化对批评主体与话语的瓦解。他们时常复习的是一种不可能在今日此时此刻出现的特殊态度与过往社会，这使得专业批评丧失了在现实生活中扎根的可能。而新媒体赋予建筑批评的深刻改变，更是进一步将专业力量推到了批评的边缘。

相比网络批评主体和媒体人两种批评主体的明确趋向，专业批评主体在当下对维持自身学理性的批评探索并未取得太大进展，中心的衰落导致了其议题倾向呈现出新一代批评主体的微小趋向与对社会宏大事件的依附之势。而这两种趋向都反映出了对学理式批评的补充与脱离。

微小的议题倾向，是由与网络及新兴媒体紧密相关的新一代专业批评主体形成的。随着专业网络论坛，豆瓣、人人网上的建筑社区，微博、微信、博客等诸多新媒介上的专业圈层的聚集，学院批评者们所控制的主流话题趋向被瓦解。新一代专业主体开始以批评为交流的途径，开辟与自身相关的议题，个人批评崭露头角。

这种“微小”的追求，从豆瓣网上“城市笔记人”的批评说明就可以看出：“我的博客与文章，因此，基本不评论伟大或是宏伟的建筑，也不会只讨论形象。我写作的重点是日常生活、小建筑，关怀普通人的街道以及相关学术的学理。我不会刻意去做一种俯瞰式的社会评论，我所书写的故事与案例多是我熟悉的、调查过的或是正在体验着的身边事。”这种微小视角的探寻，使得广大专业力量的话语系统被整合、激活，拥有了参与批评的可能，而不再是宏观理论议题之外的围观者。

对社会宏大建筑事件或重要媒体事件的专业关注，也是一种必然。这是专业批评与非专业批评碰撞的节点，也是目前专业批评中坚力量活跃的地带。无论是朱涛、周榕或史建、方振宁，在中国建筑大事件上的发声，使他们在与非专业传媒的交流与对峙、互动中，获得了身份的认同。然而与之前的专业宏大理论叙事相比，此时的议题趋向是在社会广度上的延伸，也是专业批评向实践靠拢的指征。

三种类型批评主体的议题倾向，使得建筑批评内容的传媒生产呈现出既相互分离、又可彼此交融的动态特征。随着时代、时间、言说媒介等因素的转换，主体的话题倾向与言说方式也在发生变化，甚至同一个批评主体会以专业、媒体人、网络主体三种身份同时存在，而批评的议题与言说方式也大相径庭。

这样的动态特征使得建筑批评内容生产更加多样，一方面推进了边缘议题的中心化与大众议题的专业化；另一方面也进一步削弱了专业批评的地位，使受众的注意力均被大量的微小议题与建筑传媒事件所吸引。

建筑批评话题的传媒分布

传媒对建筑批评话题的选择，充分体现着其不同属性的不同关注。这决定了建筑批评中的特定内容被广泛传播，而另一些内容则被刻意弱化。以专业为分界线，有助于我们更好地理解这种错位与对接的关系。

王凯的《三代人的十年 2000年以来建筑专业杂志话语回顾与图解分析》[1]统计2000年之后的专业传媒的报道内容基本如下：学科背景：全球化、建筑教育、住宅、建筑改造、城市更新、产业建筑、遗产保护、社区营造；重大事件：奥运会、世博会、灾后重建、城镇化、保障性住房、新农村、公民建筑、集群建筑；建筑本体：建构、材料、参数化、表皮、生态建筑、节能、

1 王凯，曾巧巧，武卿．三代人的十年 2000年以来建筑专业杂志话语回顾与图解分析[J]．时代建筑，2014，01:160-165．

实验建筑；理论历史：传统、场所、园林、女性、地域主义、身体、现象学。

这些几乎囊括了该时期全部的专业批评话题。而从前文中对非专业传媒中建筑批评内容研究来看，重大建筑事件，如奥运会、世博会、城镇化、保障性住房等话题成为媒体报道的热点，遗产保护、传统、园林等内容也有所涉及，其余的均未成为有效的非专业传播内容。

这种话题的分布与传媒的两种不同属性紧密相关，更是由建筑在不同时期的社会属性强弱与社会地位高低所决定的。专业传媒与批评致力于维护建筑学科的学术性，而非专业传媒则更多关注话题的社会影响。在媒体报道的层面，建筑批评话题不存在从专业到非专业的传递过程，它们均是以社会为生发器的。这也说明了为何只有在一些特殊的节点，专业与非专业传媒的讲述才会发生碰撞，而这些节点往往是社会热点生发于建筑领域，从《三联生活周刊》和《时代建筑》对住宅的关注事例中就能得到证明。

2001 年《三联生活周刊》推出“居住改变中国”主题内容，关注了住房制度改革之后，居住模式与观念对中国的改变。2004 年《时代建筑》推出“居住改变中国”同题主题，同样关注了中国住宅的十年巨变，更多以专业视角讨论住房改革制度对建筑与城市空间的改变。

两者并置，似乎专业传媒的言说要相对滞后，这里面存在着偶然之中的必然。专业期刊的学术性决定了其必然是在社会现象的专业影响积累到一定程度之后尚可予以评论，而像《三联生活周刊》这样的大众传媒，则需凸显新闻媒体的即时性，更多的是一种现象的描述与思考的引导。同时，在具体内容的构建中，专业力量往往成为技术与论据的角色，被非专业传媒的言说策略所统筹。

从这个角度讲，专业与非专业的批评内容建构是两个独立的领域，这与建筑在两个领域中的地位与属性是紧密相连的。在专业领域，建筑始终作为核心话语存在，更多地参与建筑创作、学科构建等专业讨论，建筑的社会存在状态及大众关注仅属于比较边缘的话题。与此相比，在非专业的领域中，建筑的社会属性被加倍放大，表现得更为丰富、更综合，与更为广阔的社会命题相联系，且与传媒、社会、建筑的关系更为紧密。

而批评主体中的中间力量，如沟通大众的专业学者及知识分子、意见领袖中的专业学人等，是专业与非专业话题的有效衔接力量。当这部分力量活跃时，建筑批评的专业内外沟通就随之加强。而当这部分力量被削弱或是趋于平静时，专业内外的建筑批评链接也随之消失。随着媒介，特别是新媒体的发展，这部分力量在不断被充实壮大，这是专业与非专业话题有效对接的新途径。

批评主体身份的传媒演进

传播的分析研究，意味着“人”的视角的引入，这体现在媒介中的信息直接与信息背后的人群活动休戚相关。从布迪厄的场域理论观察，建筑批评主体的产生与演变是在传媒与社会、文化、建筑的多重作用下，逐渐入场并在动态争斗中进行转化的。新的批评主体不断出现，并向场域的原有支配者发出挑战，将它们以及关联的批评惯习，不断“打发到过去”[1]。而同一定位的批评主体亦会随着场域中其他力量的变化进行转化，以适应新的场域环境。这为我们研究在建筑批评场域中各种群体如何出现、进场，如何发挥作用，又是如何分化、相互搭接，进而影响这一时期的整体主体格局，提供了宝贵的线索。

知识分子的传媒演进

马克思 · 韦伯把知识分子定义为“掌握文化成果并领导某一文化共同体的群体”，曼海姆把知识分子称为“漫漫长夜的守更人”。在葛兰西、萨义德等人的论述中，有一个基本的共识就是，知识分子的基本特征在于批判精神。这种批判可能又包含两个层面：一是专业层面的知识的形成与增长作为内驱力；二是社会层面的在专业以外为社会公共事业尽力。[2]

20 世纪 80 年代作为知识分子的建筑师群体

中国社会科学院重大研究项目“当代中国社会阶层研究”课题报告显示，“以职业分类为基础、以组织资源、经济资源和文化资源的占有状况为标准来划分”，当代中国已经形成了包括 10 个社会阶层在内的社会结构。“各阶层之间的社会、

---

1 [法] 皮埃尔 · 布迪厄. 艺术的法则：文学场的生成和结构 [M]. 刘晖，译. 北京：中央编译出版社，2001:194.

2 李欧梵，季进. 再谈知识分子与人文精神 [J]. 江苏大学学报（社会科学版），2004，1:8.

经济、生活方式及利益认同的差异日益明晰化，一直也为基础的新的社会阶层分化机制逐渐取代过去的以政治身份、户口身份和行政身份为依据的分化机制”。[1]

在当代，建筑师群体呈现出“橄榄形”态势：中间大，两头小。少部分

表 5.3　中国十大社会阶层

排序	社会阶层
1	国家与社会管理阶层
2	经理阶层
3	私营企业主阶层
4	专业技术人员阶层
5	办事人员阶层
6	个体工商户阶层
7	商业服务人员阶层
8	产业工人阶层
9	农业劳动者阶层
10	城市无业、失业、半失业阶层

人员处于国家与社会管理阶层，大部分处于专业技术人员阶层。[2] 从表 5.3 可知，属于专业技术人员阶层的建筑师一直处于中等阶层的社会位置。它在文化资源方面占据优势，但是在组织资源和经济资源方面处于弱势。

20 世纪 80 年代，随着精英文化获得广泛的传播，中国知识分子的精英群体重新被重视并得到前所未有的尊重，国家权力与知识阶层也在现代化叙事中达到高度共识。建筑批评的主体——建筑师，这一时期也被赋予强烈的知识分子时代特征。这一时期的建筑知识分子群体，自觉地将建筑批评与时代的现代化叙事联通在一起，以自身的知识形成与增长作为专业批评发展的内驱力，以建筑批评的武器促进了建筑学科属性、职业属性等问题的提出与讨论，对本专业、学科进行全面的反思与讨论，推动了建筑界思想解放运动的快速展开。而建筑批评的开展与非专业外拓，也是局限于《读书》《中国美术报》等知识分子圈内。

建筑师作为现代建筑业系统中的知识分子，拥有同时代知识分子的共性。

1　陆学艺．当代中国社会十大阶层分析 [J]．学习与实践，2002，3:55．

2　谢天．当代中国建筑师的执业角色与自我认同危机——基于文化研究视野的批判性分析 [M]．中国建筑工业出版社，2010:6．

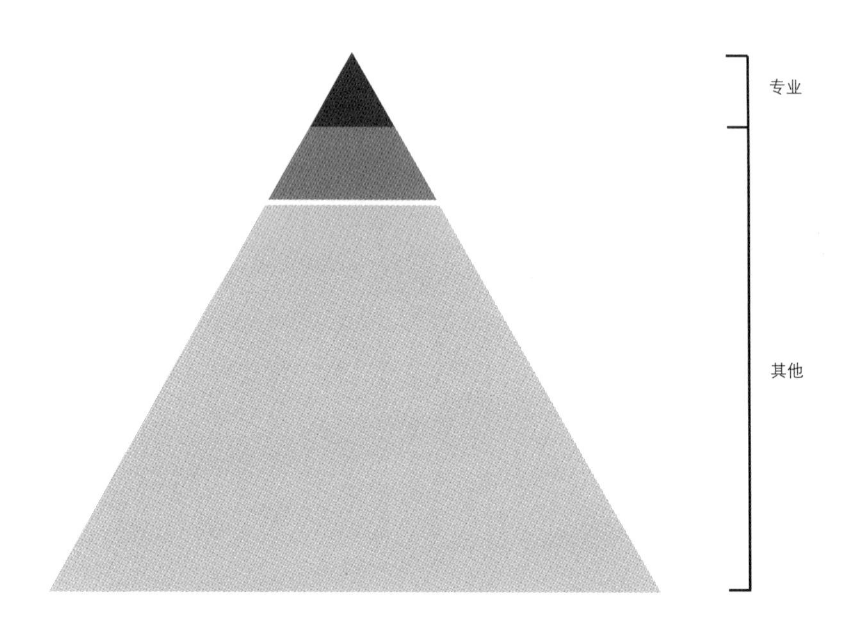

图 5.8　20 世纪 80 年代，建筑批评主体主要集中在专业内部，呈现明显的知识分子特征

正如甘阳在《八十年代文化意识》前言中所写：“我们对于传统文化，不但有否定的、批判的一面，而且同时也有肯定的、留恋的一面，同样，对于‘现代社会’，我们不仅有向往、渴求的一面，同时也有一种深深的疑虑和不安之感。我以为，这种复杂难言的，常常是自相矛盾的感受将会长期地困扰着我们，并将迫使我们这一代知识分子（至少是其中的部分人）在今后不得不采取一种‘两面作战’的态度：不但对传统文化持批判的态度，而且对现代社会也始终保持一种审视的批判的眼光。如何处理好这两方面的关系，在我看来正是今后文化反思的中心任务，今后相当时期内中国文化的发展多半就处在这种犬牙交错的复杂格局之中。”

上述 20 世纪 80 年代建筑知识分子群体的价值状况，也直接决定了建筑专业批评的话语，都没有涉及建筑师个体或者群体的特征，也没有直接体现出建筑与人的关系。所有问题的核心在于人道主义的缺席，“没有具体的人的体验与人的空间”，没有“小叙事”，没有“生活的世界”[1]，而这一时期

1　朱剑飞．人性空间的出现．崔愷．工程报告 [M]．北京：中国建筑工业出版社，2002:179．

的批评话题也无一例外地纠结于传统和现代双重尺度的讨论之中。

尽管之后知识分子在社会阶层中逐渐弱势、退化，这种身份群体的特征与状态，在建筑批评专业版图的形成与推进过程中，一直发挥着重要的作用。

20 世纪 90 年代从知识分子到公知分子

20 世纪 90 年代之后，房地产大潮掀起，建筑师一跃成为市场经济中的文化商人，对形势主义的关注远远超过了对社会的关注。知识的力量朝向经济资本的“有效”转化却并未提升建筑师在“场”中的位置。知识分子作为群体开始退出历史舞台，或隐退于学院的学术研究之中，或与大众传媒结合，形成关注社会议题、拥有社会言论责任的公共知识分子，即“公知分子”。

90 年代，一方面原有知识分子经营起来的言论阵地逐渐压缩，另一方面媒介市场化进程带来的话语空间扩张，使得有着天然表达需求的知识分子中的一部分，日益建立起与媒体的紧密联系。他们是在昔日的文化边缘处崛起的，能够洞察并引导大众的无意识和欲望，为大众文化所宠爱，是媒介的掌握者与影响者。在大众报刊形成的诸多关乎社会公共事务话题的批评与讨论中，他们作为公共知识分子提供了主导性意见，他们对国家政治、经济、文化、社会生活领域的体制安排都进行了理性的评价、批评、反思和建议。正如北大教授陈平原所说：“当今中国的政治文化环境，为人文学者通过大众传媒介入社会提供了绝好的时机。精彩的文化评论，非一般记者编辑所能撰写，其社会影响又非学术著述所能比拟，对于‘术业有专攻’而又倾向经世致用的文化人来说，这是最佳选择。”[1]

90 年代大规模的城市建设所凸显的社会与文化矛盾成为公知分子参与公共事务讨论的重要领域。由此，原先以建筑师为主的知识分子批评主体，因为公共知识分子群体的替代，打通了专业界限，更多的知识分子参与到建筑批评中来。这部分公知分子都保持了与媒体的积极合作，如冯骥才、刘心武等，甚至有的公知分子直接就是媒体人，如王军、曾一智等。以阮仪三等专业学

1 陈平原．当代中国人文学者的命运与选择．知识分子与社会转型[M]．河南：河南大学出版社，2004:178．

者为代表的知识分子也在此时于大众传媒中为古建保护摇旗呐喊，成为公知群体的一员。

新媒体时代意见领袖的新身份

进入新媒体时代，媒介所创造的公共言说空间更加多元与广阔。原先无法进入传媒视野的知识分子在这样的空间中以意见领袖的身份找到了新的言说方式。他们往往在现实中拥有知识分子的身份，借助传媒将自己的批评与见解搬到了新的领地。与传统知识分子相比，他们往往相对年轻，更具有时代特质；他们与传媒的关系更为紧密，聪明地知道这是带来高稿费和高知名度的捷径；甚至其身份的确立也因传媒而生，如当今活跃在建筑批评领域的朱涛、“城市笔记人”及杨振宁等。也可以说他们是新时代中的精英分子。与老一代知识分子的坚持与执守不同，他们更愿意、也更自然地与社会媒体相融合。而这种时代特征与群体特征内涵的逐时换代，也成为推进建筑批评大众演进的重要动力。

意见领袖中的知识分子，是从知识分子阵营分化而来的，这意味着他们与传统知识分子还存在着某些联系。但是传统知识分子所具有的那种责任与担当，在他们这里或者已淡化、或者被置换，所以，他们虽然也会介入种种社会问题，但谈论这些问题却常常是相对安全的。正如布迪厄所说：“他们想按照自己的形象，也就是按照自己的尺寸，重新确定知识分子的面貌和作用。”

此处，相对知识分子而言，所谓的意见领袖显然是一种降格处理，将他们与普通意义上的意见领袖作了伙同，以体现他们对于广大受众的隐匿性。而这种进退自如的隐匿，也为他们发表独立的批评声音、关注非宏大的话题提供了可能。当然这样一来，他们离传统知识分子的含义也就越来越远。

从知识分子到公知分子再到意见领袖，批评这一主体不断从群体走向个人，其意义与实质也在传媒的冲击下不断翻新。无论是一种顺势而为的睿智，还是无可奈何的苟同，这种身份的实质，却可以真实反映出知识分子这一批评主体在传媒势力的日渐深入下，所面临的逐步失声、边缘的境况。

然而我们还是能不时地看到作为个体的知识分子在互联网上、传统纸媒上的一些真正具有批判色彩的声音，他们在抵抗遗忘，也在示范着知识分子的责任与使命感。虽然弱小，但意义重大。

草根主体的激活

随着网络与新媒体的兴盛，原本处于传播末端的受众群体经历了 20 世纪 80 年代意识形态塑造的“群众”、20 世纪 90 年代都市报塑造的“市民”、21 世纪初批判性媒体塑造的“公民”，走到今天，并从受众位置一跃成为最大的批评主体——“草根”。

因特网使得普通大众摆脱了历时千百年的边缘化身份，从传播边缘站到了传播中心，从被传播者变成传播者，将原本只能属于权力精英与文化精英的话语特权回归到每一个普通人的手中，为其广泛参与媒介生产提供了可能。特别是社交媒体提供的多样性平台，促进观点的自由表达，并将对草根的界定也间接指向了其对立的阶层：政府或决策者、主流或精英文化阶层。

正如劳伦斯 · K · 格拉斯曼所说：“古登堡把我们所有的人变成读者；广播和电视使我们成为第一手的观察者；复印件将我们都变成出版者；而因特网使我们成为记者、广播员、栏目写作者、评论员和批评家。”[1]

随着新媒体中草根群体的集聚与崛起，快速增长的网民在虚拟的网络空间中频繁互动，那些过去被埋没的、压抑的、忽略的非主流、非正统、非专业、异端的、另类的、少数派的，甚至纯然出自民间草泽的人所构成群体的声音得以显现，建筑批评的底层力量被激活。今天，谁要在网络世界寻求或梳理出传统意义上的“人民的声音”或是“大众的意见”，需要有异乎寻常的信心和勇气。网络与新媒体将建筑批评的受众细分成原子级别，也将批评的主体、意见、受众通道通过不同的批评内容，细分成高度零散化的不稳定分布。同时，草根群体的广泛参与在很大程度上扭转了“面对面”的线性传播模式，让传播向着多元互动的方向前进，同时也引发了媒体叙事结构的转型以及对个人传播权利的强调。对自我实现的强调大大超过了对公民精神和民主精神的张扬，对反叛精神的强调淹没了传统文化的精髓。在这样的汪洋大海中，任何权威、专业、精英的声音都会被快速捧起或击碎。

在某些人眼里，这种极端的自由冲毁了建筑批评该有的理性，并在很大

1 [美] 斯坦利 · J · 巴伦. 大众传播概论 [M]. 北京：中国人民大学出版社，2008:359.

程度上导致了精英话语权威的去中心化。然而，如果将整个大众传播史看作一部传播内容和传播技术从社会精英向社会大众不断延展的过程的话，这种草根群体的激活又何尝不是在从“群众”到“市民”再到“大众”这一路漫长的受众开放过程的集中释放？而其中喧闹、嘈杂的批评之声，从整体来看，又为何不可视为批评精神的蔓延？如果希望建立起建筑批评有效的大众对话机制，正视草根群体的崛起，理性看待这种释放与蔓延是难能可贵的。

批评主体的传媒建构，清晰表明了批评主体从群体特征逐渐向个体特征的转变，这意味着建筑批评的整齐划一和单一讨论已没有生存的土壤。批评主体取向与差异化的日益加大，也为建筑批评的错层次构建提供了诸多可能，当然，不可避免地增加了传播效果的不确定性。但就像施尔玛赫所说：“每当有新的媒介——电视、剧场、广播、电报——诞生，都会产生一大堆‘怨妇’，抱怨这些创新扼杀了我们的理性和情感。然而，在这些新媒介面前，我们不仅安然度过，而且还似乎变得越来越聪明。”[1]

公共空间中的建筑批评传播策略

如果说对于传媒自身媒介属性，外在政治经济、文化、媒介机构、内容、主体群等因素的考量，还是停留在片面视角的构筑框架之下，那么，由传媒特别是新媒体构筑的建筑批评的新公共空间，则为我们理解建筑批评在新时期完全不同的传播策略提供了很好的方向。

从前文对建筑批评的传播图景以及场域演进的分析来看，传媒以自身的发展为建筑批评开拓出了不断扩展的公共场域。建筑批评的纯专业场域状态是极为短暂的，甚至可以说专业的建筑批评也许从来就是建筑批评场域中的一个部分而已。只是在当代的开端，它一度占位主流。

在当前媒介融合背景下，时间和空间的意义都有了巨大突破，传媒所塑造的公共空间得到了空前的延展，公众对公共议题的互动与参与程度也前所未有。与传统学院派、精英式的建筑批评模式所对应的垄断、单向的“小圈子”“窄空间”相比，进入媒体公共空间的建筑批评面临的完全不同的新语

1 ［德］弗兰克·施尔玛赫．网络至死[M]．河南：龙门书局，2011:33．

境。2011 年 12 月底，由《南方都市报》联合国内诸多建筑专业媒体及专家评委共同评选的第二届“中国建筑传媒奖”因为“最佳建筑奖”的空缺而将传播影响力推到了高潮。同样是 2011 年，畅言网联合诸多专业权威人士，推出第一届“中国十大丑陋建筑评选”，这个堪比美国电影界赫赫有名的“金酸莓奖”的建筑奖项，引起公众的热烈参与，不仅使濒临倒闭的“畅言网”起死回生，还在网络媒体、专业评审与网民的协力合作下，将中国城市化快速发展 30 年间产生的大量建筑垃圾一一拱到前台，令民众捧腹畅快的同时，建筑也深刻地“被批评”了一把。

非专业传媒尽管不大“读得懂剖面图”（朱涛语），却可以凭借强大的传播平台和娴熟的操作技巧，在短时间内整合庞大的社会资源并攫取社会集体注意力。“这种能力，是整个中国建筑界和所有建筑专业媒体加在一起也望尘莫及的。”[1]“CCTV 大楼”“秋裤楼”的讨论更是以事件的传播方式，引起了社会的广泛关注。在媒体塑造的公共空间中，原来集中于专业领域的讨论被疾速传播、放大到新的尺度，形成意想不到的效果。

大众所关注的话题

媒体公共空间中，由于话语环境的改变，建筑批评议题更多地是被嵌入社会公共话题而不是专业话题的范畴加以讨论，而且与大众所关注的话题偏好产生很大关联。浙江大学王淑华博士曾对网民参与讨论话题的类型做过统计，结果发现“社会热点新闻、话题及评论”与“娱乐休闲话题”是最受欢迎与关注的话题。

事实上，无论是在 20 世纪 90 年代公知分子对古城保护的集体呼吁，还是在 2000 年之后普通大众对国家大剧院等标志建筑以及城市化的诟病，建筑批评总是由于建筑在社会经济、生活中占有的重要地位而进入大众视野的。这种强烈的社会属性使得建筑批评的话题落点变得广泛，并在“建筑批评媒体事件”中表现尤为明显：在“CCTV 大楼”事件中，公众的加入，特别

1 清华大学周榕老师在 2014 年 11 月《时代建筑》举办的“建筑与传媒”论坛上发言时，对“中国十大丑陋建筑”事件中大众传媒巨大传播能力的评价。

是新媒体平台上网络受众的加入，将对建筑形态的批评话题扩展到了“色情门”“明星建筑师实践”“标志建筑”“国家权力”等诸多分话题中。“秋裤楼”事件中，对于东方之门形态的争议，也被扩展到“建筑与环境艺术的匹配问题”“建筑师的文化底蕴”“城市开发中的浪费”“建筑浪费”等话题中。这种动态的、广泛的批评议题，与学院派、精英式批评所采用的固定视角、宏大的逻辑性议题是非常不同的。

建筑批评的出发点从专业鉴赏范畴更多地转移到与社会文化、经济、日常生活相关联的向度中，建筑的社会属性被强调。这也是为何专业人员屡屡觉得自己所熟悉的专业向度无法在大众层面得到共鸣的原因之一。

多元的弱连带关系网络

哈贝马斯认为公共领域的核心意义在于其批判性，而这个批判性是建立在多元、平等的公众关系基础上的。在媒介融合的当下，传媒特别是新媒体打破了受众的等级制度，将受众不分职业、阶级、性别、社会属性拉平并置其中，赋予其平等的话语权，形成多元、包容、互动、综合的多维空间，为建筑批评的理性建立提供了良好的基础。

传媒公共空间中人与人之间并非熟知、关系密切的群体，多元的、差异化的群体间往往是匿名的、偶然的、脆弱的关联，形成了以弱连带群体为特征的场域。马克·格兰诺维特曾反复强调，维持弱连带关系在维系公共空间批判性中的重要性。弱连带关系的群体特征能为人们提供超越其日常社会圈子的信息和资源，起到桥梁的作用，体现出信息传播强大的扩散作用。

当建筑批评的传播与讨论被放置在这个巨大的弱连带网络中，公共空间的批判特质为建筑批评的理性提供了新的平台，即建筑批评的发生、发展与决策都是基于所有传媒公众的理性交往和理性行动的结果，并且成为一个持续的、动态的系统。对于原来学院派、精英式的建筑批评而言，这是一个完全不同的、更复杂的新作用体制。

依托于脆弱的弱连带网络群体，建筑批评的传播在传媒公共空间中往往出现两个极端：一种是建筑话题无法达成意见共识、引起公众注意，形成“沉默的螺旋”自行消失，这往往也是学理性较强的批评意见的境遇；另一种则是建筑话题转化为公共话题，在弱连带关系群体的共同关注下急速扩张，产生重大的影响力，促进建筑批评理性的建立。

前文诸多的建筑批评事件正是在弱连带关系群体中达成共识的结果。因此，弱连带关系特征的公众群体，是我们进行建筑批评理性输出、改善建筑批评共识土壤的关键。

交往、协商的理性

在新媒体所构筑的公共空间中，意见取代真理。正如阿伦特认为的，公共领域是意见的聚集地。其上多元的、极具差异性的弱连带关系群体，是通过平等自由的讨论、充分的交换、互动沟通的交往过程，力图进行反思，形成理性特征并逐渐达成意见的统一。可以说，新媒体中的建筑批评的理性，是伴随着传播过程，逐渐形成的交往、协商性的理性。由受众对建筑批评的网络公共话题参与的四个阶段，[1] 可以更明晰地理解这一论断。

第一阶段为弱舆论阶段。在这个阶段，主要是信息的对外传播与接收，传统媒体和意见领袖对个人话题或社会话题的报道是原始和粗糙的，尚不能形成有效意见。公众兴趣与话题吸引力成为话题能否被关注的关键。如果成功引起公众注意，则有可能进入选择性理解的第二阶段；如果未能引发关注，则回返到原有领域。这就涉及前文提到的大众媒介的话题偏爱，由新媒体受众自行发起的批评话题更易引发其关注。

第二阶段为舆论形成初期。在这个阶段，参与发言和讨论的意见领袖和网络公众增多，“网络公众在获得更多实在的信息后，对事件中他可感知的部分进行吸收和解读，从而形成自己对该事件的价值判断，产生情感和情绪的变化，并形成想象”[2]。于是分散的、各方面的意见开始大量出现。话题缺乏固定方向，等待进一步沟通中的整合。

第三阶段为舆论发展活跃期。在这个阶段，随着辩论与信息交换的深入，各方对该事件的信息掌握愈加充分，判断分析更为深刻，话题开始由繁杂转

1 王淑华．互联网公共性的建构与实践研究 [D]．浙江大学，2013:5．
2 同上．

向集中并形成广泛影响，与公共利益有关的舆论渐趋浮现并成主流。

第四阶段为反思期。这是批评理性真正显现与沉淀的时期。经过逐步深入、反复交锋、对抗的前三个阶段之后，真正关于公共话题的讨论焦点被固定下来，并为社会接受并引发思考。而这种公众范畴的总结和反思有助于形成更为理性的态度和行为，真正促进建筑批评的理性输出。

四个动态链接、反复循环、逐步深入的传播阶段，使建筑批评的传播被放置在整体社会协商的机制中。其中广大草根受众的实践是带有策略性的抵制战术，他们行走在不同的媒介公共广场空间，创造自己对于空间、周边人士和事务的意义，疏通建筑批评话语通道，改写覆盖其上的权力符号。这是一种诗意的抵抗，也是一种以柔克刚的交流方式。精英与专业群体以完全平等的对话地位进入，成为社会多种话语力量中的一分子，通过极具包容性的公共争辩与各主体与受众群体的协商、交往，完成建筑批评的理性输出。与传统学院派、精英式批评的“圈层”理性相比，这是生长在互联网公共空间中的新理性。

因此，当再次以公共空间的角度衡量建筑批评的传播图景时，专业话语与立场的偏颇甚至是缺失，是情理之中的。建筑批评在传媒塑造的广义空间中的言说与专业范畴的批评运作机制是完全不同的。对传媒广义公共空间中传播机制的解释，不是要走向不可控的虚无主义，而是将束缚我们思考的以专业为本位的一贯性的认识方法和框架统统放在变化的纬度重新观察。

正如福轲的“乐观主义”所表达的：“我的乐观却在于声称很多的事情都会发生改变，不管这种变化如何脆弱；事情将更多地与其所处的具体环境和形式相关，而不是被捆绑在一种必然性上面；事情将更具有一种随意性，而非不言而喻的；事情将更为复杂，更有临时性和历史性，而不是由不可避免的人类学常数来决定……”[1]

建筑批评的空间并非孤立自足，而是置身于同时代的社会、文化、传媒与建筑的综合言说之中，并同经济秩序、政治生态密切关联。而毋容置疑，

1 包亚明．福轲访谈录——权力的眼睛 [M]．上海：上海人民出版社，1997:53．

传媒是其间最为突出的因素。当考察大众传播对建筑批评的影响时，应该看到，无论是建筑批评的塑性力量、或是批评内容的选择与偏向、还是批评主体的持续性建构，抑或是大众传播的策略性规则，传媒所发挥的不仅仅是载体作用，更是由此而产生的空间结构的功能与规则的作用。对这些或隐或显的规则的分析，当有助于揭示传媒建构下的建筑批评的具体内涵。

传媒以其自身的规则所产生的上述影响，对建筑批评来说并非毫无积极意义。对于传媒和建筑批评而言，“不可读是万恶之源”[1]。以学术性为标榜的僵硬批评学理式规范是否还适用于这一时代建筑批评的新语境，值得我们思考。虽然专业批评的语言方式在其产生的过程中与传媒格格不入，但是，当它主动寻求大众传媒的关注或被动地被传媒捕获与吸纳时，往往会经由传媒一系列的“改写”“翻译”，而或快或慢地进入传媒的表意系统，形成广义公共空间中的建筑言说。而改变学理式空洞的批评模式，是否就无法保持建筑批评的功能性与其为学科成长所持有的贡献，也值得我们深思。而这些之前，对建筑批评的大众传播这套规则的理解，是我们有效进行批评的前提。

从传媒视角观察到的中国当代建筑批评图景，本身存在不可避免的偏向。姑且不论这些图景最终的形成是否由传媒自身的力量所致，传媒的特质与生存方式决定了这种偏向的宿命。由时间轴拼贴而来的建筑批评轨迹，也终究难逃“只缘身在此山中”的局限。毕竟，40 年，我们不过养育了一代人，往前走了一两步。

1 原《南方都市报》记者、“中国建筑传媒奖”总策划、现“有方空间”合伙人赵磊参加 2014 年 11 月《时代建筑》举办的“传媒与建筑”论坛的发言中所说。

第6章　总论与反思

历史是什么：是过去传到将来的回声，是将来对过去的反映。

——雨果《笑面人》

在之前的论述中，以时间为轴、以建筑批评场域新特征的产生与典型批评事件描述为节点的纵向描述，为我们逐一展开建筑批评的传播图景。传媒与建筑批评以一种超乎预期的复杂嵌合态势彼此共生，其中由于传媒强大塑形力引起的建筑批评的图景偏向也昭然若揭。在这样的理解框架之下，建筑批评的大众传播意义何在？在推动建筑批评理性向前发展的历程中，建筑专业批评与传媒的角色又是什么？建筑批评又会有怎样的未来？

传播的意义：建筑批评语境生态的建立

在当代建筑批评不断发展演进的过程中，由于传媒的逐渐兴盛，传媒技术变革引发的交往与文化建构方式的转变，为建筑批评的公共言说开拓了更多的领域，带来了诸多的新特征。被传媒不断激活的广大受众多层面、多方式的建筑批评参与是建筑批评场域维持运动、变化的根本动力。而专业内外从隔绝到沟通的过程也显示出运用媒体的强大感召力促进大众建筑素养的培育与提高，是改善建筑批评语境生态的根本所在。本书选择以传媒视角切入分析建筑批评的传播图景及其背后的场域演进机制，更是希望以此找到促进建筑批评大众链接、改善建筑批评语境生态的方法与环节。

三种可能的途径

建筑批评要发挥其应有的力量、实现其对建筑的监督和改良作用，就必须还原其公开性与广泛性。从这点来看，在传媒中传播的建筑批评最有功效。然而，虽然民众一直发出自己的批评声音，但仍然几乎总是处于失语的尴尬状态，游离于建筑批评场域的边缘。而建筑批评研究，也往往以“不专业、不成熟、不理性”将其排斥于学术研究框架之外。传统的学院派批评在成为少数人的自言自语之后，也被广大民众放逐于视线之外。建筑批评的传播成为断裂的两极，其改造建筑语境生态的可能也就微乎其微。

建筑批评的一个重要维度就是要走向社会，诉诸民众的日常实践，凸显其社会价值，使其成为社会文化的必需品，而不再局限于理论的巢穴。当下，传媒的发展，特别是新媒体的广泛应用，将断裂的两级重新搭接。民众的建筑批评参与热情空前高涨，虽然仍处于“热情大于功效”的初级阶段，但已显示出对建筑的强大社会舆论作用。而在此过程中，广大民众建筑素养的提高是建筑批评的社会力量是否发挥有序、有力作用，建造良好的建筑批评语境生态的关键。

建筑素养的培育有赖于三条重要途径：一是大众传媒，作为专业话语与社会话语的重要转译者，媒体人对建筑理念的积极传播非常重要，在此过程中如何保持媒体人应有的敏锐与知识分子立场、发挥其对建筑的提问者与沟通者的角色，至关重要；二是专业力量的大众链接，要让日益活跃的建筑批评场域获得理性的规劝与支持，专业力量的大众参与是至关重要的一环；三是充分发挥意见领袖的影响力，如今建筑批评场域意见领袖的范畴已扩展到包含专业人士、媒体人、名人、学者等诸多层次在内的群体，甚至可以说意见领袖是以上两个渠道的力量在摆脱社会固有标签之后进行的业余性身份构建的尝试。

在讨论建筑批评传播语境生态的过程中，如何正确看待建筑批评的理性以及传媒的角色，是必须事先考虑的问题。

批评理性的反思

每一次传媒的变革、碰撞，都引领建筑批评在新的领域与维度不断开拓。特别是网络与新媒体时代中的众声喧哗，一度让建筑批评的精英话语感受到专业势力的边缘化。很多人质疑，当公众批评成为建筑批评力量的主流以后，具有文化质量、思辨色彩的批评会持续不断被挤压或忽略，专业批评家无论怎样介入网络，影响都是极其有限的。

而从前文对 20 世纪 90 年代专业批评失语的描述中，可以清楚看到，在大众传媒尚未发力的时期，专业批评的顶部已经变灰了。专业批评的弱势，根本而言，是由其自身学科与理论建构的乏力所造成的。而影响力的局限，则更多是由建筑学科在社会文化中的边缘地位所决定的。精英力量的流失则与社会整体发展阶段休戚相关。

在厘清大众传播对当代建筑批评所产生的影响时，应该警惕将建筑批评的危机全部推给大众传播负责。不可否认，大众传播在为建筑批评带来新的生机的同时，也带来新的制约，但是由此形成的抵抗力是催生真正有效的批评的动力源，并以此检测着建筑批评在传媒所建立的真正公共空间上所达到的深度。正如哈贝马斯所强调的，公共领域的真正实现必须保证公众的"共同世界"能够有无数不同方面的观点、意见"同时在场"，保持建筑批评场域的多样性、差异性，才能将建筑批评从狭隘的象牙塔中拉出，获得紧贴时代与社会的公共批评理性，不再局限于自说自话的空洞理论式构建。

在这样的理解下，建筑批评精英与专业力量能否承担与反抗时代精神困境，又如何克服建筑批评对传媒的新闻时效性和新鲜性原则的顺应、维护其专业性和理性，是当下必须认真思考的问题。

可能的未来：建筑批评有效进入大众领域

传媒虽是手段，更是组织和形成新型交往关系的重要内容。在这样的关系重组当中，一种与时代方向相同的、新的力量与思维方式正在成型，那是我们未来的方向。

对于未来，我们最应该关注的不是所谓新旧媒介形式，而是由新媒介折射出的新的思维方式与习惯。在不断的媒介更迭与建筑批评的变化过程中，推新的内核则是随着传媒与时代的发展、一代一代新的力量与批评主体的成长与思维的革新。正是在这样的交替过程中，产生了建筑批评在新的传媒作用之下的诸多改变。

因此，说到发展，思维方式与意识的改变才是最根本的。在这样的方向中审视今天，通过对过去的分析，更好地看到通往未来的道路。

专业批评新势力的崛起

20 世纪 80 年代的建筑批评在具有明确公共关怀意识、独立性思考、强烈社会责任感及跨学科表述的一代学者的参与下，体现出强烈的社会责任、时代自觉与公共性。虽然其影响范围没有达到新媒体时代的广阔程度，然而对于社会事务及公共观点的参与与引导是非常强势的。

20 世纪 90 年代学术登场带来的思想退位，使建筑批评失去了与社会及研究对象的紧密联系，其应有的思想火花快速消失干瘪，转化为艰深的、更具有理论穿透力的学术成果。[1] 建筑批评的公共性由此急速衰退，成为屏蔽于社会事务之外的圈层工具。这种缺乏活力的现实必然引起专业新生力量的反抗与变革愿望，并有可能找到前进的诸多线索。

年轻批评势力的发声

2015 年独立批评人史建《新观察：建筑评论文集》一书的正式出版，成为新一代批评群体集体发声的里程碑。新一代年轻批评势力如朱涛、周榕、史建、朱建飞等悉数登场，让我们看到了建筑批评的活力归来。如今这一批新势力已稳稳地坐在了建筑批评的当家位置之上。相比老一辈建筑批评势力，这一批青年批评家新锐、有朝气，理论视野比较完备，更重要的是其成长时代的宽松造就了其与生俱来的开放性，不惧怕权威学术规范，也不排斥大众狂欢，这使其能很好地担当起建筑批评传播的中间人角色。

亲近媒体成为这一群体首要的特征。他们拥有良好的专业教育背景和中西贯通的眼界，又深知传媒的力量，习惯和希望主动借用媒体为自己的主张发声，也乐意担当公共空间中的"话柄"角色。朱涛、杨振宁从专业论坛中崭露头角，大部分的批评言论与文章多在网络空间中写成并直接传播，引起关注。周榕虽然拥有学者的身份，却是活跃在传媒中的批评人，与传媒形成密切的实践互动与参与，曾被称为"中国建筑界真正懂媒体的人"。

"敢言"成为这一群体的另一显著特征。事实上，与 20 世纪 80 年代批评者获得专业关照、视角主要来自西方理论牵引不同，新的批评群体尽管对各种高深理论热情依旧，但一种"根植于精神经验之上的生命化批评"已越来越显示其面目，并因为主体精神的丰盈和强大，产生了很好的批评效果，

1 陈平原. 学术史研究随想. 学人丛刊（第一辑）[M]. 南京：江苏文艺出版社，1991:3.

在沟通大众和建筑师两者之间起到了重要的作用。用陈骏涛的话说，他们拥有“强化主体而淡化客体的倾向”“充满思辨和绝对自信的口吻”“咄咄逼人”“不容商榷的气势”[1]，并以个体批评实践调整了当代建筑批评格局，成为当下建筑批评界一道独特风景。

以朱涛为例，他在2010年发表的《圈内十年》《规划三剑客决战西九龙》等文，细致、深入，语言有趣，可读性很强，广受专业人士和大众的欢迎。而对于话题的精确选择和建筑现象的针对性解读，使其批评成为极有实践性的穿透力与建设性兼具的建筑读本。在现实的温度上，他的批评也越来越呈现出对历史经验的观照与对未来的思考。

周榕则以犀利的言辞和思辨的论述著称，成为极具“斗士”特征的新一代学院派批评人。在《被公民的中国建筑与被传媒的中国建筑奖》一文中，他以“建筑输了，传媒赢了”的拷问式批评，对中国建筑传媒奖进行了批判。而其犀利风趣的语言特征更是叫人拍手称快。

同时，与之前的理论倾向不同，新一代专业批评群体对与新媒体相适应的即兴、口语表达为建筑批评带来的即时性活力兴奋不已，并将其看作切入批评话题、链接批评受众、保留批评热度的重要工具。正如史建在其书中所表达的：“这是一个更多用言语而非书写表达话语的时代，录音、速记和整理的便捷，已经使即兴发言可以‘轻易’转换成流畅、清晰的文本。书写，以及书写过程中的阻滞、思考，谋篇的愉悦，逐渐让位于无需演说和极端化表述的快感。”

当然，作为新生势力，这种“根植于精神经验之上的生命化批评”相较传统专业建筑批评而言，往往显得扎眼和不协调。一种以学术性为由、明显来自学科偏见的判断，常常成为他们被攻击的常见理由。但不管怎样，在学院派的批评实践中，这种建立在个性化基础上的“生命化批评”还是显示了新的可能：在当下暂时无法破除专业批评因为体制的保证，而拥有强大话语权的现实处境下，如何回到建筑批评的本源与职责命题的立场中，重拾批评的“批评”气质，成为建筑专业批评内部形成新的格局并促使批评和思想进一步打通的契机。

1　陈骏涛．翱翔吧，“第五代批评家”！[J]．文学自由谈．1986，6:58．

而以网络与新媒体为阵地的广大建筑专业人士的建筑批评，也是这一新势力中的有机组成部分。正是这样的以观念之新与接受度广泛为特质的年轻势力的崛起，使得朱涛、史建、周榕等一批活跃批评人才得到了广泛的关注。而这样的活跃分子和青年大多数的批评实践，也许正向我们预示着另一个新的未来。

有方空间：专业批评面向大众的实验

数届“中国建筑传媒奖”的成功举办，在为建筑批评塑造了巨大的社会影响力、改写其好大喜功的传媒倾向、使其将批评视角从宏大叙事转移到公民立场的同时，也在专业内外势力联合办奖的过程中，催生了一个具有活力的传媒新机构——有方空间。

2013 年 7 月，“中国建筑传媒奖”总策划人赵磊离开《南方都市报》后，与朱涛、史建等活跃的建筑批评人共同创立了志在将建筑以更多元的形式推向大众的独立机构—“有方空间”。这一虽无媒体之名但一直被认作“媒体”的机构，在过去的几年，将其视角由传统媒体延伸到自媒体运营及公共活动策划上，在大众化视角切入中国建筑界的基础上，灵活运用媒介和线下体验相结合的策略，进行建筑批评的大众传播。

目前，有方的微博、微信、豆瓣等自媒体平台有效关注人数超过 5 万，其中非建筑专业人士占二成以上。为了在国内特别是华南区域推广建筑文化，有方还设立了免费向公众开放的高质量讲座系列，至今已经成功举办十余场，不少受邀建筑师与学者都是首次在深圳开讲。有方的“行走“系列，成为建筑专业学生趋之若鹜的专业游学项目。而其推出的《新观察》系列评论，则真正刷新与改写了长期以来专业批评严肃、死板的内容基调，将一些生动的、直指当下病灶的、亟待澄清与讨论的专业话题、内容逐一剖析，催生出生气勃勃与情感饱满的一批评论力作。

“有方空间”影响的快速扩散与广受追捧，充分说明了现有建筑批评资源与话题的传媒缺乏与主体需要；而其针对大众的系列活动所收获的极大认同与踊跃参与，也说明大众建筑兴趣度的被低估，以及专业观点可被传播与接收的可能性。从此意义上讲，有方的实践是一次良好的建筑批评大众传播的传媒实验。而推动这一切的是具有新一代批评主体特征的新势力的崛起。

传媒的属性与职责

媒体的两面

在建筑批评的传播历程上，传媒一开始就与专业力量有着紧密的联系。尽管 20 世纪 80 年代初的建筑批评被局限在专业圈层之内，然而专业媒体仍极大推动了当时建筑批评的开展与建筑学科间的建构。这种合作关系在 20 世纪 90 年代之后更是被新一代实验与明星建筑师发挥到了一定的高度，从而奠定了他们的专业与大众话语高度。而大众杂志与报纸的评论副刊或是专题报道，将批评的承载性与媒体的复制性相结合，有效地营造出一个建筑批评的新传播场。到网络与新媒体时代，传媒把自己定位在“民间立场”上，明显与建筑批评的精英意识和文化霸权保持距离，并以此赢得了大众的青睐，催生了大量的建筑批评微话题。建筑批评通过传媒发生作用于公众，实现了专业分子、精英人士、普通大众间的交流、沟通。

从专业到公众、从报纸到网络、从宏大叙事到微小事件，尽管媒介形式不断变化，传媒通过信息的捕捉、扩大、转译，为建筑批评增加了丰富的层级与话题的衍生，特别是在热点事件与现象的批评上，体现出了强烈的传媒立场与属性。而同时，传媒无疑是意识形态召唤的重要渠道，亦是充满权力的眼睛。正如甘森和莫迪格利亚尼所认为的，传媒在批评中有其自身的“阐释”，对不同的批评内容有不同的阐释技巧。在此渠道中，意识形态和大众文化联手成为一种崭新的批评形式和标准。

而无论听起来有多亲切、多感人和多自然，传媒最终总要把我们请入某种权力关系的局套之中，要将我们召唤成某种类型的主体。这种传媒与身俱来的公共性与建筑批评的基本立场与独立理性是相悖的。在本质上，建筑批评反对传媒媚俗大众的文化性格，反对任何以“公共”的名义压抑个人生存权和思想自由的话语体制。

面对媒体的两种面向，如何在其中获得一种平衡式的传媒作用，形成对建筑批评的正面支持，是需要考量的问题。而活跃于传媒中的专业批评者、具有强烈批判意识的媒体人以及散布于广阔网络与新媒体空间中的意见领袖，都成为这种新模式的突破口。

专业传媒的职责

2017 年 12 月 16 日，中国建筑学会建筑评论学术委员会在同济大学成立，标志着我国建筑评论领域第一个学术组织的诞生。修龙理事长在学术委员会致辞中称，建筑评论是建筑理论密不可分的组成部分，是沟通专业与社会、中国与世界的重要手段。在当前城镇化进程面临转型、全球化发展竞争日益激烈的情况下，成立一个与时代要求和学科发展密切相关的建筑评论学术委员会迫在眉睫。建筑评论学术委员会的成立，再一次以官方背景强调了建筑批评特别是专业批评的重要性。

在专业批评的阵地，建筑专业传媒始终扮演着建筑学科知识与信息传播的先行者角色。它发挥批评的主体性作用，将自身视角紧贴中国社会与建筑的剧变，不断植入社会文化机体之中，将急遽崛起的社会发展过程中的建筑城市动态与值得批判的话题特质相关联，以媒体强大的整合能力对实践提问、对节点与事件进行确认，甚至直接形成建筑事件。它通过自身的观点与价值取向传播建筑观念，通过对学术文化的梳理、记载和传承，对新理念核心技术的呈现，以及多元化思想平台的搭建，在一定程度上确立着专业的关注区域与核心话语。它关注职业培养，为建筑师提供自我认同的平台，保持着建筑行业与职业的可贵差异性。在这样的边界确认与中心限定之下，形成专业的公共认知，并通过传媒释放出巨大的话语能量，成为专业批评赖以生存的重要阵地。因此，对于建筑批评的理性树立之路，专业期刊职责重大。

在当前的建筑批评传播中，专业传媒的批评主体作用更多体现在对建筑命题的批判式拷问，如讨论话题的拟定或是主题内容的选择等。而这种批判更多源于传媒言说的逻辑考虑，主动的批评性言说与探究还未形成主流。建筑评论性专栏的开设尚属少数，且存在严重的个人倾向。而强烈的专业属性，也使得一些原本活跃的建筑批评观点与文章，未能有登载的机会。而建筑专业传媒所拥有的大量学理资源、人脉以及身处一线的建筑敏感度，完全有机会、有能力、有立场将建筑批评的专业言说大大向前推动，发掘更多的批评者与批评话题。这是一大块未能有效开垦的优势资源。

如何通过专业传媒的重塑，摆脱建筑专业传媒在属性与定位上的趋同性、传媒分级单一的格局，从而塑造多层次的言说空间，进一步改善建筑批评实践的整体性倾斜，以及建筑批评要么跻身于非专业主流媒体之上，要么在专业阵地之外的相关联领域（如豆瓣、人人等）进行自留地式的言说的尴尬局面，使专业传媒真正成为建筑批评的言说阵地与学理性资源，是专业传媒人必须思考的问题。

意见领袖："业余主义"的呼唤

萨义德的"业余性"阐释，为改变批评的困境提供了可贵的参考。所谓的业余性就是强调兴趣的重要性，而兴趣的目标在于"更远大的景象"，即拒绝专业化，拒绝被某种专长、某个领域、某个行当的狭隘视野所限制，而拥有宽广的视野，喜好"众多的观念和价值"。这种"局外人""业余者"是"搅扰现状的人"。[1] 这为我们打开了另一扇改变建筑批评现状的思考之门。

事实上，从 20 世纪 90 年代公知分子和媒体人对建筑批评的巨大改变中，我们就能窥探到这种"业余主义"的力量。当代建筑批评也是随着媒介的更新发展而逐渐从建筑的专业外部建筑批评打开了更多的通道。新媒体更是为业余性的生成提供了契机，让诸多建筑的"业余爱好者"浮出水面，这些人当中不乏拥有专业水准的人士，他们可以为建筑批评摆脱体制规训与利益诱惑，打破建筑与文化、专业与公共、学院与社会之间的壁垒作出重要的贡献。而从影响力传播的角度而言，这些建筑爱好者、意见领袖往往拥有更多的弱连带资源与社会影响力，对建筑的阐释也由于其未经专业语汇浸染而更具亲和力和多面性，容易被公众接受。

新媒体时代的意见领袖往往关注度很广，他们不仅关注网络，而且关注传统媒体；不仅关注社会，还非常关系政治。同时意见领袖多拥有丰富的社会关系，其人际传播网络幅度的影响决定了其影响力。意见领袖的这种特质为建筑批评广泛接入大众提供了宝贵的联系基础，也有利于消解其与工具理性、专家崇拜与知识分子情怀之间的紧张。

具有这些特质的意见领袖群体，当其成为持续的建筑关注者时，才是互联网络上真正能够推动建筑批评传播的人群。他们也正是在新媒体事件中追

1 ［美］爱德华 · W · 萨义德．知识分子论 [M]．单德兴，译．北京：三联书店．2002．

捧相关建筑批评话题，使批评事件的诸多节点得到确认的人。

此外，专业与草根群体都应成为建筑的业余爱好者，这也是新媒体带来的最大可能，也是必须解决的专家与草根批评主体都面临的公共空间中的人群矛盾关系。对于专业批评主体而言，他应该走进人群，舍弃专家的头衔，从刻意与人群保持距离的“立法者”变为与大众切磋的“阐释者”，主动尝试解决专业性与公共性的悖论。

大众的链接与“融入”

在前文的论述中，中国目前建筑批评中心冷寂、边缘热闹的特质已非常清晰。除了意识的不开放是学术与专业力量无法发挥更大作用的重要原因，大众无法有效参与也是另一重要方面。

大众对建筑批评的关注与热忱虽然是一件好事，但由于其对建筑整体的认知水平不高、审美与价值标准取向不同等因素，大众与媒体的参与充其量只是丰富了建筑学的外延，形成建筑学科对大众与其他领域的开放，但并不能在根本上影响建筑批评的基本评价体系。而通过大众传媒作为中介的传播，又不可避免地使富于刺激性和冲击力、耸人听闻、吸引眼球的语言方式受到极大的鼓励，相应的文本细读，微言大义式的批评，长线的、历史总结式的批评，注重学理规范、讲究技术法则的批评，则无可逆转地受到大众传媒的排斥。在今天，建筑批评主体无法再像20世纪80年代的批评精英一样，准确、迅速地作出价值判断，进行是非甄别，它只能以含混、多元因而也是复杂的身份担当批评的责任。如何有策略地进行大众的链接，在新的社会与传媒语境中达成一种妥协，成为一种可能性的策略。

而建筑批评能否有效地进入大众领域，影响传媒受众的视听和舆论环境，其重要环节就在于如何与传媒制度协调，建立一种彼此有限容忍的关系。这就触及建筑批评在今天是否可以成为一种“有限的叙述”，而不是非专业即大众的武断选择。即在不谋求对大众社会的话语垄断权的前提下，以多元文化之一种的身份自觉参与到建筑批评的对话和建设当中，找到自己独立的话语场和生长点，对大众批评起着一种建议性的参照作用。

当然，这并不意味着放弃建筑批评的精英立场，而是要警惕将这种立场夸张化、戏剧化和神话化。而这样的权宜之计，是因为在相当长的时期内，大众传媒的力量还会非常强大，占据主导。而社会多元化的发展趋势，也是我们要永远断绝关起门来刻舟求剑式的追求。“有限”的融入，是可以探讨的路径。

主要参考文献

学术论文

[1] 齐爱军，袁丰雪．差异化叙事：新锐新闻周刊的阅读魅力 [J]．编辑之友，2004，05:44-46+1．

[2] 黄俊杰．新锐新闻周刊：竞争已经拉开帷幕 [J]．传媒观察，2004，04:11-13．

[3] 韩娇．中国新闻类期刊的软肋 [J]．出版参考，2004，34:17．

[4] 马飞孝．中国新闻周刊概览 [J]．新闻大学，2000，03:47-50．

[5] 曾宇．试析中国新生代新闻周刊的报道风格 [J]．新闻通讯，2000，06:15-17．

[6] 齐爱军．新闻周刊定位的困惑及解除对策 [J]．编辑之友，2006，01:49-52．

[7] 涂光晋．中国新闻周刊的生存状况与发展路径 [J]．国际新闻界，2006，08:5-10．

[8] 王惠娟．《三联生活周刊》与《中国新闻周刊》比较研究 [J]．新闻爱好者，2009，14:104-105．

[9] 陈亦骏．新闻类周刊的现状与发展 [J]．编辑学刊，2003，03:48-51．

[10] 黄昆仑．大众新闻周刊报道思维的认识论解析 [J]．新闻大学，2002，03:52-54．

[11] 李锐.新闻期刊与精英文化国际观的建构——以《中国新闻周刊》为例[J].青年记者，2007，10:57-58．

[12] 夏长征．中国新闻周刊发展研究 [D]．华中科技大学，2005．

[13] 许鑫．新媒体事件的概念与类型辨析 [J]．天中学刊，2011，01:109-112．

[14] 熊光清．网络公共领域的兴起及其影响：话语民主的视角 [J]．马克思主义与现实，2011，03:169-173．

[15] 郑恩，纪亚东，龚瑶．新媒体事件的话语生产框架：基于类型学社会话语的分析视角 [J]．重庆工商大学学报（社会科学版），2011，04:93-99．

[16] 郑恩，龚瑶，邓然．基于话语分析与公共治理视角的新媒体事件话语生产类型及叙事模式 [J]．长安大学学报（社会科学版），2011，13:89-99．

[17] 赵桂华．“新媒体事件”与传媒公共性 [J]．新闻爱好者，2010，09:14-15．

[18] 周葆华．突发事件中的舆论生态及其影响：新媒体事件的视角 [J]．中国地质大学学报（社会科学版），2010，03:16-20．

[19] 蒋建国．新媒体事件：话语权重构与公共治理的转型 [J]．国际新闻界，2009，02:91-94．

[20] 吴猛．福柯话语理论探要 [D]．复旦大学，2004．

[21] 张守荣．网络话语权的表现与特征 [J]．网络财富，2008，09:196–197．

[22] 丁未．从博客传播看中国话语权的再分配——以新浪博客排行榜为个案 [J]．同济大学学报（社会科学版），2006，06:53–58+87．

[23] 徐千里．建筑批评的创造性与增值性 [J]．城市建筑，2005，12:52–53．

[24] 金磊．走向建筑 100[J]．建筑创作，2003，09:13–15．

[25] 刘心武．我的城市文化酷评 [J]．中国地产市场，2004，04:42–45．

[26] 萧友文．如何评论建筑 [J]．建筑学报，2001，06:40–41．

[27] 吴矣．中国当代建筑评论研究中建筑事件方法的引进探索 [D]．天津大学，2012．

[28] 张轶伟．中国当代实验性建筑现象研究——十年的建筑历程 [D]．深圳大学，2012．

[29] 金磊．推进我国建筑评论需要《建筑评论》平台 [N]．中国建设报，2012–11–30007．

[30] 顾孟潮．建筑评论与建筑评选 [N]．中华建筑报，2001–07–17012．

[31] 宋建华．建筑评论深层观 [J]．建筑史论文集，2000，02:168–175+231．

[32] 甄化．建筑评论：应该专家与大众共举 [N]．建筑时报，2005–05–02．

[33] 刘心武．建筑评论——我的新乐趣 [N]．辽宁日报，2001–12–10D04．

[34] 朱涛．近期西方“批评”之争于当代中国建筑状况”批评的演化——中国与西方的交流”引发的思考 [J]．时代建筑，2006，5:71–77．

[35] 黄旦．20 世纪 80 年代以来我国大众传媒的基本走向 [J]．杭州大学学报，1995，09:121–124．

[36] 喻国明．中国传媒业 30 年：发展逻辑与现实走向 [A]．改革开放与理论创新——第二届北京中青年社科理论人才“百人工程”学者论坛文集 [C]．2008．

[37] 孟建，赵元珂．媒介融合：粘聚并造就新型的媒介化社会 [J]．国际新闻界，2006，07:24–27+54．

[38] 喻国明．解读新媒体的几个关键词 [J]．广告大观（媒介版），2006，05:12–15．

[39] 杨晓茹．传播学视域中的微博研究 [J]．当代传播，2010，02:73–74

[40] 廖祥忠．何为新媒体？ [J]．现代传播（中国传媒大学学报），2008，05:121–125．

[41] 韦路，丁方舟．论新媒体时代的传播研究转型 [J]．浙江大学学报（人文社会科学版），2013，04:93–103．

专著

[1] Wayne Attoe, *Architecture and Critical Imagination*, 1978

[2] N. Hadjinicolaou, *Art History and Class Struggle*, 1978

[3] N. Hadjinicolaou, *Art History and the History of the Appreciation of Works of Art*, 1978

[4] N. Hadjinicolaou, *On the Ideology of Avant-gardism*, 1982

[5] Dana Arnold, *Reading Architectural History*, 2002

[6] T. J. Clark, *The Painting of Modern Life: Paris in the Art of Manet and His Followers*, 1984

[7] M. Tafuri, *The Sphere and Labyrinth*, 1987

[8] M. Tafuri, *The Historical Project*, 1979

[9] M. Tafuri, *Architecture and Utopia*, 1975

[10] M. Tafuri, *History of Italian Architecture*, 1944-1985, 1989

[11] M. Tafuri, *Interpreting the Renaissance: Princes, Cities, Architects*, 2006

[12] Joan et al. Ockman, eds. *Architecture Criticism Ideology*, 1985

[13] Joan et al. Ockman, eds. *Architecture production*, 1988

[14] A. Colquhoun, *On modern and post-modern space*, 1985

[15] Dana Arnold, *Reading Architectural History*, 2002

[16] Iain Borden and David Kunster, eds. *Architecture and the Sites of History: Interpretations of Buildings and Cities*, 1995

[17] Thomas J. Campanella, *The Concrete Dragon: China's Urban Revolution and What it Means for the World*, 2008

[18] John Logan, *Urban China in Transition (Studies in Urban and Social Change)*, 2008

[19] 杨鹏．网络文化与青年 [M]．北京：清华大学出版社，2006．

[20] 吴伯凡．孤独的狂欢 [M]．北京：中国人民大学出版社，1998．

[21] 彭兰．网络传播学 [M]．北京：中国人民大学出版社，2009．

[22] 曼纽尔 · 卡斯特．网络社会的崛起 [M]．北京：北京科学文献出版社，2006．

[23] 黄修源．豆瓣流行的秘密 [M]．北京：机械工业出版社，2009．

[24] 王文宏．网络文化与多棱镜 [M]．北京：北京邮电大学出版社，2009．

[25] 苏振芳．网络文化研究 [M]．北京：社会科学文献出版社，2008．

[26] 陆玉林．当代中国青年文化研究 [M]．北京：北京邮电大学出版社，2009．

[27] 张国良．现代大众传播学．成都：四川人民出版社，1998．

[28] [英] Denis McQuail．最新大众传播理论 [M]．陈芸芸、刘慧雯，译．台北：韦伯文化事业出版社，2001．

[29] [美] 克莱 · 舍基．未来是湿的 [M]．北京：中国人民大学出版社，2009．

[30] 蒋晓丽．网络新闻编辑学 [M]．北京：高等教育出版社，2004．

[31] 周诗岩．建筑物与像——远程在场的影像逻辑 [M]．南京：东南大学出版社，2007．

[32] 李岩．媒介批评：立场、范畴、命题、方式 [M]．杭州：浙江大学出版社，2005．

[33] 欧阳宏生．电视批评：理论 · 方法 · 实践 [M]．成都：四川大学出版社，2007．

[34] 张利群．批评重构——现代批评学引论 [M]．桂林：广西师范大学出版社，1999．

[35] 郑时龄．建筑批评学 [M]．北京：中国建筑工业出版社，2001．

[36] 陆小华．新媒体观——信息化生存时代的思维方式 [M]．清华大学出版社，2008.10

[37] 彭兰．中国新媒体传播学研究前沿 [M]．中国人民大学出版社，2010．

[38] [意] I．Calvino．看不见的城市 [M]．张宓，译．南京：译林出版社，2006．

[39] [英] M． Carmona，T． Heath 等．城市设计的维度：公共场所——城市空间 [M]．冯江等，译．南京：江苏科学技术出版社，2005．

[40] 陆地，高菲．新媒体的强制性传播研究 [M]．北京：人民出版社，2010．

[41] 王菲．媒介大融合：数字新媒体时代下的媒介融合论 [M]．广州：广东南方日报出版社，2007．

[42] 田智辉．新媒体传播 [M]．北京：中国传媒大学出版社，2007．

[43] 黄升民．中国数字新媒体发展战略研究 [M]．北京：中国广播电视出版社，2008．

[44] 陈玲．新媒体艺术史纲：走向整合的旅程 [M]．北京：清华大学出版社，2007．

[45] 喻国明．中国传媒发展指数报告（2011）[M]．北京：人民日报出版社，2010．

[46] 崔保国．2011 年：中国传媒产业发展报告 [M]．北京：社会科学文献出版社，2010．

[47] 胡正荣．传媒蓝皮书：全球传媒产业发展报告（2011）[M]．北京：社会科学文献出版社，2011．

[48] 雷跃捷．大众传播与媒介批评 [M]．北京：中国传媒大学出版社，2010．

[49] [美] 兰色姆．新批评 [M]．王腊宝、张哲，译．北京：文化艺术出版社，2010．

[50] [美] 戴安娜 · 克兰. 文化生产：媒体与都市艺术 [M]. 赵国新，译. 天津：天津大学出版社，2001.

[51] [美] 戴维 · 哈维. 后现代的状况——对文化变迁之缘起的探究 [M]. 阎嘉，译. 北京：商务印书馆，2003.

[52] 胡俊. 中国城市：模式与演变 [M]. 北京：中国建筑工业出版社，1995.

[53] [英] 戴维 · 弗里斯比. 现代性的碎片（齐美尔、克拉考尔和本雅明作品中的现代性理论）[M]. 卢晖临，译. 北京：商务印书馆，2003.

[54] [英] 迈克 · 费瑟斯通. 消费文化与后现代主义 [M]. 刘精明，译. 南京：译林出版社，2000.

[55] [英] 霍尔. 表征：文化表象与意指实践 [M]. 徐亮、陆兴华，译. 北京：商务印书馆，2003.

[56] 阿雷恩 · 鲍尔德温. 文化研究导论（修订版）[M]. 陶东风，译. 北京：高等教育出版社，2004.

[57] [美] 卡斯滕 · 哈里斯. 建筑的伦理功能 [M]. 申嘉、陈朝晖，译. 北京：华夏出版社，2001.

[58] 包亚明. 现代性与空间的生产 [M]. 上海：上海教育出版社，2003.

[59] 张旭东. 全球化时代的文化认同 [M]. 北京：北京大学出版社，2005.

[60] 边燕杰. 市场转型与社会分层：美国社会学者分析中国 [M]. 北京：生活 · 读书 · 新知三联书店，2002.

[61] 王宁. 从苦行者社会到消费者社会 [M]. 北京：社会科学文献出版社，2009.

[62] 王志弘，夏铸九. 空间的文化形式与社会理论读本 [M]. 台北：明文书局.

[63] 黄新生. 媒介批评：理论与方法 [M]. 台湾：五南图书出版公司，1987.

[64] [美] 阿瑟 · 阿萨 · 伯杰. 媒介分析技巧 [M]. 王炳钧、杨劲，译. 北京：中国人民大学出版社，2005.

[65] [加] 文森特 · 莫斯可. 传播政治经济学 [M]. 胡正荣，译. 南京：华夏出版社，2000.

后记

美国传播学家罗杰斯（Everett M.Rogers）在其名著《传播学史：一种传记式的方法》中说过："任何涉入一条新河流的人都想知道这里的水来自何方，它为什么这样流淌。"正是在这样的一种追问之下，本书才将建筑批评放置在"传媒"这一庞大而陌生的领域中去研究。如若不是强烈的爱好牵引，趟过这样一条"新的河流"着实有些不知深浅的意味。

随着研究的推进，建筑批评传媒在传媒中的传播脉络也逐渐清晰，我高兴地看到之前的设想被证实。本书希望能以这样一种不成熟的尝试，将建筑批评放置到大众传媒的语境中加以考察，让我们更加了解传媒是什么，批评是什么。

必须正视的是传媒复杂的两面性：既可被公共言说，又充满着权力的驱使。而从专业的讨论扩大到公知与媒体人，再到全民言说，直至今日的微媒介传播，我们清楚地看到了传媒对建筑批评的传播所扮演的角色、发挥的作用、施加的影响。甚至可以说，如果没有传媒的推动，建筑批评的改变也不会发生，或者会是异常缓慢的过程。这种逃不掉的传媒特征的存在，也决定了无论是专业还是非专业的批评，从来就没有纯粹的独立之说。所谓的专业认定，更应该认为是一种人为的偏好，而不是属性的使然。因此，认真对待大众传媒带给建筑批评的影响是非常必要的。

最后我想说明的是，作为一种不断生成与变化的过程，建筑批评与传媒都还远远不是它最终的样子，或者说这种动态的演变才是它们真实的存在。那些顺势而上的人们，很可能像本雅明一样，既享受震惊体验后的现代快感，又缅怀光晕消失前的古典意蕴。而对于专业批评的忧虑、疑惑、期待，也可能会长久地伴随我们，成为迎接新时代的体验常态。

借此机会，我要向引我走上研究之路的我的硕士生导师郑时龄院士、博士生导师伍江教授，以及为我的研究提供实践平台的支文军教授，致以最真挚的谢意。从他们那里，我得到了最为可贵的帮助，收获了更为宽广的视野。

感谢在本书写作过程中给予我意见、帮助、支持的所有师友：张晴老师、赵辰教授、卢永毅教授、李翔宁教授、王国伟教授、余克光教授、陈立生教授、徐洁副教授、戴春老师。感谢在学术道路上给予我无私帮助与支持的黄旦教授、孙玮教授、周榕教授、柳杉教授，还有我的同门师兄妹们。感谢张翠老师在图书编辑过程中的细致工作与悉心指点。感谢父母多年来始终如一的支持与鼓励，感谢隋楠、张永星、田宇剑、李东和王剑宇等陪我度过艰难岁月的亲密朋友们。感谢我最亲爱的女儿——西西，你是生命赐予我最好的礼物。

李凌燕
2018 年 9 月

图书在版编目（CIP）数据

言说与构建：大众传媒中的中国当代建筑批评传播图景 / 李凌燕著. -- 上海：同济大学出版社，2018.12

ISBN 978-7-5608-8166-9

Ⅰ. ①言… Ⅱ. ①李… Ⅲ. ①建筑艺术－艺术评论－中国－现代 Ⅳ. ① TU-862

中国版本图书馆 CIP 数据核字 (2018) 第 219592 号

言说与构建：

大众传媒中的中国当代建筑批评传播图景

李凌燕　著

出 版 人　华春荣

责任编辑　张　翠

责任校对　徐春莲

装帧设计　李　丽

出版发行　同济大学出版社 www.tongjipress.com.cn

地　　址　上海市四平路 1239 号　邮编 200092　电话 021-65985622

经　　销　全国新华书店

印　　刷　浙江广育爱多印务有限公司

开　　本　710mm × 980mm　1/16

印　　张　15

字　　数　300 000

版　　次　2018 年 12 月第 1 版　2018 年 12 月第 1 次印刷

书　　号　ISBN 978-7-5608-8166-9

定　　价　58.00 元